"十三五"高等职业教育计算机类专业规划教材

网络管理与维护案例教程

吴小峰　周　军　主编

刘振宇　周学全　黄华林　王　璐　副主编

U0337464

中国铁道出版社有限公司

CHINA RAILWAY PUBLISHING HOUSE CO., LTD.

内 容 简 介

本书主要以一个典型的中小型企业网络规划设计、建设及管理为背景，将所需知识合理安排进单独案例。全书共 11 章，38 个案例，每个案例设"学习目标""案例描述""相关知识""案例实施"，理论联系实际、由浅入深地介绍企业网在规划建设管理过程中交换机和路由器等设备的配置知识。

本书适合作为高等职业院校计算机网络技术专业理论与实训一体化教材，也可作为社会职业技能培训教材，还可供从事网络设备管理维护的技术人员参考使用。

图书在版编目（CIP）数据

网络管理与维护案例教程/吴小峰，周军主编．——
北京：中国铁道出版社，2016.1（2019.8 重印）
"十三五"高等职业教育计算机类专业规划教材
ISBN 978-7-113-21202-5

Ⅰ．①网… Ⅱ．①吴… ②周… Ⅲ．①计算机网络管理－高等职业教育－教材 ②计算机网络－计算机维护－高等职业教育－教材 Ⅳ．①TP393.07

中国版本图书馆 CIP 数据核字（2015）第 320934 号

书　　名：网络管理与维护案例教程
作　　者：吴小峰　周　军　主编

策　　划：汪　敏　　　　　　　　　　读者热线：（010）63550836
责任编辑：秦绪好　徐盼欣
封面设计：付　巍
封面制作：白　雪
责任校对：汤淑梅
责任印制：郭向伟

出版发行：中国铁道出版社有限公司　（100054，北京市西城区右安门西街 8 号）
网　　址：http://www.tdpress.com/51eds/
印　　刷：三河市宏盛印务有限公司
版　　次：2016 年 1 月第 1 版　　2019 年 8 月第 4 次印刷
开　　本：787 mm×1 092 mm　1/16　印张：15　字数：362 千
书　　号：ISBN 978-7-113-21202-5
定　　价：36.80 元

前　言

随着计算机的不断普及和推广，各企业为了自身的生存和发展，基本都要建设自己的网络来实现网络化和信息化。它们的规模大小不等，但一般均要有自己的局域网和相应的广域网接入。如何规划设计好一个网络，更好地配置、管理和利用现有的网络资源，搭建一个尽可能安全的网络环境，使之更好更有效地为公司服务……是每一个网络规划设计者要考虑的问题。企业网络系统是一个庞大而复杂的系统，不仅为综合信息管理和办公自动化等一系列应用提供基本操作平台，而且应能提供多种应用服务，使信息及时、准确地传送给各个系统，实现企业内部资源的共享，降低企业成本，同时可以更好地与外界进行沟通，让外部更加了解企业。

本书主要以一个典型的中小型企业网络规划设计、建设及管理案例为出发点，以案例驱动任务导向，详细介绍在网络规划设计、建设及管理过程中，需要考虑的各种因素及需要使用的网络技术。本书共分 11 章：第 0 章为企业网络规划设计案例的引入，第 1 章为管理交换网络，第 2 章为管理局域网中的冗余链路，第 3 章为管理网络路由，第 4 章为管理广域网链路，第 5 章为网络安全管理，第 6 章为网络设备 DHCP 服务配置，第 7 章为交换技术高级应用，第 8 章为路由技术高级应用，第 9 章为访问列表高级应用，第 10 章为 IPv6 技术应用。

本书所有案例均采用锐捷公司的网络设备完成，为便于没有该硬件设备的读者学习，本书中前 6 章 "案例实施" 小节采用思科公司的免费模拟器 Cisco Packet Tracer 完成，有需要的读者可以去官方网站下载。另外，锐捷公司和思科公司网络设备的配置命令有些许区别，请读者注意区分。

为统一图标格式，本书网络拓扑图采用如下图标并规定其含义：

二层交换机　　三层交换机　　核心交换机　　防火墙　　路由器

PC　　服务器　　网络

本书由吴小峰、周军任主编，刘振宇、周学全、黄华林、王璐任副主编，余鑫海、王来丽参与编写。尽管本书编写人员在编写过程中反复多次校验，但由于编者水平有限，加之时间仓促，书中难免会有疏漏和不妥之处，敬请广大读者批评指正。

编　者

2015 年 10 月

目 录

目录

能力目标

能为中小型企业规划设计网络方案。

知识目标

● 了解企业网络规划设计的需求。

● 了解并掌握企业网络体系结构与规划设计方法。

本章是企业网络规划设计案例的引入，主要内容包括计算网络的基本概念、组成及功能；Internet 的历史与发展；TCP/IP、IP 地址、域名和 IPv6；Internet 常用术语等。

0.1 网络规划设计背景

中小型企业的网络与其他局域网一样，企业拥有自我建设、自我管理和自我使用的权利，因此，受经费、技术水平及其他方面的影响，企业网络在规划设计、资源建设和应用上很不平衡，差别很大，特别是在 IT 界目前还未实施网络工程监理的条件下存在很多问题，如有些中小型企业不考虑自身需求，一味追求高性能、高配置，构建的网络往往造成不必要的浪费；另一方面，有些中小型企业建成的网络根本达不到应用自身对网络性能的需求。因此，根据企业需求进行合理的网络规划和设计尤为重要，网络规划设计是网络工程的第一步，合理的网络规划设计可以让建好的网络更快、更有效率、更安全地运行。

本书主要以一个典型的中小型企业网络规划设计、建设及管理为出发点，介绍在网络规划设计、建设及管理过程中，需要考虑的各种因素及需要使用的网络技术。譬如，网络规划设计步骤、需求分析、规划设计原则、设计模型、交换技术、路由技术、安全技术等。

0.2 网络规划设计中的需求分析

0.2.1 网络规划设计中的需求分析概述

网络系统的规划设计主要分为六个阶段：需求分析、逻辑设计、物理设计、设计优化、实施及测试、监测及性能优化。在需求分析阶段，网络分析人员通过与用户和技术人员进行交流来获取用户对新的或升级系统的商业和技术目标，然后归纳出当前网络的特征，分析出当前和将来的网络通信量、网络性能，包括流量、负载、协议行为和服务质量要求。需求分析是开发过程中最关键的阶段，需求分析中的一个小的偏差，可能会导致以后各级工作的严重偏移，从而导致整个网络系统无法达到预期的效果。

0.2.2 网络规划设计中的需求分析过程

通过需求分析可以获取网络系统各方面的需求情况，网络设计人员通过咨询用户和专业技术人员，了解一个全新的或者升级的网络系统的商业和技术目标，然后描述现有网络，最后分析当前和未来的网络通信量。在需求分析过程中，主要考虑业务需求、用户需求、应用需求、计算机平台需求、网络需求这五个方面的需求。

（1）业务需求调查是理解业务本质的关键，同一个企业有不同的职能分工，存在不同的业务需求，需要对不同的用户进行特定业务信息的搜集。通过获取组织结构图，了解该企业中岗位设置及岗位职责；通过确定各阶段及关键时间点制定日程表；通过投资规模确定网络工程的设计思路、技术线路、设备购置以及服务水平；通过确定业务活动来明确网络的需求；通过预测增长率来明确网络的伸缩性；通过网络的可靠性和可用性、Web 站点和 Internet 的连接性、网络的安全性、远程访问来确定网络的设计思路和技术路线。

（2）用户需求针对的是当前网络用户，通过与用户群的交流了解用户需要的重要服务以及功能，并通过用户服务表对收集到的信息进行归档。

（3）应用需求主要从应用系统自身的特点以及应用对资源的访问这两个角度去考虑应用的类型和地点、使用方法、需求增长、可靠性和可用性需求以及网络响应，最终编制出相应的需求表。

（4）计算机平台需求主要是了解用户进行各项操作对所运行的计算机软硬件方面有哪些需求，最终编制出相应的需求表。

（5）网络需求主要是考虑网络管理员的需求，包括局域网功能、网络拓扑结构、性能、网络管理、网络安全以及城域网/广域网的选择，最终编制出相应的需求表。

0.2.3 网络规划设计中的需求分析

对用户的需求调查是需求分析的第一步，也是非常重要的一步，在很大程度上决定了整个工程设计的成败。需求分析包括提炼、分析已收集到的信息并得出正式的需求分析报告，并及时查漏补缺。提炼、分析的目的在于总结出精确的需求用以设计出高质量的网络系统。要形成文档以及需求表交与用户，并及时收集用户的反馈信息，再次提炼、分析，直到用户满意为止。在遇到一些专业问题时，应尽可能详细地告知投资者所存在的利弊，以满足用户的需求作为最大的目标。

在进行需求分析时除了考虑用户的需求还需要考虑外界的一些条件，否则也会导致网络系统无法实现。

（1）政策约束。政策约束包括法律、法规、行业规定、业务规范、技术规范等方面的约束。在开发系统的过程中应遵照相关规定进行设计，确保工程正常顺利开展直至最终使用。

（2）预算约束。在不超出用户预算的情况下采取优良的设计，若突破用户的预算再优良的设计也无法实现。

（3）时间约束。在项目进度方面，需要编制合理的项目进度表，保证系统按时完工。

0.3 网络规划设计的原则

中小型企业网络的规划设计有多种解决方案，根据企业网络的类型、规模和性质不同，企业网络的设计方案有所不同，体现在技术、应用上更是不同。在传统的语音服务无法满足中小型企业各种业务信息需求的今天，中小型企业对图形、图像、视频等多媒体信息的需求不断增长，多媒体信息已成为中小型企业依赖计算机网络进行信息共享和交流的重要资源。企业网络应分为内部网络和外部网络两个部分，其中还包括在这两部分上的实际应用。中小型企业在网络设计之初就应该充分考虑自身的需求，通过这些需求来具体设计适合自己的网络。

0.3.1 目标原则

用户的需求往往有分阶段的近期目标和远期目标，要明确不同阶段的建设目标，考虑到网络系统的规模。必须确定协议集、体系结构、计算模式、网络上最多站点数目和网络最大覆盖范围等的类型和范围，同时应对整个系统的数据量、数据流量和数据流向有个清醒的估计，遵循近期建设目标所确定的网络方案有利于升级和扩展到最终建设目标的原则。

依据企业建网资金的安排，在听取有关专家意见的基础上，结合企业的业务内容及其发展的需要，制定一个在未来五年中的近期、中期及长期的建设规划，以保持网络建设的延续性，保护先前的投资（含各种硬件、软件及信息资源），并能融合不断涌现的新技术和新应用。

0.3.2 组网原则

（1）先进性。网络系统的先进性是规划设计人员要首先考虑的。采用先进的组网技术，能使所建网络在长时间内保持先进性和可用性，在相当长的一段时间内不至于落后或淘汰，而且能适应近期及中远期业务的需求。

（2）可扩充性。采用模块式和结构化设计，并采用分步实施的建设策略，使网络系统配置灵活。同时，留有合理的扩充余地，既能满足用户数量的扩充，又能满足因技术发展需要而实现低成本扩展和升级的需求。

（3）安全可靠性。安全与可靠是组网的重要原则之一。应从系统安全体系、网络结点、通信线路、网络拓扑等多方面考虑，保证整个系统的安全性和保密性。如在局域网和广域网的互联点上设置防火墙，在多层次上以多种方式实现安全性控制等，以抵御来自网络内部或外部的攻击。

（4）可管理维护性。在网络设计中，要建立全面的网络管理解决方案。不仅要保证整个网络系统集成规划设计的合理性，还应配置相关的检测设备和管理设施，重视售前和售后维护工作。

（5）开放互联性。采用符合当前最新的软硬件国际标准的通信协议和设备，支持开放的技术、结构、系统组件及用户接口，使网络系统与多种协议计算机有良好的通信互联能力。

（6）经济实用性。充分利用投入的资金，以较高的性价比构建网络系统。根据用户的需求，在满足系统性能以及在可预见期间内不失先进性的前提下，尽量使整个系统投资合理且实用性强。

0.4　企业网络总体设计

企业网络解决方案总体设计以高可靠性、高性能、高安全性、良好的可扩展性、可管理性和统一的网管系统及可靠组播为原则，考虑到技术的先进性、成熟性，采用模块化的设计方法。

0.4.1 企业网络层次化结构设计

在企业园区网络整体设计中，采用层次化、模块化的网络设计结构，并严格定义各层功能模型，不同层次关注不同的特性配置。典型的企业园区网络结构可以分成接入层、汇聚层、核心层，如图 0-1 所示。

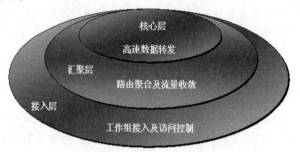

图 0-1　网络设计分层结构图

（1）接入层。提供网络的第一级接入功能，完成简单的二、三层交换，接入安全、Qos 和 POE 功能都位于这一层。对应于企业园区网的接入层设备。

（2）汇聚层。汇聚来自配线间的流量和执行策略，当路由协议应用于这一层时，具有负载均衡、快速收敛和易于扩展等特点，这一层还可作为接入设备的第一跳网关；对于企业网的汇聚层设备，应该能够承载企业网的多种融合业务。

（3）核心层。网络的主干，必须能够提供高速数据交换和路由快速收敛，要求具有较高的可靠性、稳定性和易扩展性等。对于企业园区网核心层，必须提供高性能、高可靠的网络结构，采用高可靠的环网结构或多设备冗余的星形结构。对于企业网核心层设备，应该在提供大容量、高性能 L2/L3 交换服务基础上，能够进一步融合硬件 IPv6、网络安全、网络业务分析等智能特性，可为企业网构建融合业务的基础网络平台，进而帮助企业实现 IT 资源整合的需求。

在企业网络设计中，使用层次化模型有许多好处，列举如下：

（1）节省成本。在采用层次模型之后，各层次各司其职，不再在同一个平台上考虑所有的事情。层次模型模块化的特性使网络中的每一层都能够很好地利用带宽，减少了对系统资源的浪费。

（2）易于理解。层次化设计使得网络结构清晰明了，可以在不同的层次实施不同难度的管理，降低了管理成本。

（3）易于扩展/在网络设计中，模块化具有的特性使得网络增长时网络的复杂性能够限制在子网中，而不会蔓延到网络的其他地方。而如果采用扁平化和网状设计，任何一个结点的变动都将对整个网络产生很大影响。

（4）易于排错。层次化设计能够使网络拓扑结构分解为易于理解的子网，网络管理者能够轻易地确定网络故障的范围，从而简化了排错过程。

0.4.2　层次化模型应用方案

基于网络分层结构设计的思想,结合企业的实际情况,层次化模型主要有如下两种应用方案。

（1）基于交换的层次结构。这种应用方案（见图 0-2），所有层次上使用的都是交换机设备。核心层、汇聚层、接入层这种层次化的网络设备模型，特别适合于具有上千台工作站的大中型企业网络的设计，如果是只有几百台计算机的中小型网络，可以采用将核心层和汇聚层合二为一的方案。

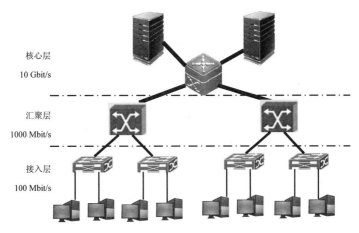

图 0-2　基于交换的层次结构

（2）基于路由的层次结构。这种应用方案（见图 0-3）在汇聚层提供策略交换速率的是路由器设备，由于路由交换要比交换机慢（这是路由器自身工作原理决定的），所以这种方案比较适用于数据流量不是很大的场合。如果数据流量比较大，又要避免网络拥塞，就需要购买高性能路由器。

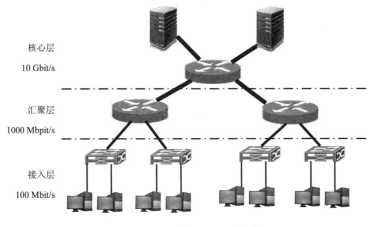

图 0-3　基于路由的层次结构

0.5　企业网络规划设计案例引入及
本书学习情境案例分解

为了学习网络规划设计与建设所涉及的知识或技术，本书引入一个典型企业网络规划设计案例展开讨论。

图 0-4 所示是一个典型企业网络拓扑图，它也是网络层次化模型的一个应用方案。根据企业网络的拓扑图与应用需求，要能建设与管理好这样的网络，对网络管理员来说需要掌握大量网络管理与设备配置方面的知识。结合这一企业网络案例的建设，我们把要学习的知识分解为以下各章节与学习案例，在各个案例学习过程中穿插介绍相关知识点或网络管理与建设的关键技术。

1. 管理交换网络

交换网络是整个企业网络的基础和核心，交换网络建设的好坏对网络性能的发挥、网络应用的运行以及是否便于管理网络都有着直接的影响。而交换网络的核心设备就是交换机，为此首先要认识交换机，学习交换机的工作原理等；其次为了便于进行网络管理，需配置交换机远程登录功能、在交换机上配置 VLAN 等。因此将本章节案例分解为：

【案例 1】认识交换机。

【案例 2】远程登录交换机。

【案例 3】使用 VLAN 技术隔离子网。

【案例 4】跨交换机实现 VLAN 内部通信。

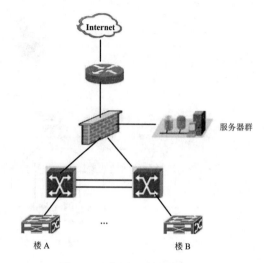

图 0-4　典型企业网络拓扑图

2. 管理局域网中的冗余链路

在交换网络中，为了提高链路的安全性，往往在网络规划和建设时会增加交换机等设备，有时还会在交换机设备间增加多条链路（如图 0-4 中，两台三层交换机之间使用两根网线相连），达到冗余备份或增加带宽的目的。但在交换机增加链路的同时，也带来一些负面影响，如广播风暴、MAC 地址表抖动等问题，严重情况下会导致网络瘫痪，所以必须有相应的技术作保障，如生成树协议、端口聚合技术等。因此将本章节案例分解为：

【案例 1】使用生成树协议解决备份链路中的环路问题。

【案例 2】使用交换机端口聚合技术实现负载均衡及链路备份。

3. 管理网络路由

在 TCP/IP 网络中，每个网段是相互分隔的，不能直接交换数据。为了实现在不同网络间转发数据单元的功能，必须借助于三层设备，最典型的代表就是路由器和三层交换机。路由器的主要工作就是为经过路由器的每个数据单元寻找一条最佳传输路径，并将该数据有效地传送到目的站点。因此在本章节中，要认识路由器这种设备，学习路由器工作原理等；其次为了便于进行网络管理，需配置路由器远程登录功能、在路由器或三层交换机上配置路由策略来实现子网互联。因此将本章节案例分解为：

【案例 1】认识路由器。

【案例 2】远程登录路由器。

【案例 3】利用单臂路由实现 VLAN 之间路由。

【案例 4】利用三层交换机实现 VLAN 之间路由。

【案例 5】利用静态路由实现各区域子网互通。

【案例 6】利用 RIP 路由协议实现各区域子网互通。

【案例 7】利用 OSPF 动态路由协议实现各区域子网互通。

4. 管理广域网链路

为了能够访问外部的网络（如 Internet），在企业局域网络建好后，一般要向 ISP 申请广域网链路接入 Internet。一般的做法是使用路由设备（企业出口路由器）与 ISP 的路由设备相连接（见图 0-4）。为了实现安全接入，一般要对这种广域网链路进行认证，常见的有 PPP 协议的 PAP 认证和 CHAP 认证。因此将本章节案例分解为：

【案例 1】在路由器接口上封装广域网协议。

【案例 2】利用 PPP PAP 认证实现广域网链路的安全性。

【案例 3】利用 PPP CHAP 认证实现广域网链路的安全性。

5. 网络安全管理

随着互联网发展和 IT 的普及，网络和 IT 已经日渐深入人们的日常生活和工作当中，社会信息化和信息网络化突破了应用信息在时间和空间上的障碍，使信息的价值不断提高。但是与此同时，网页篡改、计算机病毒、系统非法入侵、数据泄密、网站欺骗、服务瘫痪、漏洞非法利用等信息安全事件时有发生。

在企业规划建设网络的过程中，如何保证网络安全运行也是网络规划设计者必须考虑的问题。目前常用的方法或技术手段主要有：接入控制、访问控制列表 ACL、地址转换技术 NAT、防火墙技术等。因此将本章节案例分解为：

【案例 1】利用交换机端口安全功能限制用户接入。

【案例 2】利用 IP 标准访问列表控制网络流量。

【案例 3】利用 IP 扩展访问列表限制访问服务器。

【案例 4】利用动态 NAT 技术实现高效安全访问 Internet。

【案例 5】利用静态 NAPT 安全发布内网 Internet 服务。

【案例 6】使用防火墙实现安全的访问控制。

6. 网络设备 DHCP 服务配置

DHCP 服务是一种常用的服务器技术，主要功能是给网络上的 PC 自动分配 IP 地址、子网掩码、网关、DNS 服务器地址等信息，一般是在安装了服务器操作系统的服务器上进行配置。本章介绍如何在网络设备上进行配置。因此将本章节案例分解为：

【案例 1】启用网络设备的 DHCP 服务。

【案例 2】DHCP 中继服务。

7. 交换技术高级应用

MSTP 是一种多生成树技术，可以让不同的 VLAN 数据走不同的路径，提供了比生成树和快速生成树更优秀的网络冗余和负载均衡；交换机是 PC 的直接接入端，在交换机上进行端口限速可以在网络的最末端限制 PC 的上网速度，限速更有效率且更可靠；当网络上的交换机出现异常情况的时候，通过交换机端口镜像功能，可以很好地分析网络流量包。因此将本章节案例分解为：

【案例 1】应用 MSTP 实现网络冗余和负载均衡。

【案例 2】交换机端口限速。

【案例 3】交换机端口镜像。

8. 路由技术高级应用

OSPF 是一种链路状态路由选择算法，它在工作的时候必须有一个主工作区 0，当网络规模比较大的时候还有更多的工作区，如工作区 1、工作区 2 等，这时必须解决不同工作区互联的问题；OSPF 算法在工作的时候需要跟邻居路由器不断地收集数据，而不安全的路由器会利用这种机制传来不安全的数据，因此 OSPF 对邻居进行认证很有必要；当把运行不同路由算法的网络互联时，一个很重要的工作就是让路由信息从一个网络到达另一个网络，这就是路由重分配；路由器的工作是在不同的网络中寻路，如果路由器出现故障，很可能会导致部分网络不通，因此对路由器进行冗余备份也很重要。因此将本章节案例分解为：

【案例 1】OSPF 多区域互联。

【案例 2】对 OSPF 邻居进行明文认证。

【案例 3】对 OSPF 邻居进行密文认证。

【案例 4】实现动态路由重分配。

【案例 5】使用 VRRP 实现路由备份。

9. 访问列表高级应用

通过在三层设备上配置访问控制列表，可以对流经三层设备的数据流进行精确的控制，高级访问列表可以实现更高级、更精细的匹配条件，进而实现更复杂的数据流控制。因此将本章节案例分解为：

【案例 1】基于时间的访问控制列表应用。

【案例 2】专家级的访问控制列表应用。

10. 应用 IPv6 技术

随着上网设备的增加，IPv4 提供的 IP 地址已用完，这种情况下推出了第六版本的 IP 协议 IPv6，IPv6 可以提供更大的 IP 地址空间，为上网设备的增加提供可能，但目前仍有大量的 IPv4 网络存在，为了实现 IPv4 和 IPv6 网络共存和互联，必须使用隧道技术。因此将本章节案例分解为：

【案例 1】学习 IPv6 基本知识。

【案例 2】通过手工 IPv6 隧道实现 IPv6 网络通信。

【案例 3】配置 6 to 4 隧道实现 IPv6 接入 IPv6 主干网。

【案例 4】建立 ISATAP 自动隧道。

习　题　0

1. 简述网络层次化规划设计的好处。
2. 谈谈你对网络规划设计重要性的认识。

第1章

→ 管理交换网络

能力目标

能针对不同的网络环境使用相应的方法或手段对园区网中的交换网络部分进行简单配置和管理。

知识目标

- 了解交换机的登录方式，掌握配置交换机的远程登录服务的方法。
- 掌握交换机的工作原理及常用配置命令。
- 掌握交换机的 VLAN 技术及应用。

章节案例及分析

在一个园区网络的管理中，对交换网络的管理占很大的比重，交换网络配置管理直接影响网络的性能，并且会影响网络管理员的工作强度。因此，要管好一个园区网，首先需要熟悉交换技术，掌握交换机的配置管理命令。在交换机管理中最常使用的技术是 VLAN 技术，所以要掌握 VLAN 技术并能应用在交换网络管理中。为了方便管理，又要提供对交换机远程管理的支持。对应典型的企业网络（见图 0-4），我们要在各级交换机上做相应配置，保证各部门数据交换顺利，并且方便管理员对设备进行管理。

本章分为四个案例：一是让学者对交换机有所认识，主要介绍交换机的外观、接口、指示灯等，同时对交换机的工作原理作一个简要阐述；二是介绍如何远程登录交换机，包括对交换机如何配置远程登录功能以及如何使用 telnet 命令远程登录交换机，同时熟悉交换机的命令模式和常用配置命令等；三是介绍如何在交换机上通过创建 VLAN 对子网进行隔离，同时介绍 VLAN 的概念、用途、种类、标准及配置命令等；四是介绍如何跨交换机实现同一 VLAN 子网内部互通，并且对实现该案例所需的知识，如 VLAN Trunk、Native VLAN 和 Trunk 接口的许可访问列表等作介绍。

1.1 【案例1】认识交换机

学习目标

（1）认识交换机设备，了解交换机各种接口类型、功能及作用、外观、指示灯。

（2）了解交换机的一些性能参数（背板能力、吞吐量等）。

（3）掌握交换机工作原理。

（4）熟悉交换机的访问方式及命令模式。

案例描述

小张是某企业网络管理员，企业各个部门分布在不同大楼或同一幢楼的不同楼层，每个部门使用一个子网，使用 VLAN 技术实现了部门之间的隔离，但每个部门之间又有数据传输的需求，小张该怎么办？本案例从实际需求出发，帮助小张解决这一难题。小张首先需要向单位申请购买交换机设备，买之前小张需要了解交换机的品牌、性能、性价比、接口类型、功能等，买来以后也要认真研究如何使用，特别是要了解交换机的工作原理、命令模式及如何访问等。

相关知识

1. 交换机简介

所谓"交换"（Switching）是按照通信两端传输信息的需要，用人工或设备自动完成的方法，把从一个接口上收到数据包，根据数据包的目的地址（MAC）进行定向并转发到相应接口的过程中所采用技术的统称。而交换机正是执行这种动作的机器，它的英文名称为 Switch。根据工作位置的不同，可以分为广域网交换机和局域网交换机，它应用在数据链路层。交换机有多个端口，每个端口都具有桥接功能，可以连接一个局域网或一台高性能服务器或工作站。实际上，交换机有时也被称为多端口网桥。

交换机是一种特殊功能的计算机，内部有总线、CPU、ROM、RAM、Flash 存储等，外部有各种接口，如以太网接口、Console 端口等。图 1-1 展示了典型交换机的外观。

图 1-1　交换机外观

2. 交换机功能及作用

交换机的主要功能包括物理编址、网络拓扑结构、错误检验、帧序列以及流控。交换机还具备了一些新的功能，如对 VLAN（虚拟局域网）的支持、对链路汇聚的支持，甚至有的还具有路由器（三层交换机）的功能。

交换机除了能够连接同种类型的网络之外，还可以在不同类型的网络（如以太网和快速以太网）之间起到互连作用。如今许多交换机都能够提供支持快速以太网或 FDDI 等的高速连接端口，用于连接网络中的其他交换机或者为带宽占用量大的关键服务器提供附加带宽。

3. 交换机的分类

交换机有多种不同的分类标准，下面介绍几种常用的分类方法。

（1）按传输模式分有全双工、双工、全双工/半双工自适应。交换机的全双工是指交换机在发送数据的同时也能够接收数据，两者同步进行，目前主流交换机都已支持全双工。全双工的好处在于迟延小，速度快。所谓半双工就是指一个时间段内只有一个动作发生，早期的对讲机以及早期集线器等设备都是实行半双工的产品。随着技术的不断进步，半双工逐渐退出历史舞台。

（2）从广义上来看，网络交换机分为广域网交换机和局域网交换机。广域网交换机主要应用于电信领域，提供通信用的基础平台。而局域网交换机则应用于局域网络，用于连接终端设备，如 PC 及网络打印机等。

（3）从传输介质和传输速度上可分为以太网交换机、快速以太网交换机、千兆以太网交换机、FDDI 交换机、ATM 交换机和令牌环交换机等。

（4）从规模应用上可分为企业级交换机、部门级交换机和工作组交换机等。各厂商划分的尺度并不是完全一致的，一般来讲，企业级交换机都是机架式，部门级交换机可以是机架式（插槽数较少），也可以是固定配置式，而工作组级交换机为固定配置式（功能较为简单）。另一方面，从应用的规模来看，作为主干交换机时，支持 500 个信息点以上大型企业应用的交换机为企业级交换机，支持 300 个信息点以下中型企业的交换机为部门级交换机，而支持 100 个信息点以内的交换机为工作组级交换机。

（5）从转发方式分为直通转发、存储转发、无碎片直接转发交换机。直接转发也被称为快速转发，是指交换机收到帧（通常只检查 14 字节）后立刻查看目的 MAC 地址并进行转发。存储转发时，交换机要收到完整的帧之后，读取目的和源 MAC 地址，执行循环冗余检验，如果结果不正确，则帧将被丢弃。这种方式保证了被转发的帧都是正确有效的，但是增加了转发延迟。无碎片直通转发也被称为分段过滤。这种转发方式介于前两种方式之间，交换机读取前 64 字节后开始转发。冲突通常在前 64 字节内发生，通过读取前 64 字节，交换机能够过滤掉由于冲突产生的帧碎片。不过，检验不正确的帧依然会被转发。

（6）按功能层次可划分为二层交换机、三层交机、四层交换机。二层交换机属数据链路层设备，可以识别数据包中的 MAC 地址信息，根据 MAC 地址进行转发，并将这些 MAC 地址与对应的端口记录在自己内部的一个地址表中。三层交换机是具有部分路由器功能的交换机，其最重要目的是加快大型局域网内部的数据交换，所具有的路由功能也是为这目的的服务的，能够做到一次路由、多次转发。对于数据包转发等规律性的过程由硬件高速实现，而路由信息更新、路由表维护、路由计算、路由确定等功能由软件实现。三层交换技术就是二层交换技术+三层转发技术。四层交换机是基于传输层数据包的交换过程的，是一类基于 TCP/IP 应用层的用户应用交换需求的新型局域网交换机。四层交换机支持 TCP/UDP 第四层以下的所有协议，可识别至少 80 字节的数据包包头长度，可根据 TCP/UDP 端口号来区分数据包的应用类型，从而实现应用层的访问控制和服务质量保证。四层交换机是一类以软件技术为主，以硬件技术为辅的网络管理交换设备。

4. 交换机的选购与性能参数

交换机非常重要，其把握着一个网络的命脉，那么如何选购交换机？在选购交换机时交换机的优劣无疑十分重要，而交换机的优劣要从总体构架、性能和功能三方面入手。

实际应用中应该重点考虑的参数如下：

（1）背板带宽、二/三层交换吞吐率。这决定着网络的实际性能。即使交换机功能再多，管理再方便，如果实际吞吐量上不去，网络只会变得拥挤不堪。背板带宽包括交换机端口之间的交换带宽、端口与交换机内部的数据交换带宽和系统内部的数据交换带宽。二/三层交换吞吐率表现了二/三层交换的实际吞吐量，这个吞吐量应该大于等于交换机 $\sum$(端口×端口带宽)。

（2）VLAN 类型和数量。一台交换机支持更多的 VLAN 类型和数量将更加便于进行网络拓扑的设计与实现。

（3）TRUNKING，目前交换机都支持这个功能，且其在实际应用中还不太广泛，所以只要支持此功能即可，并不要求提供最大多少条线路的绑定。

（4）交换机端口数量及类型，不同的应用有不同的需要，应视具体情况而定。

（5）支持网络管理的协议和方法。需要交换机提供更加方便和集中式的管理。

（6）QoS、802.1q 优先级控制、802.1X、802.3X 的支持。这些都是交换机发展的方向，这些功能能提供更好的网络流量控制和用户的管理，应该考虑采购支持这些功能的交换机。

（7）堆叠的支持。当用户量提高后，堆叠就显得非常重要了。一般公司扩展交换机端口的方法为一台主交换机各端口下连接分交换机，这样分交换机与主交换机的最大数据传输速率只有 100 Mbit/s，极大地影响了交换性能，如果能采用堆叠模式，其以 Gbit/s 为单位的带宽将发挥出巨大的作用。主要参数有堆叠数量、堆叠方式、堆叠带宽等。

（8）交换机的交换缓存和端口缓存、主存、转发延时等也是相当重要的参数。

（9）对于三层交换机来说，802.1d 生成树也是一个重要的参数，这个功能可以让交换机学习到网络结构，对网络的性能也有很大的帮助。

（10）三层交换机还有一些重要的参数，如路由表大小、访问控制列表大小、对路由协议的支持情况、对组播协议的支持情况、包过滤方法、机器扩展能力等都是值得考虑的参数，应根据实际情况考察。

（11）交换机应支持链路聚合。链路聚合可以让交换机之间和交换机与服务器之间的链路带宽有非常好的伸缩性，比如可以把 2 个、3 个、4 个千兆的链路绑定在一起，使链路的带宽成倍增长。链路聚合技术可以实现不同端口的负载均衡，同时也能够互为备份，保证链路的冗余性。在一些千兆以太网交换机中，最多可以支持 4 组链路聚合，每组中最多 4 个端口。但也有支持 8 组链路聚合的交换机，每组最多 8 个端口。生成树协议和链路聚合都可以保证一个网络的冗余性。在一个网络中设置冗余链路，并用生成树协议让备份链路阻塞，在逻辑上不形成环路，而一旦出现故障，即启用备份链路。

5. 交换机的工作原理

交换机根据第二层 MAC 地址，通过一种确定性的方法在接口之间转发帧。帧的封装中必不可少的信息是：源和目的 MAC 地址、高层协议标识、错误检测信息。第二层交换机通过源 MAC 地址来获悉与特定接口相连的设备的地址，并根据目的 MAC 来决定如何处理这个帧。它的三项主要功能如下：地址学习、转发/过滤、消除环路。

具体来说就是：以太网交换机通过查看收到的每个帧的 MAC 地址，来学习每个接口连接的设备的 MAC 地址，地址到接口的映射被存储在被称为"MAC 地址表"的数据库中，如表 1-1 所示。

表 1-1　MAC 地址表

E0：	00-D0-F8-00-11-11	E2：	00-D0-F8-00-33-33
E1：	00-D0-F8-00-22-22	E3：	00-D0-F8-00-44-44

收到帧后，以太网交换机通过查找 MAC 地址表来确定通过哪个接口可以到达目的地。如果在 MAC 地址表中找到了目标地址，则只将帧转发到相应的接口；如果没有找到，则将帧转发到除入站接口外的所有接口。

当为实现冗余而在网络中有多条路径时，以太网交换机必须防止帧不断地在多条路径之间传输。在第二层链路上，相同源端和目的端的多条路径称为环路，环路导致帧不断地传输，直到耗尽所有带宽，网络崩溃。由于可能出现环路，因此必须避免出现多条活动路径，生成树协议（Spanning

Tree Protocol，STP）可用于避免环路，同时允许存在多条备用路径，供链路出现故障时使用。

（1）地址学习。交换机通过以太网帧的源地址来确定设备的位置。交换机维护一个 MAC 地址表，用于记录与其相连的设备的位置。交换机根据这个表来决定是否需要将分组转发到其他网段。图 1-2 是一个初始的 MAC 地址表。初始化之前，交换机不知道主机连接的是哪个接口，MAC 地址表为空。交换机收到帧后，将把接收到的数据帧从除外了接收接口之外的所有接口发送出去，这称为泛洪。然后，主机 A 要给主机 C 发送数据帧，这个帧的源地址是主机 A 的 MAC 地址 00-D0-F8-00-11-11，目的地址则是主机 C 的 MAC 地址 00-D0-F8-00-33-33。由于此时的 MAC 地址表是空的，所以交换机的处理方法是把帧从 E1、E2、E3 这 3 个接口广播出去。

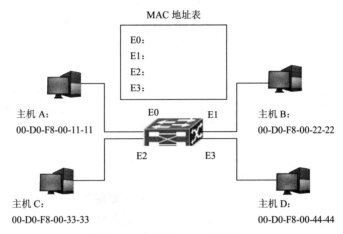

图 1-2　初始的 MAC 地址表

同时，在这个过程中，交换机也获得了这个帧的源地址，在 MAC 地址表中增加一个条目，将这个 MAC 地址和接收接口对应起来。至此，交换机就知道主机 A 位于接口 E0 了，如图 1-3 所示。

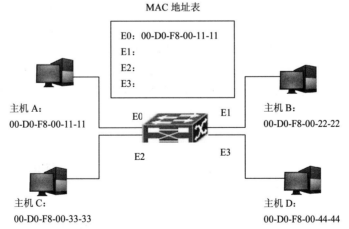

图 1-3　在 MAC 地址表中添加地址

网段上的其余的主机收到这个帧之后，只有真正的目的端主机 C 会响应这个帧，其余的主机则是丢弃这个帧。返回的响应帧到达交换机后，它的目的 MAC 地址为主机 A 的 MAC 地址，由于这个地址已经存在于 MAC 地址表中，交换机就可以把它按照表中对应的接口 E0 转发出去。同时，交换机在 MAC 地址表中再添加一条新的记录，将响应帧的源 MAC 地址（主机 C 的 MAC 地址）和接口（E2）对应起来。

随着网络中的主机不断发送帧，这个学习的过程也将不断进行下去，最终交换机得到一张完整的 MAC 地址表，如图 1-4 所示。表中的条目被用于做出转发和过滤决策。

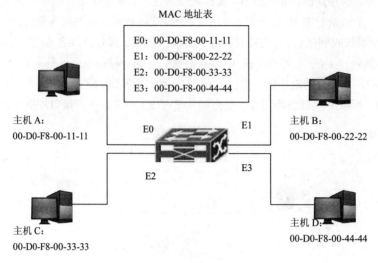

图 1-4　完整的 MAC 地址表

需要注意的是，MAC 地址表中的条目是有生命周期的，如果在一定的时间内（如 300 s）交换机没有从该接口接收到一个相同源地址的帧（用于刷新 MAC 地址表中记录），交换机会认为该主机已经不再连接在这个接口上，于是这个条目将从 MAC 地址表中移除。

相应的，如果从该接口收到帧的源地址发生了改变，交换机也会用新的源地址去改写MAC 地址表中该接口对应的 MAC 地址。这样，交换机中的 MAC 地址表就一直能够保持最新，以提供更准确的转发依据。

（2）转发/过滤决策。交换机收到目标 MAC 地址已知的帧后，将其从相应的接口而不是所有接口转发出去。

例如，在图 1-5 所示的网络中，主机 A 再将一个帧发送给主机 C。由于目标 MAC 地址（主机 C 的 MAC 地址：00-D0-F8-00-33-33）已经存在于 MAC 地址表中，交换机可以通过查找 MAC 地址表直接将帧从相应接口转发出去。主机 A 向主机 C 发送帧的过程可以描述如下：

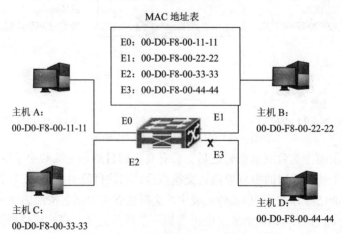

图 1-5　交换机的转发/过滤决策

① 交换机将帧的目的 MAC 地址和 MAC 地址表中的条目进行比较。

② 发现可以通过接口 E2 到达该目的主机，于是将帧从该接口转发出去。

交换机不会将帧从 E1 和 E3 转发出去，这节省了带宽，这种操作被称为帧过滤。

在以太网中，广播地址为 FF-FF-FF-FF-FF-FF-FF。目的地址为 FF-FF-FF-FF-FF-FF-FF 的帧是发送给所有设备的，而组播地址则以 01 开头，代表多台主机。广播地址和组播地址只能用于目标地址，对于目标为这两种地址的帧，交换机的处理方式相同——把它从除了接收接口之外的所有接口转发出去。

6. 交换机的端口/编号和指示灯

图 1-6 所示是 RG-S2126G 交换机。

交换机上的网络端口都有具有编号，以便管理配置使用。其编号由两个部分组成：插槽号和端口在插槽上的编号。例如，端口所在的插槽编号为 2，端口在插槽上的编号为 3，则端口对应的接口编号为 2/3。对于可以选择介质类型的设备，端口包括两种介质（光口和电口），无论使用哪种介质，都使用相同的端口编号。

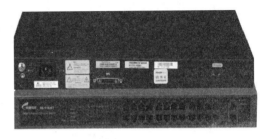

图 1-6　交换机外观接口与指示灯

Console 端口是一个特殊的端口，一般位于交换机面板的最左端或最右端，它是设备的控制端口，实现设备的初始化或远程控制，Console 端口使用配置专用连线直接连接至计算机的串口上，利用终端仿真程序（如 Windows 下的"超级终端"）进行本地配置。

交换机一般不具有电源开关，只能通过电源的接通连接或断开。当交换机加电后，会有指示电源或者状态的 LED 指示灯被点亮，说明交换机的工作状态是开、关或者故障。对于 RG-S2126G 交换机来说，前面板的左端有一个 Power 指示灯，在交换机加电后，Power 指示灯会点亮成绿色。

在端口左边有四排端口指示灯，分成两部分，在左边的指示灯中，最上边有 2～24 的所有双数编号，最下边有 1～23 的所有单数编号，第 1、3 排是 Link/ACK 指示灯，第 2、4 排是速率指示灯（100 Mbit/s），它们代表了所有 24 个 10/100 Mbit/s 端口的工作状态（每个端口具有两个指示灯）。

当交换机加电启动后，所有的 Link/ACK 指示灯都会点亮（绿色），在启动完毕后（在约需要十几秒的时间），没有连接双绞线或者光纤连线的端口的指示灯会熄灭。一旦插入连线，相应端口的指示灯会再次点亮，Link/ACK 指示灯会呈现绿色。如果端口工作在 100 Mbit/s 速率下，100 Mbit/s 的速率指示灯会点亮，呈现橘色，如果端口工作在 10 Mbit/s 下，则这个指示灯会熄灭。此时，如果有数据流正在经过此端口，Link/ACK 指示灯的颜色保持绿色，并且会不停闪烁。

7. 交换机的访问方式

登录交换机的常用方式：通过 Console 本地登录，通过 Telnet、Web、Snmp 进行远程登录。把它们分为两类：一类是不使用网络带宽的，如通过 Console 本地登录，称为带外管理；另一类是使用网络带宽的，如通过 Telnet、Web、Snmp，称为带内管理。

8. 交换机的命令模式

交换机是一种特殊的计算机，由硬件和软件组成。对交换机的任何配置都是在它的操作系统支持下完成的。有的交换机支持图形界面，在图形界面下完成对交换机的配置；但一般交换机都支持字符界面（类似 DOS），在命令提示符下完成对交换机的配置。交换机有许许多多的命令，在不同的模式下可以执行不同的命令来完成不同的功能，这就要求我们对交换机的命令模式有所认识。

交换机的命令模式有用户模式、特权模式、全局配置模式、接口模式等，各模式说明如表 1-2 所示。

表 1-2　交换机命令模式

命　令　模　式		说　　　明
用户模式		它是登录交换机首先进入的模式，提示符为 ">"，该模式下仅允许执行基本的监测命令，不能改变交换机的配置
特权模式		在用户模式下先输入 enable，再输入相应的口令，进入特权模式。特权模式的系统提示符是 "#"，特权模式可以使用所有的配置命令，还可以进入到全局模式和其他特殊的配置模式，这些特殊模式都是全局模式的一个子集
配置模式	全局配置模式	从特权模式，输入 config terminal 命令进入全局配置模式，相应提示符为 "(config)#"。此时，用户才能真正修改交换机的配置
	接口模式	交换机中有各种端口，如以太网端口和同步端口等。要对这些端口进行配置，需要进入端口配置模式。在全局命令提示符下输入 "interface 端口编号"，进入端口模式，提示符为 "(config-if)#"
	线程模式	在全局命令提示符下输入 "line 线程编号"，进入线程配置模式，在此模式下可对 Console 或 Telnet 登录功能进行配置，提示符为 "(config-line)#"
	VLAN 配置模式	在全局命令提示符下输入 "vlan 虚网编号"，提示符为 "(config-vlan)#"。在该模式下可以对交换机的 VLAN 进行参数配置（如 VLAN 名称等）

◉案例实施

1. 案例拓扑图及要求说明

此案例拓扑如图 1-7 所示。在图中计算机使用 Console 线缆（交换机厂家提供）通过 Com 口连接到交换机的 Console 口，然后使用 Windows 下"超级终端"程序登录交换机，熟悉交换机的各种接口、交换机的命令模式及进入或退出各模式的命令。

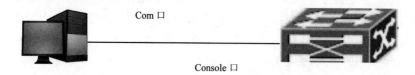

Com 口

Console 口

图 1-7　通过 Console 登录交换机

下面使用 Cisco Packet Tracer 仿真软件来模拟实现这个案例。

2. 实施步骤

（1）按图 1-7 所示连接好各设备。

（2）使用"超级终端"软件登录交换机，配置超级终端的端口属性，如图 1-8 所示。

（3）熟悉交换机的命令模式。

图 1-8 通过"超级终端"登录交换机后，进入的是用户模式。

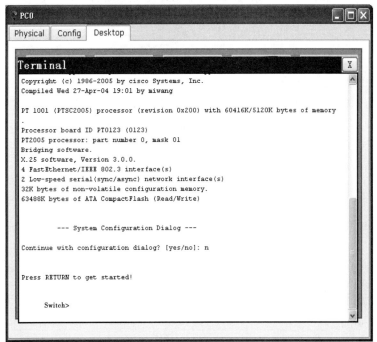

图 1-8　配置超级终端的端口属性

```
Switch > enable                              从用户模式进入特权模式
Switch # exit                                从特权模式退出到用户模式
Switch # configure terminal                  从特权模式进入全局配置模式
Switch (config)# exit                        从全局配置模式退出到特权模式
Switch (config)# interface fastEthernet 0/0  从全局配置模式进入接口模式
```

```
Switch (config-if)# exit          从接口模式退出到全局配置模式
Switch (config-if)# end           从接口模式直接退出到特权模式
Switch (config)# line vty 0 4     从全局配置模式进入虚拟线程配置模式
Switch (config-line)#
```

1.2 【案例2】远程登录交换机

学习目标

（1）熟悉交换机常用配置命令的用法。

（2）理解交换机远程登录的作用，掌握交换机远程登录配置的方法。

案例描述

小张是某企业网络管理员，所在企业网络覆盖范围较大，交换机会分别放置在不同的地点，由于一些原因企业网络经常要进行调整，小张必须来回奔波，实在不方便。后来小张请教了网络工程师，知道可以在企业的交换机上配置远程登录功能，在任何一个网络能通的地方都可以远程登录实现对交换机的配置。本案例就是为了能实现交换机的远程登录而提出的。首先要熟悉交换机的常用命令的一些用法，然后进一步熟悉交换机配置远程登录的步骤和方法。

相关知识

1. 交换机的常用配置命令

交换机的命令难度和早期的 DOS 操作系统或命令行的 Linux 比较接近，但功能上要远比以上操作系统单一。不同厂商的交换机命令有些差别，但功能性的东西没有本质差别。交换机的命令很多，这里只能介绍常用的命令，对于其他一些命令在具体应用中需要用到时再作详细介绍。

（1）进入特权模式：enable。

```
Switch > enable
Switch #
```

（2）进入全局配置模式：configure terminal。

```
Switch > enable
Switch # configure terminal
Switch (config)#
```

（3）重命名：hostname SwitchA（以 SwitchA 为例）。

```
Switch > enable
Switch # configure terminal
Switch(config)# hostname SwitchA
SwitchA (config)#
```

（4）配置使能口令：enable password cisco（以 cisco 为例）。

```
Switch > enable
Switch # configure terminal
Switch(config)# hostname SwitchA
```

SwitchA (config)# enable password cisco(初级密码，用于验证从用户模式到特权模式的验证)

（5）配置使能密码：enable secret ciscolab（以 cicsolab 为例）。

```
Switch > enable
Switch # configure terminal
Switch(config)# hostname SwitchA
SwitchA (config)# enable secret  0  ciscolab
```

初级密码用于从用户模式到特权模式的验证，用 show run 使能口令是以明文显示的，只要登录交换机以后就可以知道密码。而加密口令是以密文显示的，就算登录交换机以后看到密码，但也看不懂密码是什么，因为已经加密过了。另外，当使能口令与加密口令同时存在时，加密口令优先起效，使能口令暂时失效。

（6）进入交换机某一端口：interface fastethernet 0/1。

```
Switch > enable
Switch # configure terminal
Switch(config)# hostname SwitchA
SwitchA (config)# interface fastethernet 0/1
SwitchA (config-if)#
```

（7）设置端口 IP 地址信息。

```
Switch > enable
Switch # configure terminal
Switch(config)# hostname SwitchA
SwitchA(config)# interface fastethernet 0/1    以以太网 0/1 端口为例
SwitchA (config-if)# ip address 192.168.1.1 255.255.255.0
                                              配置交换机端口 IP 和子网掩码
SwitchA (config-if)# no shutdown               启动此接口
```

（8）查看命令：show。

```
Switch > enable
Switch # show version                     查看系统中的所有版本信息
Switch # show interface serial 1/2        查看 S1/2 端口信息
Switch # show ip interface                查看所有端口 IP 信息
Switch # show running-config              查看当前生效的配置信息
Switch # show vlan                        查看所有 VLAN 信息
Switch # show interface type slot/number  显示端口信息
```

（9）交换机 Telnet 远程登录设置。

```
Switch> enable
Switch # configure terminal
Switch (config)# hostname SwitchA
SwitchA (config)# enable password  cisco
或 SwitchA (config)# enable secret  0  cisco
```

以 cisco 为特权模式密码（而这里的 0 是指即将输入的密码是原始密码 cisco，而如果是 5 的话就是输入 cisco 的 MD5 值：1XNRo$8FSa/XSF9DbmF6VbK6L6K）

```
SwitchA (config) line vty 0 4
```

设置 0 ~ 4 个用户可以 telnet 远程登录（进入线程配置模式）

```
SwitchA (config-line)# password   star   配置 Telnet 的密码（用户模式）
SwitchA (config-line)# login           启用 Telnet 的用户密码验证
SwitchA (config-line)# exit
```

（10）测试网络连通性：ping 命令。

```
Switch> ping 目标IP
Switch # ping 目标IP
```

（11）保存配置命令。

```
Switch # write
```

或 `Switch # copy running-config startup-config`

（12）使用 No 命令执行相反的操作。

几乎所有的命令都有 No 选项，使用 No 选项可以禁止某个特性或功能，或执行与命令本身相反的操作。

例如，使用 Switch(config-if)#ip add 192.168.1.1 255.255.255.0 命令为接口配置 IP 地址。使用 Switch(config-if)#no ip add 命令删除该接口的 IP 地址。

（13）帮助命令。路由器的帮助命令功能非常强大。

① 在任一模式下，输入 "?" 可获取该视图下所有的命令及其简单描述，例如：

```
Switch > ?
Exec commands:
  <1-99>       Session number to resume
  connect      Open a terminal connection
  disable      Turn off privileged commands
  disconnect   Disconnect an existing network connection
  enable       Turn on privileged commands
  exit         Exit from the EXEC
  logout       Exit from the EXEC
  ping         Send echo messages
  resume       Resume an active network connection
  show         Show running system information
  ssh          Open a secure shell client connection
  telnet       Open a telnet connection
  terminal     Set terminal line parameters
  traceroute   Trace route to destination
```

② 输入一命令，后接以空格分隔的 "?"，如果该命令行位置有关键字，则列出全部关键字及其简单描述，例如：

```
Switch # copy ?
  flash:          Copy from flash: file system
  ftp:            Copy from ftp: file system
  running-config  Copy from current system configuration
  startup-config  Copy from startup configuration
  tftp:           Copy from tftp: file system
```

③ 输入一字符串，其后紧接 "?"，列出以该字符串开头的所有命令，例如：

```
Switch # co?
configure  connect  copy
```

④ 输入命令的某个关键字的前几个字母，按 Tab 键，如果以输入字母开头的关键字唯

一，则可以显示出完整的关键字（即自动补齐），例如：

```
Switch # conf    按 Tab 键
Switch # configure
```

⑤ 输入命令的部分字符，只要这部分字符能唯一识别命令关键字，就可以执行此命令，例如：

```
Switch # configure terminal
```

可简写为：

```
Switch#conf t
```

⑥ 系统提供用户曾经输入命令的记录，可以使用上下方向键调出。此方法在重新输入长而复杂的命令时非常有用。

2. 交换机远程登录功能配置步骤和方法

（1）本地登录交换机。要实现交换机的远程登录功能，肯定要对交换机进行配置，所以第一步必须在本地登录交换机，即在 PC 上使用"超级终端"软件通过 Console 端口登录交换机（见图 1-7）。这也是从厂家购买来交换机首次登录交换机必须采用的方法。

（2）如要远程登录交换机必须保证有 IP 地址可访问，接下来需要给交换机接口配置 IP 地址。如果只是在内部网络远程登录交换机，只需给交换机接口配置私有 IP 地址；如果要在外网也能访问到交换机，还必须给交换机配置公网 IP 地址。使用如下命令配置：

```
Switch (config)# interface vlan 1              以 vlan 1 虚接口为例
Switch (config-if)# ip address 192.168.1.1 255.255.255.0
                                               配置交换机端口 IP 和子网掩码
Switch (config-if)# no shutdown                启动此接口
Switch (config-if)# end
```

（3）配置交换机的远程登录密码，使用如下命令配置：

```
Switch(config)# line vty 0 4                  进入远程虚拟终端线程配置模式
Switch(config-line)# password cisco          配置远程登录密码为 cisco
Switch(config-line)# login                    启用登录密码检查
或 Switch (config)# enable secret level 1 0 cisco
```

（4）为了安全起见，一般还会配置进入特权模式的口令或密码，使用如下命令配置：

```
Switch(config)# enable password 123456
或 Switch(config)# enable secret 123456
```

注意：登录交换机后，上面的配置顺序可以改变。

案例实施

1. 案例拓扑图及要求说明

此案例拓扑如图 1-9 所示。在图中计算机使用 Console 线缆（交换机厂家提供）通过 Com 口连接到交换机的 Console 口，使用网线连接到交换机的 F0/1 端口，然后使用 Windows 下"超级终端"程序登录交换机，交换机进行远程登录配置并验证。

下面使用 Cisco Packet Tracer 仿真软件来模拟实现这个案例。

2. 实施步骤

（1）按图 1-9 所示连接好各设备。

第 1 章　管理交换网络

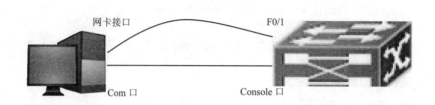

图 1-9　远程登录交换机配置拓扑图

（2）使用"超级终端"软件登录交换机作如下配置：

```
Switch > enable
Switch # configure terminal
```
配置交换机特权密码：
```
Switch(config)# enable password 123456
Switch(config)# interface vlan 1
```
为交换机分配管理 IP：
```
Switch(config-if)# ip address 192.168.1.200 255.255.255.0
Switch(config-if)# no shutdown
```
配置交换机远程登录密码：
```
Switch(config)# line vty 0 4
Switch(config-line)# password cisco
Switch(config-line)# login
Switch(config-line)# exit
```

（3）为 PC 配置 IP 地址 192.168.1.1，并在命令提示符下使用 ping 192.168.1.200 命令测试交换机的连通性。如果连通则去做下一步，否则检查网络相关配置。

3. 验证

在 PC 的命令提示符下使用 telnet 192.168.1.200 命令远程登录交换机，进行验证测试。图 1-10 是 Telnet 远程登录成功并进入特权模式的界面。

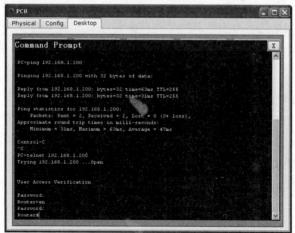

图 1-10　Telnet 远程登录交换机

1.3 【案例3】使用 VLAN 技术隔离子网

学习目标

（1）了解并掌握 VLAN 的概念、作用、标准和分类。
（2）掌握配置 VLAN 的命令和方法。
（3）掌握使用 VLAN 技术隔离部门子网的配置方法。

案例描述

小张是某企业网络管理员。企业在规划设计网络时，基于安全、高效、可管理性等方面的考虑，一般一个部门使用一个子网，不同部门之间不能直接互联（即相互隔离）。现在最通用的做法是在交换机上应用 VLAN 技术来实现这一功能。本案例主要从企业实际需求出发，出于安全方面的考虑，对财务部和其他部门的子网进行隔离，即不能直接访问。案例实施过程中需要用到 VLAN 技术，所以下面先介绍 VLAN 相关知识及配置方法。

相关知识

1. 什么是 VLAN

VLAN（Virtual Local Area Network）的中文名为"虚拟局域网"。VLAN 是一种将局域网设备（主要是交换机）从逻辑上划分成一个个网段，形成不同的广播域，从而达到相互隔离的目的。由于它是从逻辑上划分，而不是从物理上划分，所以同一个 VLAN 内的各个工作站没有限制在同一个物理范围中，即这些工作站可以在不同物理位置的交换机上。在图 1-11 中，把交换机的 1～6 端口划在 VLAN 10 中，用于技术部主机的接入；9～15 端口划在 VLAN 20 中，用于财务部主机的接入。它们在物理上处于同一台交换机上并未隔开，但在逻辑上处于不同的 VLAN 当中。

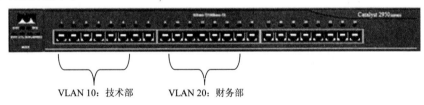

图 1-11　交换机上划分 VLAN

2. 为什么要用 VLAN

采用 VLAN 的主要原因有控制广播域的范围、网络安全、第三层地址管理、减少路由跳数等。

（1）控制广播域的范围。当一个广播域内的设备增加时，在广播域内设备的广播频率便会相对增加。广播频率的提高，对设备的效率会有很大的影响，因为每一个设备都必须中断其 CPU 正在处理的业务，来处理收到的广播包，以决定是否需要对包内的数据作进一步处理。这种中断降低了 CPU 处理正常业务的效率，增加了完成这些业务的时间。

VLAN 一个非常重要的好处是在一个 VLAN 内的广播包不会跑到别的 VLAN 上去，它使用二层技术实现了三层的功能（三层设备是隔离广播的）。通过限制一个 VLAN 上的设备数目，在一个 VLAN 上的广播率便可受到控制（见图 1-12）。一个正常的广播率应该平均每秒不超过 30 个广播包。虽然还没有正式的文档宣称，但通过现场性能监测，建议广播不应该超出 30 个/秒。

（2）网络安全。企业有很多部门，出于安全考虑，在网络规划时要求每个部门使用一个子网，子网间不允许直接互访。比如，一般公司财务网络要独立开，不允许其他部门访问。再如，很多时候，网管人员需要限制对本地网络中一个或多个特别设备的接入。如果所有的设备都在同一个广播域内，便很难执行这种限制。

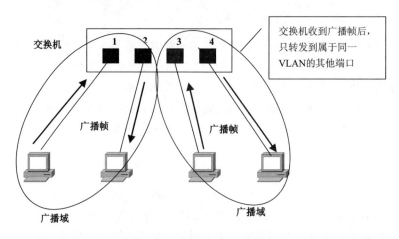

图 1-12　VLAN 隔离广播

通过划分 VLAN，部门子网间要通信，即数据包要跨越 VLAN 必须通过一个三层路由设备。这种路由设备让网管人员可以定义设备间的接入。这种接入控制功能的使用，可以控制和监视敏感资源设备的接入，从而保护重要部门的网络资源。

（3）第三层地址管理。一个很常见的设计，是把同类型的设备，规划在同一个 IP 子网。例如，把打印机安排在同一个 IP 子网上，属于财务部的工作站和服务器却在另一个子网。在逻辑上这样好像很合理，但在一个大型企业网络上，这种构想没有 VLAN 是无法实现的。

（4）使用 VLAN 减少路由跳数。为了把帧从一个 VLAN 传递到另一个，必须用一个三层设备进行路由。这个设备可以是一个传统的路由器，或者是一个三层交换机。从发送者到接收者，路由器每增加一跳都会增加帧的延迟时间，有可能造成一个性能瓶颈。

设计 VLAN 网络的目的应该是把某个设备所需要的所有资源放到与该设备相同的 VLAN。使用 VLAN 允许在保证物理层上的硬件集中的同时、保证服务器逻辑上更靠近用户。这允许客户设备直接通过交换网络接入资源，而不需要通过路由器。在这种方式下，一个单独的VLAN 可以出现在一个校园网的多个交换机上，一个服务器可以和相隔几个建筑物远的服务器是同一个 VLAN。通常把园区网内所有服务器设计属于同一个 VLAN。

3. VLAN 类型

VLAN 有多种分类方法，最通常的有三种：基于端口的 VLAN、基于协议的 VLAN、基于 MAC 的 VLAN。

（1）基于端口的 VLAN。基于端口的 VLAN（Port VLAN）是以交换机端口来划分网络成员，其配置过程简单明了。任何连接到这个端口的设备和该 VLAN 中的所有其他的交换端口处于同一个广播域。在图 1-11 中，交换机 1～6 端口划在 VLAN 10 中，这 6 个端口处于同一个广播域；9～15 端口划在 VLAN 20 中，同样这 7 个端口也处于同一个广播域。从目前来看，这种根据端口来划分 VLAN 的方式是最常用的。

（2）基于协议的 VLAN。基于协议的 VLAN 是通过区分承载数据所用的三层协议来确定 VLAN 的成员。然而这需要工作在一个多类型协议的环境下并主要以 IP 为基础网络，这种方法不是特别实用。

（3）基于 MAC 的 VLAN。基于 MAC 的 VLAN 是根据每个主机的 MAC 地址来划分，即对每个 MAC 地址的主机都配置它属于哪个组。这种划分 VLAN 方法的最大优点是当用户物理位置移动时，即从一个交换机换到其他的交换机时，VLAN 不用重新配置，所以，可以认为这种根据 MAC 地址的划分方法是基于用户的 VLAN；这种方法的缺点是初始化时，所有的用户都必须进行配置，如果有几百个甚至上千个用户，配置的工作量非常大。而且这种划分的方法也导致了交换机执行效率降低，因为在每一个交换机的端口都可能存在很多个 VLAN 组的成员，这样就无法限制广播包了。另外，对于使用笔记本电脑的用户来说，他们的网卡可能经常更换，这样，VLAN 就必须不停地配置。并且用 MAC 地址来确定 VLAN 耗费时间，所以这种方法现在也很少使用。

4. VLAN 的技术标准

VLAN 的标准最初是由 Cisco 公司提出的，后来由 IEEE 接收，发展为以 IEEE 为代表的国际规范，这是目前各交换机厂家都遵循的技术规范。VLAN 的 IEEE 专业标准有两个：一个是 IEEE 802.10，另外一个是 IEEE 802.1q，主要规定在现有的局域网（如以太网）物理帧的基础上添加用于 VLAN 信息传输的标志位。另外有些厂家，如 Cisco、3Com 等公司，还在自己的产品中保留了他们开发的技术协议。影响比较大的是 Cisco 的 ISL 协议和 VTP 协议。下面主要介绍现在最常用的 IEEE 802.1q 标准。

IEEE 802.1q 标准制定于 1996 年 3 月，它规定了 VLAN 组成员之间传输的物理帧需要在帧头部增加 4 字节的 VLAN 信息，而且还将规定诸如帧发送与检验、回路检测、对服务质量参数的支持以及对网管系统的支持等方面的标准。该标准的发布确保了不同厂商产品的互操作能力，在业界获得了广泛的推广。它成为 VLAN 发展史上的里程碑。IEEE 802.1q 的出现打破了 VLAN 依赖于单一厂商的僵局，从一个侧面推动了 VLAN 的迅速发展。

IEEE 802.1q 协议为标识带有 VLAN 成员信息的以太帧建立了一种标准方法。主要用来解决如何将大型网络划分为多个小网络，从而解决广播和组播流量不会占据更多带宽的问题。此外，IEEE 802.1q 标准还提供更高的网络段间安全性。IEEE 802.1q 完成这些功能的关键在于标签。支持 IEEE 802.1q 的交换端口可被配置来传输标签帧或无标签帧。一个包含 VLAN 信息的标签字段可以插入以太帧中。如果端口有支持 IEEE 802.1q 的设备相连，那么这些标签帧可以在交换机之间传送 VLAN 成员信息，这样 VLAN 就可以跨越多台交换机。但是，对于没有支持 IEEE 802.1q 设备相连的端口必须确保它们用于传输无标签帧，这一点非常重要。很多 PC 和打印机的网卡并不支持 IEEE 802.1q，一旦它们收到一个标签帧，它们会因为读不懂标签而丢弃该帧。图 1-13 就是以太网中的 IEEE 802.1q 标签帧格式。

IEEE 802.1q 帧在原来以太网当中插入的 4 字节的内容，这 4 字节的 802.1q 标签头包含了两个字节的标签协议标识（Tag Protocol Identifier，TPID，它的值是 8100），和两个字节的标签控制信息（Tag Control Information，TCI）。TPID 是 IEEE 定义的新的类型，表明这是一个加了 802.1q 标签的帧。

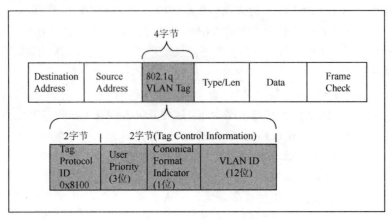

图 1-13　IEEE 802.1q 帧格式

LAN Identified（VLAN ID）：这是一个 12 位的域，指明 VLAN 的 ID，一共 4096 个（实际使用范围为 1～4094），每个支持 802.1q 协议的主机发送出来的数据包都会包含这个域，以指明自己属于哪一个 VLAN。

Canonical Format Indicator（CFI）：这一位主要用于总线以太网与 FDDI、令牌环网交换数据时的帧格式。

Priority：这三位指明帧的优先级。一共有 8 种优先级，主要用于指定当交换机阻塞时优先发送哪个数据包。

5. VLAN 工作原理

（1）交换机端口的 VLAN 模式。在交换机引入 VLAN 技术后，交换机端口就有了相应的 VLAN 模式。在 VLAN 的标准 802.1q 中采用的是 UnTagged 和 Tagged 这两个术语来制定 VLAN 规范，并没有 Access 和 Trunk。然而大多数实际的交换机设备在配置时，却都采用 Access 和 Trunk。

Access 类型端口只能属于一个 VLAN，一般用于连接计算机端口；Trunk 类型端口可以允许多个 VLAN 通过，可以接收和发送多个 VLAN 报文，一般用于交换机之间的连接。

（2）Port VLAN 工作原理。由【案例 1】可知，交换机转发数据帧主要是依赖于自主学习生成的 MAC 地址表，交换机在引入 VLAN 技术后，相应交换机的 MAC 地址表结构也发生了变化，增加了一列 VID（VLAN 标识），用于实现交换机的 VLAN 功能。MAC 地址表在学习过程中，把源端口所属 VLAN 的 VID 号也记录在 MAC 地址表中。交换机在转发一帧数据时，比较目的 MAC 地址所对应的端口是否和该帧当中的 VID 相同，如果相同则从相应端口转发，否则丢弃。

在图 1-14 中，主机 A 和 B 分别连接在交换机的 F0/1 和 F0/2 端口上，属于 VLAN 10；主机 C 连接在 F0/6 端口上，属于 VLAN 20。现在主机 A 给主机 B 发一帧数据（假设 MAC 地址表已生成如表 1-3 所示），主机 A 封装一帧数据（源 MAC 为 A 的 MAC，目的 MAC 为 B 的 MAC），由 F0/1 端口进入交换机，该帧添加 4 字节的 VLAN 信息（即 tagged），其中 VID 为 10，由于检查 MAC 地址表 F0/2 端口属于 VLAN 10，与主机 A 属于同一 VLAN，所以去除该帧 4 字节的 VLAN 信息（即 untagged）从 F0/2 端口转发给主机 B 接收，实现同一 VLAN 内主机之间的通信。

　　如果主机 A 给主机 C 发一帧数据，主机 A 封装一帧数据（源 MAC 为 A 的 MAC，目的 MAC 为 C 的 MAC），由 F0/1 端口进入交换机，添加 4 字节的 VLAN 信息（即 tagged），其中 VID 为 10，由于检查 MAC 地址表 F0/6 端口属于 VLAN 20，与主机 C 不属于同一 VLAN，所以该帧丢弃，隔断不同 VLAN 内主机之间的通信。

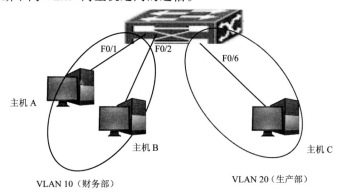

图 1-14　Port-VLAN 工作原理

表 1-3　MAC 地址表

交换机端口	MAC 地址	VLAN　ID
F0/1	A	10
F0/2	B	10
F0/6	C	20

6. VLAN 配置命令

　　VLAN 的配置命令主要包括：创建 VLAN、删除 VLAN、命名 VLAN、把端口加入 VLAN、把端口移出 VLAN、改变 VLAN 端口模式和 VLAN 信息查询等。表 1-4 列出了 VLAN 常用命令及说明。

表 1-4　VLAN 常用命令及说明

命　　　令	功　能　说　明
Switch(config)#vlan vlan-id	创建 VLAN 命令
Switch(config)#no vlan vlan-id	删除已存在的 VLAN
Switch(config-vlan)#name vlan-name	给创建的 VLAN 添加名称
Switch#show vlan {name vlan-name | id vlan-id}	查看 VLAN 信息
Switch(config-if)#switchport mode access|trunk	改变接口的 VLAN 模式
Switch(config-if)#switchport access vlan vlan-id	将接口加入指定的 VLAN 中
Switch(config-if)#switchport trunk native vlan vlan-id	设置本征 VLAN
Switch(config-if)#switchport trunk allowed vlan all|add|remove|except vlan-list	为干道设置允许传输的 VLAN

第 1 章　管理交换网络

例如，在交换机上创建 VLAN 10，命名为 test 并把 f0/1～5 端口加入 VLAN 10 中。

```
Switch (config) # vlan 10
Switch (config-vlan) # name test
Switch (config) # interface range f0/1 -5
Switch (config-if-range) # switchport mode access
Switch (config-if-range) # switchport access vlan 10
```

案例实施

1. 案例拓扑图及要求说明

案例拓扑如图 1-14 所示。在图中 VLAN 10 是财务部 VLAN，VLAN 20 是生产部 VLAN。交换机端口 F0/1～5 属于 VLAN 10，F0/6～10 属于 VLAN 20。财务部 VLAN 中接入两台主机 A 和 B，分别连接在交换机的 F0/1 和 F0/2 端口上，配置 192.168.10.0 网段 IP 地址；生产部 VLAN 中接入一台主机 C，连接在 F0/6 端口上，配置 192.168.20.0 网段 IP 地址。作为一个网络管理员，请实现上述功能。

下面使用 Cisco Packet Tracer 仿真软件来模拟实现这个案例。

2. 实施步骤

（1）交换机配置。

```
Switch > enable
Switch # configure terminal
Switch(config)# vlan 10
Switch(config-vlan)# exit
Switch(config)# vlan 20
Switch(config-vlan)# exit
Switch(config)# interface range fastEthernet 0/1-5
Switch(config-if-range)# switchport mode access
Switch(config-if-range)# switchport access vlan 10
Switch(config-if-range)# exit
Switch(config)# interface range fastEthernet 0/6-10
Switch(config-if-range)# switchport mode access
Switch(config-if-range)# switchport access vlan 20
```

（2）查看 VLAN 信息。

在特权模式下使用 show vlan 命令查看 VLAN 相关信息。

```
Switch # show vlan
VLAN Name                          Status   Ports
--------------------------------------------------------------------

1    default                       active   Fa0/11, Fa0/12, Fa0/13, Fa0/14
                                            Fa0/15, Fa0/16, Fa0/17, Fa0/18
                                            Fa0/19, Fa0/20, Fa0/21, Fa0/22
                                            Fa0/23, Fa0/24

10   VLAN0010                      active   Fa0/1, Fa0/2, Fa0/3, Fa0/4
                                            Fa0/5
```

| 20 | VLAN0020 | active | Fa0/6, Fa0/7, Fa0/8, Fa0/9 |
| | | | Fa0/10 |

（3）验证。

给主机 A、主机 B、主机 C 分别配置如下 IP 地址：

主机 A：192.168.10.1，子网掩码为 255.255.255.0；

主机 B：192.168.10.2，子网掩码为 255.255.255.0；

主机 C：192.168.20.1，子网掩码为 255.255.255.0。

使用 ping 命令从主机 A 能 ping 通主机 B；而从主机 A 不能 ping 通主机 C。说明同一 VLAN 内主机或以直接通信，不同 VLAN 内主机不能直接通信（即使三台主机都配置同一网段 IP 地址，情况也是如此）。

1.4　【案例4】跨交换机实现 VLAN 内部通信

学习目标

（1）掌握如何在交换机上划分基于端口的 VLAN、给 VLAN 内添加端口。

（2）理解跨交换机之间 VLAN 的特点。

案例描述

小张是某企业网络管理员。企业有两个主要部门：销售部和技术部，其中销售部门的个人计算机系统连接在不同的交换机上，为了数据安全起见，销售部和技术部需要进行相互隔离。小张经过分析研究，在交换机上进行适当配置，按部门把计算机划分 VLAN，使在同一个 VLAN 的计算机系统能跨交换机进行相互通信，而在不同 VLAN 里的计算机系统不能进行相互通信。

相关知识

VLAN 是对连接到的第二层交换机端口的网络用户的逻辑分段，不受网络用户的物理位置限制而根据用户需求进行网络分段。一个 VLAN 可以在一个交换机或者跨交换机实现。VLAN 可以根据网络用户的位置、作用、部门或者根据网络用户所使用的应用程序和协议来进行分组。基于交换机的虚拟局域网能够为局域网解决冲突域、广播域、带宽问题。

Port VLAN 是基于端口的 VLAN，处于同一 VLAN 的端口之间才能相互通信，可有效地屏蔽广播风暴，并提高网络安全性能。基于端口的 VLAN 具有实现简单、易于管理的优点。Port VLAN 一般适用在同一个交换机下的 VLAN 划分，若是跨交换机的 VLAN 划分则需使用基于 802.1q 的 TAG VLAN。

Tag VLAN 是基于交换机端口的另外一种类型，主要用于实现跨交换机同一 VLAN 内主机之间的直接访问，同时对于不同 VLAN 的主机进行隔离。在利用配置了 Tag VLAN 的接口进行数据传输时，需要在数据帧内添加 4 字节的 802.1q 标签信息，用于标识该数据帧属于哪个 VLAN，以便在端交换机接收到数据帧后进行准确过滤。

1. VLAN Trunk

交换机上的二层接口称为 Switch Port，由设备上的单个物理接口构成，只有二层交换功能。该接口可以是一个 Access 接口（UnTagged 接口），即接入接口（连接终端主机）；或一个 Trunk 接口（TagAware 接口），即干道接口（用于连接二台交换机）。可以通过 Switch Port 接口命令，把一个接口配置为一个 Access 接口或者 Trunk 接口。

Trunk 接口可以允许多个 VLAN 通过，它发出的帧一般是带有 VLAN 标签的，所以可以接收和发送多个 VLAN 的报文，一般用于交换机之间连接的接口。而 Access 接口只能属于一个 VLAN，它发送的帧不带有 VLAN 标签，一般用于连接计算机的接口。

交换机上的接口默认工作在第二层模式，一个二层接口的默认模式是 Access 接口。

在特权模式下，利用以下步骤可以将一个接口配置成一个 Trunk 接口。

```
Switch > enable
Switch # configure terminal              进入全局配置模式
Switch(config)# interface interface-id    输入想要配置成 Trunk 接口的
                                          interface-id
Switch(config-if)# switchport mode trunk  定义该接口的类型为二层 Trunk 接口
```

2. Native VLAN

默认 VLAN 也被称为 Native VLAN（自然 VLAN）。一个 802.1q 的 Trunk 接口有一个默认 VLAN 的 ID 值，Trunk 接口属于多个 VLAN，所以需要设置默认 VLAN ID，属于默认 VLAN 的帧通过该 Trunk 口时不需添加 4 字节的标签信息，常把交换信息量大的 VLAN 设为默认 VLAN，用于提高传输效率。默认情况下，Trunk 接口的默认 VLAN 为 VLAN 1。Access 接口只属于一个 VLAN，所以它的默认 VLAN 就是它所在的 VLAN，不用设置。

```
Switch(config-if)# switchport trunk native vlan vlan-id
                                          为这个接口指定一个默认 VLAN
```

如果不指定的话，默认 VLAN 是 VLAN 1。

注意：Trunk 链路两端的 Trunk 接口的默认 VLAN 一定要保持一致，否则可能会造成 Trunk 链路不能正常通信。

3. Trunk 接口的访问许可列表

一个 Trunk 接口默认可以传输本交换机支持的所有 VLAN（1～4094）的帧。为了减轻设备的负载，减少对带宽的浪费，可通过设置 VLAN 访问许可列表来限制 Trunk 接口传输哪些 VLAN 的帧，即限制某些 VLAN 流量不能通过这个 Trunk。

在特权模式下，利用以下步骤可以修改一个 Trunk 接口的许可 VLAN 列表。

```
Switch > enable
Switch # configure terminal              进入全局配置模式
Switch(config)# interface interface-id    输入想要配置成 Trunk 接口的
                                          interface-id
Switch(config-if)# switchport mode trunk  定义该接口的类型为二层 Trunk 接口
Switch(config-if)# switchport trunk allowed vlan {all | [ add | remove
|except ] } vlan-list
```

配置这个 Trunk 接口的许可 VLAN 列表。

参数 vlan-list 可以是一个 VLAN 的 ID，也可以是一系列 VLAN 的 ID，以较小的 VLAN ID 开头，以较大的 VLAN ID 结尾，中间用-号连接。

all 的含义是许可列表包含所有支持的 VLAN。

add 表示将指定的 VLAN 列表加入许可 VLAN 列表。

remove 表示将指定的 VLAN 列表从许可 VLAN 列表中删除。

except 表示将除列出的 VLAN 列表外的所有 VLAN 加入许可 VLAN 列表中。

注意：不能将 VLAN 1 从许可列表中移出。

4. 工作原理

IEEE 802.1q 不为默认 VLAN 的帧打标签，因此，一般的终端主机也可以读取没有标签的默认 VLAN 的帧，但是不能读取打了标签的帧。

如果设置了接口的默认 VLAN ID，当接口接收到不带 VLAN 标签的报文后，则将报文转发到属于默认 VLAN 的接口；当接口发送带有 VLAN Tag 的报文时，如果该报文的 VLAN ID 与默认的 VLAN ID 相同，则系统将去掉报文的 VLAN Tag，然后再发送该报文。

具体来说，Access 接口与 Trunk 接口收发帧时的处理过程如下：

（1）Access 接口。Access 接口发送出的数据帧是不带 IEEE 802.1q 标签的，且它只能接收以下三种格式的帧：

- UnTagged 帧。
- VLAN ID 为 Access 接口属 VLAN 的 Tagged 帧。
- VLAN ID 为 0 的 Tagged 帧。

① 收发 Untagged 帧：

- 接收：Access 接口接收不带 IEEE 802.1q 标签的帧，并为无标签帧添加默认 VLAN 的标签，然后发送出去。
- 发送：发送帧前，先去掉帧上附带的 VLAN 标签，再发送。

② 收发 Tagged 帧：Access 接口接收到的数据帧带有 VLAN 标签时，将按照以下条件进行处理。

- 当标签的 VLAN ID 与默认 VLAN ID 相同时，接收该数据帧，并在发送时去掉 VLAN 标签后发送。
- 当标签的 VLAN ID 为 0 时，接收该数据帧。在标签中，VLAN ID=0 用于识别帧优先级。
- 当标签的 VLAN ID 与默认 VLAN ID 不同且不为 0 时，丢弃该帧。

（2）Trunk 接口。Trunk 接口可接收 Untagged 帧和接口允许 VLAN 范围内的 Tagged 帧。Trunk 接口发送的非默认 VLAN 的帧都是带标签的，而发送的默认 VLAN 的帧都不带标签。

① 收发 Untagged 帧：若 Trunk 接口接收到不带 IEEE 802.1q 标签的帧，那么帧将在这个接口的默认 VLAN 中传输。

② 收发 Tagged 帧：若 Trunk 接口接收到的数据帧带有 VLAN 标签时，将按照以下条件进行处理。

- 当 Trunk 接口接收到的帧所带的标签的 VLAN ID 等于该 Trunk 接口的默认 VLAN 时，允许接收该数据帧；在发送帧时，将去掉标签后再发送。
- 当 Trunk 接口接收到的帧所带的标签的 VLAN ID 不等于该 Trunk 接口的默认 VLAN，但 VLAN ID 是该接口允许通过的 VLAN ID 时，接收该数据帧；发送时，将保持原有标签。

- 当 Trunk 接口接收到的帧所带的标签的 VLAN ID 不等于该 Trunk 接口的默认 VLAN，且 VLAN ID 是该接口不允许通过的 VLAN ID 时，丢弃该报文。

案例实施

1. 案例拓扑图及要求说明

案例拓扑如图 1-15 所示。在图中 VLAN 10 是财务部 VLAN，VLAN 20 是生产部 VLAN。交换机 A 和交换机 B 的端口 F0/6 属于 VLAN 10，F0/11 属于 VLAN 20。财务部 VLAN 中接入两台主机 PC1 和 PC3，分别连接在交换机 A 的 F0/6 和交换机 B 的 F0/6 端口上，配置 192.168.10.0 网段 IP 地址；生产部 VLAN 中接入一台主机 PC2，连接在交换机 A 的 F0/11 端口上，配置 192.168.20.0 网段 IP 地址。交换机 A 和交换机 B 通过 F0/1 端口相连。要求能实现跨交换机 VLAN 通信，即 PC1 和 PC3 能通信，而 PC2 则不能跟 PC1 和 PC3 通信。作为一个网络管理员，请实现上述功能。

下面使用 Cisco Packet Tracer 仿真软件来模拟实现这个案例。

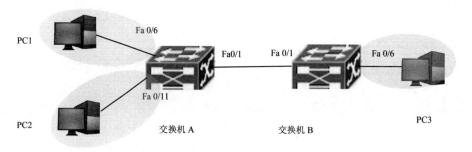

图 1-15　跨交换机实现 VLAN 内部通信

2. 实施步骤

（1）交换机配置。

① 交换机 A 的配置：

```
Switch # configure terminal    进入交换机全局配置模式
Switch (config)# vlan 10 创建 vlan 10
Switch (config)# vlan 20 创建 vlan 20
Switch (config)# interface fastethernet 0/6    进入 fastethernet 0/6 的
                                               接口配置模式
Switch (config-if)# switch access vlan 10     将 fastethernet 0/6 端口
                                               加入 VLAN 10 中
Switch (config)# interface fastethernet 0/11    进入 fastethernet 0/11
                                                的接口配置模式
Switch (config-if)# switch access vlan 20     将 fastethernet 0/11 端
                                               口加入 VLAN 20 中
Switch (config)# interface fastethernet 0/1 进入 fastethernet 0/1 的接口
```

```
                                                配置模式
   Switch (config-if)# switchport mode trunk    将 fastethernet 0/1 设为 Tag
                                                VLAN 模式
```

② 交换机 B 的配置：

```
Switch # configure terminal                进入交换机全局配置模式
Switch (config)# vlan 10                    创建 VLAN 10
Switch (config)# interface fastethernet 0/6  进入 fastethernet 0/6 的接口
                                            配置模式
Switch (config-if)# switch access vlan 10   将 fastethernet 0/6 端口加入
                                            VLAN 10 中
Switch (config)# interface fastethernet 0/1  进入 fastethernet 0/1 的接口
                                            配置模式
Switch (config-if)# switchport mode trunk    将 fastethernet 0/1 设为
                                            Tag VLAN 模式
```

（2）查看 VLAN 信息。在特权模式下使用 show vlan 命令查看 VLAN 相关信息。

① 交换机 A：

```
Switch # show vlan
VLAN Name                 Status    Ports
-----------------------------------------------------------------------
1    default              active    Fa0/1, Fa0/2, Fa0/3, Fa0/4, Fa0/5
                                    Fa0/7, Fa0/8, FA0/9, Fa0/10
                                    Fa0/12, Fa0/13, Fa0/14
                                    Fa0/15, Fa0/16, Fa0/17, Fa0/18
                                    Fa0/19, Fa0/20, Fa0/21, Fa0/22
                                    Fa0/23, Fa0/24
10   VLAN0010             active    Fa0/1, Fa0/6

20   VLAN0020             active    Fa0/1, Fa0/11
```

② 交换机 B：

```
Switch # show vlan
VLAN Name                 Status    Ports
-----------------------------------------------------------------------
1    default              active    Fa0/1, Fa0/2, Fa0/3, Fa0/4, Fa0/5
                                    Fa0/7, Fa0/8, FA0/9, Fa0/10
                                    Fa0/11, Fa0/12, Fa0/13, Fa0/14
                                    Fa0/15, Fa0/16, Fa0/17, Fa0/18
                                    Fa0/19, Fa0/20, Fa0/21, Fa0/22
                                    Fa0/23, Fa0/24
10   VLAN0010             active    Fa0/1, Fa0/6
```

（3）验证。

给主机 PC1、PC2、PC3 分别配置 IP 地址如下：

第 1 章　管理交换网络

主机 PC1：192.168.10.1，子网掩码为 255.255.255.0；

主机 PC2：192.168.20.1，子网掩码为 255.255.255.0；

主机 PC3：192.168.10.2，子网掩码为 255.255.255.0。

使用 ping 命令从主机 PC1 能 ping 通主机 PC3；而从主机 PC1 不能 ping 通主机 PC2。说明同一 VLAN 内主机或以直接通信，不同 VLAN 内主机不能直接通信（即使三台主机都配置同一网段 IP 地址，情况也是如此）。

习　题　1

一、填空题

1. 交换机的帧转发模式有_____、_____、_____。

2. 根据配置管理的功能不同，交换机的工作模式有_____、_____和配置模式，其中配置模式主要有_____、_____、_____、_____等。

3. 定义 VLAN 的常见方法包括：_____、_____、_____、_____。

4. 交换机的接口可分为_____和_____两种类型。

5. 交换机的默认 VLAN ID 为_____。

二、选择题

1. 交换机依据什么决定如何转发数据帧？（　　　）

    A. IP 地址和 MAC 地址表　　　　　　B. MAC 地址和 MAC 地址表

    C. IP 地址和路由表　　　　　　　　　D. MAC 地址和路由表

2. 下面哪一项不是交换机的主要功能？（　　　）

    A. 学习　　　　　　　　　　　　　　B. 监听信道

    C. 避免冲突　　　　　　　　　　　　D. 转发/过滤

3. 下面哪种提示符表示交换机现在处于特权模式？（　　　）

    A. Switch>　　　　　　　　　　　　B. Switch#

    C. Switch(config)#　　　　　　　　　D. Switch(config-if)#

4. 在第一次配置一台新交换机时，只能通过哪种方式进行？（　　　）

    A. 通过控制口连接进行配置　　　　　B. 通过 Telnet 连接进行配置

    C. 通过 Web 连接进行配置　　　　　D. 通过 SNMP 连接进行配置

5. 应当为哪个接口配置 IP 地址，以便管理员可以通过网络连接交换机管理？（　　　）

    A. Fastethernet 0/1　　　　　　　　B. Console

    C. Line vty 0　　　　　　　　　　　D. Vlan 1

6. 一个 Access 接口可以属于多少个 VLAN？（　　　）

    A. 仅一个 VLAN　　　　　　　　　　B. 最多 64 个 VLAN

    C. 最多 4094 个 VLAN　　　　　　　D. 依据管理员设置的结果而定

7. 当要使一个 VLAN 跨越两台交换机时，需要哪个特性支持？（　　　）

    A. 用三层接口连接两台交换机

B. 用 Trunk 接口连接两台交换机

C. 用路由器连接两台交换机

D. 两台交换机上 VLAN 的配置必须相同

三、简答题

1. 交换机如何构造 MAC 地址表？

2. 交换机的三种帧转发方式各自有什么特点？

3. 简述 VLAN 的概念。为什么需要使用 VLAN？

4. VLAN 有哪些定义方法？

5. Access 接口是如何收发帧的？

第2章

→ 管理局域网中的冗余链路

能力目标

能针对不同的网络环境使用相应的方法或手段对园区网中的冗余链路进行简单配置和管理。

知识目标

- 了解冗余交换模型，掌握交换环路的影响。
- 掌握 STP、RSTP 原理及常用配置命令。
- 掌握交换机的端口聚合技术及应用。

章节案例及分析

现在，局域网对于人们的工作和生活来说越来越重要了，尤其在办公网络中，办公自动化系统、邮件系统、库存系统和交易系统等，都需要网络的支撑才能使用，一旦网络发生故障就无法正常工作。随着人们对网络依赖性的不断提高，网络工程师在设计实施网络的时候，如何增强它的可靠性和容错性就成了一项重要的课题。其中一个可行的办法是在局域网中增加冗余链路来提高网络的可靠性和容错性，但是冗余链路也会带来严重的网络问题，如广播风暴、MAC 地址表不稳定等。本案例就是讲解如何管理网络中的冗余链路。

本章节分为两个案例：一是介绍如何使用生成树协议解决备份链路中的环路问题，主要介绍冗余交换模型、交换环路、STP、RSTP 的概念和原理，以及 STP 和 RSTP 的配置方法等；二是介绍如何使用交换机端口聚合技术实现负载均衡及链路备份，主要介绍端口聚合概念、二层聚合端口与三层聚合端口、流量平衡策略等，同时介绍端口聚合的配置方法。

2.1 【案例1】使用生成树协议解决备份链路中的环路问题

学习目标

（1）了解并掌握冗余链路、广播风暴、生成树的概念及原理。

（2）掌握配置生成树的命令和方法。

（3）掌握使用生成树解决冗余链路中环路的配置方法。

案例描述

某学校为了开展计算机教学和网络办公，建立了一个计算机教室和一个校办公区，这两处的计算机网络通过两台交换机互连组成内部校园网，为了提高网络的可靠性，网络管理员用两条链路将交换机互连，现要在交换机上做适当配置，使网络避免环路。本案例将讲解在交换网络中既能保证冗余链路提供链路备份，又能避免广播风暴产生的技术——生成树技术。

🖥 相关知识

1. 冗余交换模型

在许多交换机或交换机设备组成的网络环境中，通常都使用一些备份连接，以提高网络的健全性、稳定性。备份连接也叫备份链路、冗余链路等。备份连接如图 2-1 所示，交换机 SW1 与交换机 SW3 的端口 F0/1 之间的链路就是一个备份链路。在主链路（SW1 与 SW2 的端口 F0/2 之间的链路或者 SW2 的端口 F0/1 与 SW3 的端口 F0/2 之间的链路）出故障时，备份链路自动启动，从而提高网络的整体可靠性。

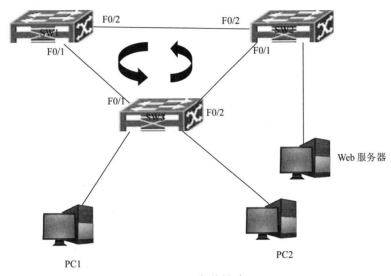

图 2-1　备份链路

2. 交换环路

使用冗余备份能够为网络带来健全性、稳定性和可靠性等好处，但是备份链路使网络存在环路。图 2-1 中 SW1-SW2-SW3 就是一个环路。环路问题是备份链路所面临的最为严重的问题，环路问题将会导致广播风暴、多帧复制及 MAC 地址表不稳定等问题。

3. 广播风暴

网络中，一台设备将数据包转发给网络中所有其他站点的技术称为广播。广播帧没有明确的目的地址，接收的对象是网络中的所有主机，也就是说网络中的所有主机都将接收到该数据帧。由于广播帧能够穿越由普通交换机连接的多个物理网段（逻辑上仍然是同一个网络，网络号相同），因此几乎所有局域网的网络协议都优先使用广播方式来进行管理和操作。

通常，交换机对网络中的广播帧不会进行任何过滤，交换机总是直接将这些信息广播到所有端口，因此，如果网络中存在环路，这些广播帧将在网络中不停地转发，直至导致交换机出现超负荷运转（如 CPU 过度使用、内存耗尽等），最终耗尽网络所有带宽，阻塞全网通信，使网络瘫痪。这个过程称为广播风暴。

4. 生成树协议

为了解决冗余链路引起的诸如广播风暴问题，IEEE 通过了 IEEE 802.1d 协议，及生成树协议。IEEE802.1d 协议通过在交换机上运行一套复杂的算法，使冗余端口处于"阻塞状态"，使得网络中的计算机在通信时，只有一条链路生效，而当这条链路出现故障时，IEEE 802.1d 协议将会重新计算出网络的最优链路，将处于"阻塞状态"的端口重新打开，从而确保网络连接稳定可靠。生成树协议从推出以来，经过不断的改进和发展，可以把生成树协议划成三代：第一代生成树协议 STP/RSTP、第二代生成树协议 PVST/PVST+、带三代生成树协议 MISTP/MSTP。

本书将对第一代生成树（STP/RSTP）进行详细介绍。

（1）生成树协议 STP。生成树协议（Spanning-Tree Protocol）的主要思想是当网络中存在备份链路时，只允许主链路激活，如果主链路因故障而被断开后，备份链路才会被自动打开，这个过程不需要人工干预。

大家知道，自然界中生长的树是不会出现环路的，如果网络也能够像树一样生长就不会出现环路。于是，STP 协议中定义了根交换机（Root Bridge）、根端口（Root Port）、指定端口（Designated Port）、路径开销（Path Cost）等概念，通过构造一棵自然树的方法达到阻塞备份链路的目的，同时实现链路备份和路径最优化。

① STP 的基本概念。实现以上功能，交换机之间要进行一些信息的交流，这些信息交流单元称为桥协议数据单元（Bridge Protocol Data Unit，BPDU）。STP BPDU 是一种二层报文，目的 MAC 是多播地址 01-80-C2-00-00-00，所有支持 STP 协议的交换机都会接收并处理收到的 BPDU 报文。该报文的数据区里携带了用于生成树计算的所有有用的信息。包括以下信息：Root Bridge ID（本交换机所认为的根交换机 ID）、Root Path Cost（本交换机的根路径花费）、Bridge ID（本交换机的桥 ID）、Port ID（发送该报文的端口 ID）、Message age（报文已存活的时间）、Forward-Delay Time、Hello Time 和 Max-Age Time，以及其他一些诸如表示发现网络拓扑变化、本端口状态的标志位。

当交换机的一个端口收到高优先级的 BPDU（更小的 Bridge ID、更小的 Root Path Cost 等）时，就在该端口保存这些信息，同时向所有端口更新并传播该信息。如果收到优先级比自己低的 BPDU，交换机就丢弃该信息。这样的机制就使高优先级的信息在整个网络中传播，BPDU 的交流有下面的结果：

- 网络中选择了一个交换机为根交换机（Root Bridge），根交换机所有端口为指定端口。
- 每个交换机都计算出了到根交换机的最短路径（Root Path Cost）。
- 除根交换机外的每个交换机都有一个根端口（Root Port），即提供最短路径到根交换机的端口。
- 每个 LAN 都有指定交换机（Designated Bridge），位于该 LAN 与根交换机之间的最短路径中。指定交换机和 LAN 相连的端口称为指定端口（Designated Port）。
- 根端口和指定端口进入转发（Forwarding）状态。
- 其他的冗余端口进入阻塞（Discarding）状态。

② STP 的工作工程。生成树协议的工作过程以图 2-2 所示的实例进行描述。

首先进行根交换机的选举。选举的依据是交换机优先级和交换机 MAC 地址组合成的桥 ID，桥 ID 最小的交换机将成为网络中的根交换机。在图 2-2 所示的网络中，各交换机都以默认配置启动，在交换机优先级都一样（默认优先级是 32768）的情况下，MAC 地址最小的交换机成为根交换机，例如图 2-2 中的 SW1，它的所有端口角色都成为指定端口，进入转发状态。

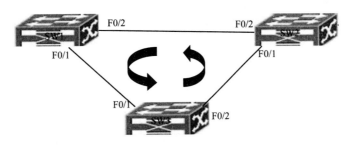

图 2-2　STP 的工作过程

接下来，其他交换机将各自选择一条"最粗壮"的树枝作为到根交换机的路径，相应端口的角色就成为根端口。假设图 2-2 中 SW2 和 SW1、SW3 之间的链路是千兆 GE 链路，SW1 和 SW3 之间的链路是百兆 FE 链路，SW3 从端口 F0/1 到根交换机的链路开销的默认值是 19，而从端口 F0/2 经过 SW2 到根交换机的路径开销是 4+4=8，所以端口 F0/2 成为根端口，进入转发状态，端口 F0/1 成为禁用端口，进入阻塞状态。同理，SW2 的端口 F0/2 成为根端口，进入转发状态端口 F0/1 成为指定端口，进入转发状态。

路径开销的大小是以链路带宽为依据的，具体路径开销值与带宽对应关系如表 2-1 所示。

表 2-1　路径开销

带　　宽	IEEE 802.1d	IEEE 802.1w
10 Mbit/s	100	2 000 000
100 Mbit/s	19	200 000
1000 Mbit/s	4	20 000

下面的案例是裁剪冗余的链路。这个工作是通过阻塞非根交换机上相应端口来实现的，例如图 2-3 中 SW3 的端口 F0/1 的角色成为禁用端口，进入阻塞状态。至此一棵树就生成了，不存在环路了。如图 2-3 中实线所示。

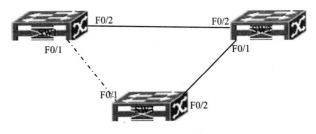

图 2-3　STP 阻塞端口

③ 生成树的比较规则。生成树的选举过程中，应遵循以下优先顺序来选择最优路径。

● 比较 Root Path Cost。

● 比较 Sender's Bridge ID。

● 比较 Sender's Port ID。

● 比较本交换机的 Port ID。

比较的方法见下面的示例。

如图 2-4 所示，已知 SWD 交换机为根交换机，假设图中所示链路均为百兆链路，且交换机均为默认优先级 32768 和默认端口优先级 128。交换机 SWA、SWB 的路径开销 Root Path Cost 相等，C-A-ROOT 和 C-B-ROOT 的路径开销相等，如何选择 C-ROOT 的最佳路径？

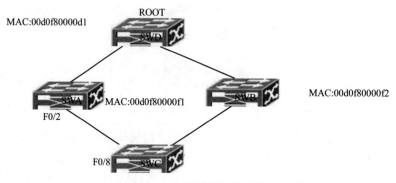

图 2-4　生成树的选举过程

比较交换机 Root Path Cost，也就是 C-A-ROOT 和 C-B-ROOT 的路径开销，可以得知相等。

比较交换机的 Sender's Bridge ID，即发送给 C 的 BPDU 信息的交换机 SWA 与交换机 SWB 的 Bridge ID，由图可知，SWA 的 Bridge ID 小于 SWB 的 Bridge ID，故 SWC 的 F0/8 端口成为根端口，而与 SWB 相连的端口被阻塞掉，最佳路径为 C-A-ROOT。

如图 2-5 所示，如果交换机 SWA 与交换机 SWC 增加一条备份链路，则发给 SWC 的 BPDU 信息都是通过 SWA，就要比较 Sender's Port ID 了，由于端口 F0/1 与端口 F0/2 的优先级相同（默认 128），而编号为 F0/1 的端口号更小更优先，故 SWC 的端口 F0/7 成为根端口，而 F0/8 端口被阻塞掉，最佳路径为 C-F0/7-F0/1-A-ROOT。

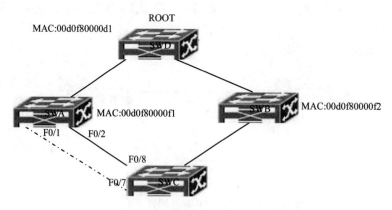

图 2-5　SWA 和 SWC 之间增加一条备份链路

如图 2-6 所示，如果交换机 SWA、SWC 之间增加一 Hub 相连，就要比较本交换机的 Port ID，由于端口 F0/6 和端口 F0/7 的优先级相同（默认 128），则端口编号小的 F0/6 端口优先成为根端口，而端口 F0/7、F0/8 被阻塞掉，最佳路径为 C-F0/6-HUB-F0/1-A-ROOT。

④ STP 的缺点。STP 协议解决了交换链路冗余问题，随着应用的深入和网络技术的发展，

它的缺点在应用中也被暴露了出来。STP 协议的缺陷主要表现在收敛速度上。

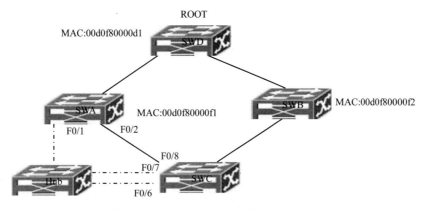

图 2-6　SWA 和 SWC 之间增加一个 Hub

当拓扑发生变化，新的 BPDU 要经过一定的时延才能传播到整个网络，这个时延成为 Forward Delay，协议默认值是 15 s。在所有交换机收到这个变化的消息之前，若旧拓扑结构中处于转发的端口还没有发现自己应该在新的拓扑中停止转发，则可能存在临时环路。为了解决临时环路的问题，生成树使用了一种定时器策略，即在端口从阻塞状态到转发状态中间加上一个只学习 MAC 地址但不参与转发的中间状态，两次状态切换的时间长度都是 Forward Delay，这样就可以保证在拓扑变化的时候不会产生临时环路。但是，这个看似良好的解决法案实际上带来的却是至少两倍 Forward Delay 的收敛时间。

生成树经过一段时间（默认值是 50 s 左右）稳定之后，所有端口或者进入转发状态，或者进入阻塞状态。STP BPDU 仍然会定时（默认每隔 2 s）从各个交换机的指定端口发出，以维护链路的状态。如果网络拓扑发生变化，生成树就会重新计算，端口状态也会随之改变。

（2）快速生成树协议 RSTP。

① 快速生成树协议 RSTP 的改进之处。由于 STP 协议虽然解决了链路闭合引起的死循环问题，不过生成树的收敛（指重新设定网络中交换机端口的状态）过程需要的时间比较长，可能需要花费 50 s。于是 RSTP 协议问世了，RSTP 协议也就是 IEEE 802.1w。RSTP 协议在 STP 协议基础上做了三点重要改进，使得收敛速度快得多（最快 1 s 以内）。

第一点改进：为根端口和指定端口设置了快速切换用的替换端口（Alternate Port）和备份端口（Backup Port）两种角色，当根端口/指定端口失效的情况下，替换端口/备份端口就会无延时地进入转发状态。图 2-7 中所有交换机运行 RSTP 协议，SWA 是根交换机，假设 SWB 的端口 F0/1 是根端口，端口 F0/2 将能够识别这种拓扑结构，成为根端口的替换端口，进入阻塞状态。当端口 F0/1 所在链路失效的情况下，端口 F0/2 就能够立即进入转发状态，无须等待两倍 Forward Delay 时间。

第二点改进：在只连接了两个交换机端口的点对点链路中，指定端口只需与下游交换机进行一次握手就可以无延时地进入转发状态。如果是连接了三个以上交换机的共享链路，下游交换机是不会响应上游指定端口发出的握手请求的，只能等待两倍 Forward Delay 时间进入转发状态。

第三点改进：直接与终端相连而不是与其他交换机相连的端口定义为边缘端口（Edge Port）。边缘端口可以直接进入转发状态，不需要任何延时。由于交换机无法知道端口是否是直接与终端相连，所以需要人工配置。

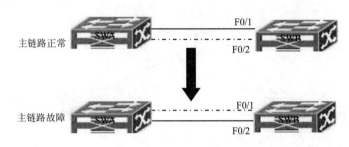

图 2-7　RSTP 的端口快速切换

② 端口角色和端口状态。每个端口都在网络中扮演一个角色（Port Role），用来体现在网络拓扑中的不同作用。

- Root Port：具有到根交换机的最短路径的端口。
- Designated Port：每个 LAN 通过该口连接到根交换机。
- Alternate Port：根端口的替换端口，一旦根端口失效，该口就立刻变为根端口。
- Backup Port：指定端口的备份端口，当一个交换机有两个端口都连接在一个 LAN 上，那么高优先级的端口为 Designated Port，低优先级的端口为 Backup Port。
- Undesignated Port：当前不处于活动状态的端口，即状态为 Down 的端口。

图 2-8 是各个端口角色的示意图，其中：

RP=Root Port;DP=Designated Port;AP=Alternate Port;BP=Backup Port;

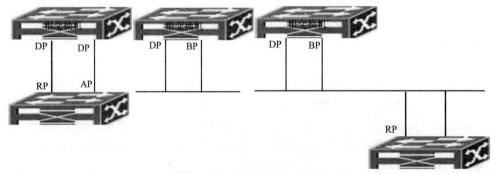

图 2-8　RSTP 中的端口角色

在没有特别说明情况下，端口优先级从左到右递减。

每个端口有三个状态来表示是否转发数据包，从而控制着整个生成树拓扑结构。

- Discarding 既不转发帧，也不进行源 MAC 地址学习。
- Learning 不转发帧，但进行源 MAC 地址学习，这是过渡状态。
- Forwarding 既转发帧，也进行源 MAC 地址学习。

对一个已经稳定的网络拓扑，只有 Root Port 和 Designated Port 才会进入 Forwarding 状态，其他端口都只能处于 Discarding 状态。

③ RSTP 的工作过程。如图 2-9 所示，假设 SWA、SWB、SWC 的 Bridge ID 是递增的，即 SWA 的优先级最高。SWA 与 SWB 间是千兆级链路，SWB 和 SWC 间为百兆级链路，SWA 和 SWC 间是十兆级链路。SWA 作为该网络的骨干交换机，对 SWB 和 SWC 都做了冗余链路，

显然，如果让这些链路都生效是会产生广播风暴的。

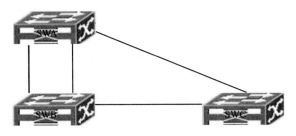

图 2-9　冗余链路

如果这三台交换机都打开了 RSTP 协议，那么它们通过交换 BPDU 选出根交换机为 SWA。SWB 通过判断最优路径及发送交换机端口优先级选出根端口 RP（Root Port），另一个端口为根端口替换端口 AP（Alternate Port）。同样的道理 SWC 通过判断最优路径就可以选出根端口 RP 和根端口替换端口 AP。最终端口状态如图 2-10 所示。

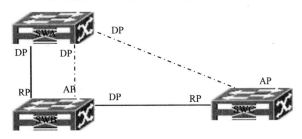

图 2-10　三台交换机都开启 RSTP

如果 SWA 和 SWB 之间的活动链路出了故障，那备份链路就会立即产生作用，于是就生成了图 2-11 所示的情况。

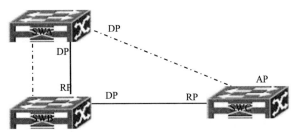

图 2-11　SWA 和 SWB 之间活动链路出错

如果 SWB 和 SWC 之间的活动链路出了故障，那备份链路就会立即产生作用，于是就生成了图 2-12 所示的情况。

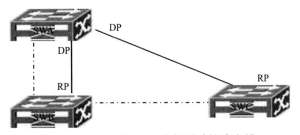

图 2-12　SWB 和 SWC 之间活动链路出错

5. STP、RSTP 配置命令

生成树的配置命令主要包括开启生成树、关闭生成树、修改生成树类型、配置交换机优先级、配置端口优先级等。表 2-2 列出了生成树常用命令及说明。

表 2-2　生成树常用命令及说明

命　　令	功　能　说　明
Switch(config)# spanning-tree	开启生成树协议
Switch(config)# no spanning-tree	关闭生成树协议
Switch(config)# spanning-tree mode {stp | rstp}	修改生成树协议的类型
Switch(config)# spanning-tree priority<0-61440>	配置交换机优先级（4096 的整数倍），默认值为 32768
Switch(config)# spanning-tree port-priority<0-240>	配置端口的优先级（16 的整数倍），默认值为 128
Switch(config)# spanning-tree hello-time <1-10>	配置交换机定时发送 BPDU 报文的间隔（Hello Time），默认值为 2 s
Switch(config)# spanning-tree max-age <6-40>	配置 BPDU 报文最大生存时间（Max-Age Time），默认值为 20 s
Switch # show spanning-tree	查看生成树的配置信息

案例实施

1. 案例拓扑图及要求说明

此案例拓扑如图 2-13 所示。为提高链路可靠性，两台交换之间采用双链路连接，若不做其他配置则必然产生广播风暴，现请在两台交换机上开启生成树协议并验证。

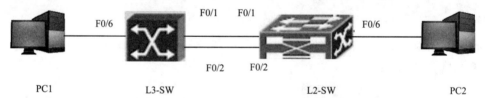

PC1　　　　　　L3-SW　　　　　　　　L2-SW　　　　　　PC2

图 2-13　生成树实验

下面使用 Cisco Packet Tracer 仿真软件来模拟实现这个案例。

2. 实施步骤

（1）按图 2-13 连接好各设备。

（2）在三层交换机 L3-SW 上配置 Trunk，并启用 STP。

```
L3-SW (config)# interface fastethernet 0/1
进入 fastethernet 0/1 的接口配置模式
L3-SW (config-if)# switchport mode trunk
将 fastethernet 0/1 设为 Tag VLAN 模式
L3-SW (config)# interface fastethernet 0/2
进入 fastethernet 0/2 的接口配置模式
L3-SW (config-if)#switchport mode trunk
将 fastethernet 0/2 设为 Tag Vlan 模式
L3-SW (config)# spanning-tree mode pvst
启用 STP
```

（3）在二层交换机 L2-SW 上配置 Trunk，并启用 STP。

```
L2-SW (config)# interface fastethernet 0/1
```

进入 fastethernet 0/1 的接口配置模式

L2-SW (config-if)# switchport mode trunk

将 fastethernet 0/1 设为 Tag VLAN 模式

L2-SW (config)# interface fastethernet 0/2

进入 fastethernet 0/2 的接口配置模式

L2-SW (config-if)# switchport mode trunk

将 fastethernet 0/2 设为 Tag VLAN 模式

L2-SW (config)#spanning-tree mode pvst

启用 STP

（4）查看两台交换机的生成树配置。

交换机生成树配置如图 2-14 所示。

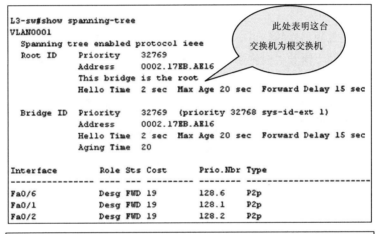

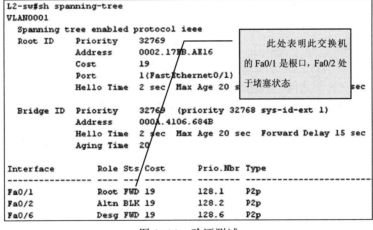

图 2-14　验证测试

（5）给 PC 配置 IP 地址。

PC1 配置 IP 地址为 192.168.1.1，PC2 配置 IP 地址为 192.168.1.2。

（6）验证测试。

使用 ping 命令测试 PC1 与 PC2 间的连通性，如果能 ping 通对方，接下来在 PC1 上执行 ping 192.168.1.2 −t 命令，同时断开端口 Fa0/1 上网线，注意观察丢包的情况如图 2-15 所示。

```
Reply from 192.168.1.2: bytes=32 time=94ms TTL=128
Reply from 192.168.1.2: bytes=32 time=93ms TTL=128
Request timed out.
Request timed out.
Request timed out.
Request timed out.
Request timed out.
Reply from 192.168.1.2: bytes=32 time=79ms TTL=128
Reply from 192.168.1.2: bytes=32 time=94ms TTL=128
Reply from 192.168.1.2: bytes=32 time=78ms TTL=128
Reply from 192.168.1.2: bytes=32 time=94ms TTL=128
```

图 2-15　连接情况

再把端口 Fa0/1 的网线插上，观察结果。其他配置不变，只是更改生成树协议为启用 RSTP，重复第（6）步，观察丢包的情况，几乎看不到丢包情况。

3. 注意事项

（1）两台交换机之间相连的端口应该设置为 Tag VLAN 模式。

（2）先在两台交换上配置生成树协议，然后再连线，否则会产生环路。

2.2　【案例 2】使用交换机端口聚合技术实现负载均衡及链路备份

学习目标

（1）理解端口聚合的工作原理。

（2）掌握配置端口聚合的命令和方法。

案例描述

假设某企业采用两台交换机组成一个局域网，由于很多据流量是跨过交换机进行传送的，因此需要提高交换机之间的传输带宽，并实现链路冗余备份，该如何实现？端口聚合技术可以将两个以上的以太网链路组合起来为高带宽网络连接实现增加带宽、链路冗余和负载均衡。本案例带领大家在交换机上配置端口聚合来实现以上需求。

相关知识

1. 端口聚合概念

端口聚合也叫链路聚合，主要用于交换机之间连接。由于两个交换机之间有多条冗余链路的时候，STP 会将其中的几条链路关闭，只保留一条，这样可以避免二层的环路产生。但是，这也就失去了路径冗余的优点，因为 STP 的链路切换会很慢，在 50 s 左右。如图 2-16 所示，如果使用端口聚合，交换机会把一组物理端口联合起来，作为一个逻辑的端口，这个逻辑端口称为 Aggregate Port（AP）。AP 可以把多个端口的带宽叠加起来使用，例如，全双工快速以太网端口形成的 AP 最大可以达到 800 Mbit/s，千兆以太网端口形成的 AP 可以达到 8 Gbit/s。

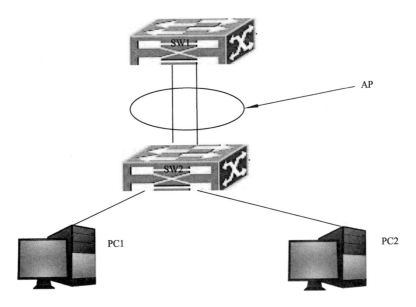

图 2-16　端口聚合

端口聚合的另一个优点是可靠性。在链路速度可以达到 8 Gbit/s 的情况下，链路故障将是一场灾难，用了端口聚合技术以后，只要聚合组内不是所有的端口都 down 掉，两个交换机之间仍然可以继续通信。

2．二层聚合端口与三层聚合端口

二层交换机上的端口称为二层端口，多个二层端口聚合起来的逻辑端口称为二层聚合端口。三层交换机上的端口，可以用 no switchport 命令将其设置为三层端口，此时三层交换机的端口相当于路由器上的端口，可以进行三层端口的设置操作，如配置 IP 地址、运行路由器协议等。多个三层端口聚合起来的逻辑端口称为三层聚合端口。

3．流量平衡

AP 根据报文的源 MAC 地址、目的 MAC 地址或源 IP 地址/目的 IP 地址对进行流量平衡，即把流量平均地分配到 AP 的成员链路中去。

源 MAC 地址流量平衡即根据报文的源 MAC 地址把报文分配到各个链路中。不同的主机，转发的链路不同，同一台主机的报文，从同一个链路转发。

目的 MAC 地址流量平衡即根据报文的目的 MAC 地址把报文分配到各个链路中。同一目的主机报文从同一个链路转发，不同目的的主机报文从不同的链路转发。

源 IP 地址/目的 IP 地址对流量平衡是根据报文源 IP 与目的 IP 对进行流量分配。不同的源 IP 与目的 IP 对的报文通过不同的端口转发，同一源 IP 与目的 IP 对的报文通过相同的端口转发。该流量平衡方式一般用于三层 AP。在此流量平衡模式下收到的如果是二层报文，则自动根据源 MAC/目的 MAC 对来进行流量平衡。

4．聚合端口配置命令

聚合端口的配置命令主要包括：创建聚合端口、加入聚合端口、退出聚合端口等。表 2-3 列出了聚合端口常用命令及说明。

第 2 章　管理局域网中的冗余链路

表 2-3　聚合端口常用命令及说明

命　　令	功 能 说 明
Switch(config)# interface aggregateport n	创建一个 AP，n 为 AP 号
Switch(config-if-range)# port-group n	将多个物理端口加入一个 AP，n 为 AP 号
Switch(config-if-range)# no port-group n	将多个物理端口退出一个 AP
Switch(config-if-range)# no switchport	将多个物理端口设置为三层端口

【例 2-1】将二层的以太网接口 F0/1 和 F0/2 配置成二层 AP5 成员。

```
Switch(config)# interface aggregateport 5
Switch(config-if)# exit
Switch(config)# interface range fastethernet 0/1-2
Switch(config-if-range)#port-group 5
```

【例 2-2】将三层的以太网接口 F0/1 和 F0/2 配置成三层 AP5 成员，并且给它配置 IP 地址（192.168.1.1）。

```
Switch(config)# interface aggregateport 5
Switch(config-if)# no switchport
Switch(config)# interface range fastethernet 0/1-2
Switch(config-if-range)# no switchport
Switch(config-if-range)# port-group 5
Switch(config)# interface aggregateport 5
Switch(config-if)# ip address 192.168.1.1 255.255.255.0
```

■ 案例实施

1. 案例拓扑图及要求说明

此案例拓扑如图 2-17 所示。为提高链路带宽，两台交换之间采用双链路连接，不做其他配置的话必然产生广播风暴，现请在两台交换机上配置聚合端口并验证。

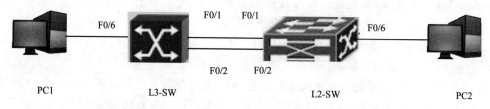

图 2-17　端口聚合

下面使用 Cisco Packet Tracer 仿真软件来模拟实现这个案例。

2. 实施步骤

（1）按图 2-17 连接好各设备。

（2）在三层交换机 L3-SW 上配置聚合端口。

```
L3-SW (config)# interface range fastethernet 0/1-2
进入 fastethernet 0/1 和 0/2 的接口配置模式
L3-SW (config-if-range)# channel-group 1 mode on
创建聚合端口 1 并开启
```

L3-SW (config-if-range)# switchport mode trunk

将端口设为 Tag VLAN 模式

（3）在二层交换机 L2-SW 上配置聚合端口。

L2-SW (config)# interface range fastethernet 0/1-2

进入 fastethernet 0/1 和 0/2 的接口配置模式

L2-SW (config-if-range)# channel-group 1 mode on

创建聚合端口 1 并开启

L2-SW (config-if-range)# switchport mode trunk

将端口设为 tag vlan 模式

（4）查看两台交换机的聚合端口的配置。

交换机端口聚合配置信息如图 2-18 所示。

```
l3-sw#sh etherchannel summary
Flags:  D - down        P - in port-channel
        I - stand-alone s - suspended
        H - Hot-standby (LACP only)
        R - Layer3      S - Layer2
        U - in use      f - failed to allocate aggregator
        u - unsuitable for bundling
        w - waiting to be aggregated
        d - default port


Number of channel-groups in use: 1
Number of aggregators:           1

Group  Port-channel  Protocol   Ports
------+-------------+----------+------------------------------------

1      Po1(SU)          PAgP    Fa0/1(D) Fa0/2(D)
```

```
l2-sw#show etherchannel summary
Flags:  D - down        P - in port-channel
        I - stand-alone s - suspended
        H - Hot-standby (LACP only)
        R - Layer3      S - Layer2
        U - in use      f - failed to allocate aggregator
        u - unsuitable for bundling
        w - waiting to be aggregated
        d - default port


Number of channel-groups in use: 1
Number of aggregators:           1

Group  Port-channel  Protocol     Ports
------+-------------+-----------+------------------------------------

1      Po1(SU)          PAgP     Fa0/1(D) Fa0/2(D)
```

图 2-18　交换机端口聚合配置信息

（5）给 PC 配置 IP 地址。

PC1 配置 IP 地址为 192.168.1.1，PC2 配置 IP 地址为 192.168.1.2。

（6）验证。

第2章　管理局域网中的冗余链路

使用 ping 命令测试 PC1 与 PC2 间的连通性，如果能 ping 通对方，接下来在 PC1 上执行 Ping 192.168.1.2 –t 命令，同时断开端口 F0/1 上的网线，注意观察丢包的情况；重新连上端口 F0/1 上的网线，再断开端口 F0/2 上的网线的网线，观察丢包的情况。

3. 注意事项

（1）两台交换机之间相连的端口应该设置为 Tag VLAN 模式。

（2）先在两台交换上配置聚合端口，然后再连线，否则会产生环路。

（3）如果端口 F0/1 上网络断掉时，F0/2 这根线是不会自己动连接上去的，这时端口聚合只是增加带宽，不会起到备用线路的作用（不同设备功能有点不同，锐捷设备则能起到冗余备份作用）。

习 题 2

一、选择题

1. 哪些类型的帧会被泛洪到除接收端口以外的其他端口？（ ）

　　A. 已知目的地址的单播帧　　　　　　B. 未知目的地址的单播帧

　　C. 多播帧　　　　　　　　　　　　　D. 广播帧

2. STP 是如何构造一个无环路拓扑的？（ ）

　　A. 阻塞根网桥　　　　　　　　　　　B. 阻塞根端口

　　C. 阻塞指定端口　　　　　　　　　　D. 阻塞非根非指定端口

3. 哪个端口拥有从非根网桥到根网桥的最低成本路径？（ ）

　　A. 根端口　　　　　　　　　　　　　B. 指定端口

　　C. 阻塞端口　　　　　　　　　　　　D. 非根非指定端口

4. 对于一个处于监听状态的端口，以下哪项是正确的？（ ）

　　A. 可以接收和发送 BPDU，但不能学习 MAC 地址

　　B. 即可以接收和发送 BPDU，也可以学习 MAC 地址

　　C. 可以学习 MAC 地址，但不能转发数据帧

　　D. 不能学习 MAC 地址，但可以转发数据帧

5. RSTP 中哪种状态等同于 STP 中的监听状态？（ ）

　　A. 阻塞　　　　　　B. 监听　　　　　　C. 丢弃　　　　　　D. 转发

6. 在 RSTP 活动拓扑中包含哪几种端口角色？（ ）

　　A. 根端口　　　　B. 替代端口　　　　C. 指定端口　　　　D. 备份端口

7. 要将交换机 100 Mbit/s 端口的路径成本设置为 25，以下哪个命令是正确的？（ ）

　　A. Switch(config)# spanning-tree cost 25

　　B. Switch(config-if)# spanning-tree cost 25

　　C. Switch(config)# spanning-tree Priority 25

　　D. Switch(config-if)# spanning-tree path-cost 25

8. 以下哪些端口可以设置成聚合端口？（ ）

　　A. VLAN1 的 FastEthernet 0/1　　　　B. VLAN2 的 FastEthernet 0/5

  C. VLAN2 的 FastEthernet 0/6   D. VLAN1 的 GigabitEthernet 1/10

  E. VLAN1 的 SVI

9. STP 中选择根端口时，如果根路径成本相同，则比较以下哪一项？（ ）

  A. 发送网桥的转发延迟   B. 发送网桥的型号

  C. 发送网桥的 ID   D. 发送端口 ID

10. 在为连接大量客户主机的交换机配置 AP 后，应选择以下哪种流量平衡算法？（ ）

  A. dst-mac   B. src-mac

  C. ip   D. dst-ip

  E. src-ip   F. src-dst-mac

二、简答题

1. 交换网络中，链路备份的技术有哪些？

2. 生成树的作用是什么？

3. STP 的工作过程是怎么样的？

4. 非根网桥上如何确定根端口？

5. STP 和 RSTP 的区别是什么？

6. 什么是端口聚合？为什么需要使用端口聚合技术？

7. 配置端口聚合技术需要注意哪些事项？

第❸章

→管理网络路由

能力目标

能针对不同的网络环境使用相应的方法或手段对园区网中的路由网络部分进行简单配置和管理，使网络之间能够路由可达。

知识目标

- 了解路由器的登录方式，掌握配置路由器的远程登录服务的方法。
- 掌握路由器的工作原理及常用配置命令。
- 弄清路由、路由算法、静态路由、动态路由及直连路由等概念。
- 掌握静态路由、动态路由（RIP、OSPF 等）的配置方法及应用。

章节案例及分析

在分组交换网络中，分组（Packet）从源发送到目的地一般要经过多个中间结点（路由设备），可以选择多条不同的路径到达，如何选路（Routing）以及如何保证选出最优路线发送分组是本章要讨论的问题。路由器（Router）是能完成这些案例的代表，另外还有三层交换机等设备也具有这样的功能。在企业网络组建和管理过程中都会涉及对路由设备的配置和管理，所以要管好一个企业网络，还需要掌握路由器的工作原理、配置和管理命令等。针对不同的网络环境，还可以使用不同的路由技术（静态路由、动态路由等）。对应典型的企业网络（见图 0-4），需要在三层交换机和路由器上做相应配置，保证各部门及与外网之间路由可达，并且方便管理员对设备进行管理。

本章分为七个案例：一是让学生对路由器有所认识，主要介绍路由器的外观、接口、指示灯等，同时对路由器的工作原理进行简要阐述；二是介绍如何远程登录路由器，包括对路由器配置远程登录功能以及如何使用 telnet 命令远程登录路由器，同时熟悉路由器常用配置命令等；三是介绍如何使用路由器的单个接口实现 VLAN 子网之间互通（单臂路由），同时介绍直连路由、路由器子接口、默认网关等概念；四是介绍如何利用三层交换机实现 VLAN 子网之间的路由，并且对实现该案例所需的知识如交换虚接口 SVI 等作介绍；五是介绍静态路由技术，并使用该技术实现子网间的路由；【案例 6】和【案例 7】主要介绍动态路由技术，【案例 6】是 RIP v2 的原理、配置及应用，【案例 7】是 OSPF 的原理、配置及应用。

3.1 【案例 1】认识路由器

学习目标

（1）认识路由器设备，了解路由器各种接口类型、功能及作用。

（2）了解路由器的一些性能参数（背板能力、吞吐量等）。

（3）掌握路由器工作原理，理解路由器与交换机的区别。

（4）了解路由器的访问方式及命令模式。

案例描述

　　小张是某企业网络管理员。企业各个部门分布在不同大楼或同一幢楼的不同楼层，每个部门使用一个子网，使用 VLAN 技术实现了部门之间的隔离，但每个部门之间又有数据传输的需求，小张该怎么办？本案例从实际需求出发，帮助小张解决这一难题。小张首先需要向单位申请购买路由设备，买之前小张需要了解设备的品牌、性能、性价比、接口类型、功能等，买来以后也要认真研究如何使用，特别是要了解路由器的工作原理、命令模式及如何访问等。

相关知识

1. 路由器简介

　　所谓"路由"，是指把数据从一个地方传送到另一个地方的行为和动作，而路由器是执行这种行为动作的机器，它的英文名称为 Router。它又称网关设备（Gateway），用于连接多个逻辑上分开的网络，所谓逻辑网络是代表一个单独的网络或者一个子网。它和交换机一样是一种特殊功能的计算机，内部有总线、CPU、ROM、RAM、Flash 存储等，外部连有各种接口，如以太网接口、同步串口、Console 端口等。图 3-1 展示了一典型路由器的外观及可在路由器扩展槽上安装的一些模块。

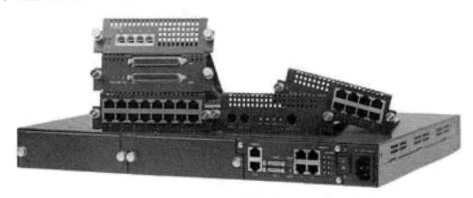

图 3-1　路由器外观及接口模块图

2. 路由器功能及作用

　　路由器主要有以下主要功能及作用：

　　（1）连通不同的网络。路由器工作在网络层，并且大部分可以支持多种协议的传输，所以它能将不同网络或网段之间的数据信息进行"翻译"，以使它们能够相互"读懂"对方的数据，从而构成一个更大的网络。

　　（2）选择信息传送的线路。路由器的主要工作是为经过路由器的每个数据帧寻找一条最佳传输路径，并将该数据有效地传送到目的站点。由此可见，选择最佳路径的策略即路由算法是路由器的关键所在。为了完成这项工作，在路由器中保存着各种传输路径的相关数据——路由表（Routing Table），供路由选择时使用。路由表中保存着子网的标志信息、网上路由器的个数和下一个路由器的名字等内容。路由表可以是由系统管理员固定设置好的，也可以由系统动态生成。

（3）实现子网隔离，限制广播风暴。由交换机连接的网段仍属于同一个广播域，广播数据包会在交换机连接的所有网段上传播，在某些情况下会导致通信拥挤和安全漏洞。路由器作为连接不同网段的设备，对子网实现了物理隔离，连接到路由器上的网段会被分配成不同的广播域，广播数据不会穿过路由器，限制广播风暴。

（4）分段与组装。当多个网络通过路由器互连时，各个网络传输的数据分组大小可能不同（即支持的 MTU 大小不一样），这就需要路由器对分组进行分段和组装，即路由器对接收到的大分组进行分段并封装成小分组进行转发，或对接收到的小分组组装成大分组进行转发。如果没有路由器的分段和组装功能，那么整个互联网只能按照所允许的某个最短分组进行传输，大大降低了其他网络的效能。

路由器除了以上一些功能外，还有流量控制、数据转发等功能。

3. 路由器的分类

路由器有多种不同的分类标准，下面介绍几种常用的分类方法。

（1）按性能档次分为高、中、低档路由器。通常将路由器吞吐量大于 40 Gbit/s 的路由器称为高档路由器，背吞吐量在 25 ～40 Gbit/s 之间的路由器称为中档路由器，而将低于 25G bit/s 的看作低档路由器。当然这只是一种宏观上的划分标准，各厂家划分并不完全一致。实际上路由器档次的划分不仅是以吞吐量为依据的，是有一个综合指标的。以市场占有率最大的 Cisco 公司为例，12000 系列为高端路由器，7500 以下系列路由器为中低端路由器。

（2）从结构上分为"模块化路由器"和"非模块化路由器"。模块化结构可以灵活地配置路由器，以适应企业不断增加的业务需求，非模块化的就只能提供固定的端口。通常中高端路由器为模块化结构，低端路由器为非模块化结构。

（3）从功能上划分，可将路由器分为"主干级路由器""企业级路由器"和"接入级路由器"。主干级路由器是实现企业级网络互连的关键设备，它数据吞吐量较大，非常重要。对主干级路由器的基本性能要求是高速度和高可靠性。企业级路由器连接许多终端系统，连接对象较多，但系统相对简单，且数据流量较小，对这类路由器的要求是以尽量便宜的方法实现尽可能多的端点互连，同时还要求能够支持不同的服务质量。接入级路由器主要应用于连接家庭或 ISP 内的小型企业客户群体。

（4）按所处网络位置划分通常把路由器划分为"边界路由器"和"中间结点路由器"。很明显"边界路由器"是处于网络边缘，用于不同网络路由器的连接；而"中间结点路由器"则处于网络的中间，通常用于连接不同网络，起到一个数据转发的桥梁作用。由于各自所处的网络位置有所不同，其主要性能也就有相应的侧重，如"中间结点路由器"因为要面对各种各样的网络。如何识别这些网络中的各结点呢？靠的就是这些中间结点路由器的 MAC 地址记忆功能。基于上述原因，选择中间结点路由器时就需要在 MAC 地址记忆功能更加注重，也就是要求选择缓存更大，MAC 地址记忆能力较强的路由器。但是边界路由器由于它可能要同时接受来自许多不同网络路由器发来的数据，所以这就要求这种边界路由器的背板带宽要足够宽，当然这也要以边界路由器所处的网络环境而定。

（5）从应用划分，路由器可分为通用路由器与专用路由器。一般所说的路由器皆为通用路由器。专用路由器通常为实现某种特定功能对路由器接口、硬件等作专门优化。例如，接入服务器用作接入拨号用户，增强 PSTN 接口以及信令能力；VPN 路由器用于为远程 VPN 访问用户提供路由，它需要在隧道处理能力以及硬件加密等方面具备特定的能力；宽带接入路由器则强调接口带宽及种类。

4. 路由器的选购与性能参数

路由器的选购主要从以下几个方面加以考虑：

（1）路由器的管理方式。路由器最基本的管理方式是利用终端（如 Windows 系统所提供的超级终端）通过专用配置线连接到路由器的 Console 端口直接进行配置。因为新购买的由器配置文件是空的，所以用户购买路由器以后一般都是先使用此方式对路由器进行基本的配置。但仅仅通过这种配置方法还不能对路由器进行全面的配置，以实现路由器的管理功能，只有在基本的配置完成后再进行有针对性的项目配置（如通信协议、路由协议配置等），这样才可以更加全面地实现路由器的网络管理功能。还有一种情况，就是有时可能需要改变路由器的许多设置，而自己并不在路由器旁边，无法连接专用配置线，这时就需要路由器提供远程 Telnet 程序进行远程访问配置，或者 Modem 拨号来进行远程登录配置，还可以通过 Web 方式来实现路由器的远程配置。现在一般的路由器都可能具有一种或几种这种远程配置管理方式。

（2）路由器所支持的路由协议。因为路由器所连接的网络可能存在根本不同类型的网络，这些网络所支持的网络通信、路由协议也就有可能不一样，这时对于在网络之间起到连接桥梁作用的路由器来说，如果不支持一方的协议，那就无法实现它在网络之间的路由功能，为此在选购路由器时也就要注意所选路由器所能支持的网络路由协议有哪些，特别是在广域网中的路由器。选购的路由器要考虑路由器目前及将来的企业实际需求，来决定所选路由器要支持何种协议。

（3）路由器的安全性保障。现在网络安全也是越来越受到用户的高度重视，路由器作为企事业单位内部网和外部进行连接的设备，能否提供高要求的安全保障极其重要。目前许多厂家的路由器可以设置访问权限列表，达到控制哪些数据才可以进出路由器，实现防火墙的功能，防止非法用户的入侵。另外一个就是路由器的 NAT（网络地址转换）功能，使用路由器的这种功能，能够屏蔽公司内部局域网的网络地址，利用地址转换功统一转换成 ISP 提供的广域网地址，这样网络上的外部用户就无法了解到公司内部网的网络地址，进一步防止了非法用户的入侵。

（4）丢包率。路由器作为数据转发的网络设备就存在一个丢包率的概念。丢包率就是在一定的数据流量下路由器不能正确进行数据转发的数据包占总的数据包的比例。丢包率的大小会影响到路由器线路的实际工作速度，严重时甚至会使线路中断。小型企业一般来说网络流量不会很大，所以出现丢包现象的机会也很小，在此方面小型企业不必作太多考虑，而且一般来说路由器在此方面都还是可以接受的。

（5）背板能力。背板能力通常是指路由器背板容量或者总线带宽能力，这个性能对于保证整个网络之间的连接速度是非常重要的。如果所连接的两个网络速率都较快，而由于路由器的带宽限制，这将直接影响了整个网络之间的通信速度。所以一般来说如果是连接两个较大的网络，网络流量较大时应格外注意一下路由器的背板容量，但是如果在小型企业网之间一般来说这个参数也是不用特别在意的，因为一般来说路由器在这方面都能满足小型企业网之间的通信带宽要求。

（6）吞吐量。路由器的吞吐量是指路由器对数据包的转发能力，如较高档的路由器可以对较大的数据包进行正确快速转发；而较低档的路由器则只能转发小的数据包，对于较大的数据包需要拆分成许多小的数据包来分开转发，这种路由器的数据包转发能力就差了，其实

这与上面所讲的背板容量是有非常紧密的关系的。

（7）转发时延。指需转发的数据包最后一比特进入路由器端口到该数据包第一比特出现在端口链路上的时间间隔，这与上面的背板容量、吞吐量参数也是紧密相关的。

（8）路由表容量。路由表容量是指路由器运行中可以容纳的路由数量。一般来说越是高档的路由器路由表容量越大，因为它可能要面对非常庞大的网络。这一参数是受路由器自身所带的缓存大小有关，一般的路由器也不需太注重这一参数，因为一般来说都能满足网络需求。

（9）可靠性。可靠性是指路由器的可用性、无故障工作时间和故障恢复时间等指标，可以选购信誉较好、技术先进的品牌作为保障。

5. 路由器的工作原理

路由器工作的核心是路由表。路由器通过路由协议交换网络的拓扑结构信息，依照拓扑结构动态生成路由表，当然也可以由网络管理员手工配置生成路由表，如表 3-1 所示。在数据通道上，转发引擎从输入线路接收 IP 包后，分析与修改包头，使用转发表查找输出端口，把数据交换到输出线路上。转发表是根据路由表生成的，其表项和路由表项有直接对应关系，但转发表的格式和路由表的格式不同，它更适合实现快速查找。转发的主要流程包括线路输入、包头分析、数据存储、包头修改和线路输出。

表 3-1 典型路由器的路由表

目 标 网 络	子 网 掩 码	下 一 跳 地 址
192.168.2.0	255.255.255.0	10.10.10.2
192.168.1.0	255.255.255.0	直接连接
10.10.10.0	255.255.255.0	直接连接

路由器转发的工作流程如图 3-2 所示。当 IP 子网中的一台主机发送 IP 分组给同一 IP 子网的另一台主机时，它将直接把 IP 分组送到网络上，对方就能收到。而要送给不同 IP 子网上的主机时，它要选择一个能到达目的子网上的路由器，把 IP 分组送给该路由器，由路由器负责把 IP 分组送到目的地。如果没有找到这样的路由器，主机就把 IP 分组送给一个称为"默认网关（Default Gateway）"的路由器上。"默认网关"是每台主机上的一个配置参数，它是连接在同一个网络上的某个路由器端口的 IP 地址。当路由器收到主机发来的 IP 分组后，首先拆包（解封装）提取目的 IP 地址和子网掩码，然后查找路由表，找到匹配的项目后重新封装，从指定的端口（与下一跳地址处于同一网段的端口）转发。如果没有找到匹配的项目，再看有没有默认路由，如果有按照默认路由转发，否则丢弃。

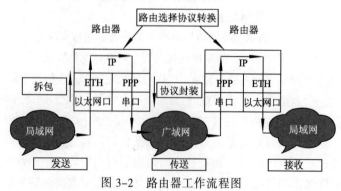

图 3-2 路由器工作流程图

目前 TCP/IP 网络，全部是通过路由器互连接起来的，Internet 就是成千上万个 IP 子网通过路由器互连起来的国际性网络。这样形成了以路由器为结点的"网间网"。在"网间网"中，路由器实现两个基本功能：负责 IP 分组的转发；负责与别的路由器进行联络，共同确定"网间网"的路由选择和维护路由表。

6. 路由器的接口及编号

路由器用于连接各类子网，所以有多种类型的接口，常用的主要有路由器配置口、以太网接口、同步串口、异步串口等。

（1）路由器配置口。路由器的配置端口有两个，分别是 Console 和 AUX，如图 3-3 所示。Console 通常是用来进行路由器的基本配置时通过专用连线与计算机连用的，利用终端仿真程序（如 Windows 下的"超级终端"）进行路由器的本地配置，路由器的 Console 端口多为 RJ-45 端口。而 AUX 是用于路由器的远程配置连接用的，可用于拨号连接，还可通过收发器与 Modem 进行连接。

图 3-3　路由器配置端口

（2）以太网接口。这类接口主要用于与局域网的连接，数量有多有少，少的 1～2 个，多的几十个不等，对于模块化路由器还可以进行扩充，图 3-4 所示的路由器模块上有两个以太网接口。目前以太网接口速率主要有 100 Mbit/s（Fast Ethernet），也有 1000 Mbit/s（Gigabit Ethernet）等规格。在配置这些端口时要知道它们的编号规律，一般是端口类型（FastEthernet/GigabitEthernet），加模块号/端口在此模块中的编号，如 FastEthernet 1/0。

图 3-4　路由器以太网端口

（3）同步串口。在路由器中所能支持的同步串行端口类型比较多，但应用最多的端口还是"高速同步串口"（Serial），这种端口主要是用于连接目前应用非常广泛的 DDN、帧中继（Frame Relay）、X.25、PSTN（模拟电话线路）等网络连接模式。这种同步端口一般要求速率非常高，因为一般来说通过这种端口所连接的网络的两端都要求实时同步。图 3-5 所示为高速同步串口（V.35 接口）。同样也要知道它们的编号规律，一般是端口类型（Serial），加模块号/端口在此模块中的编号，如 Serial 2/0。

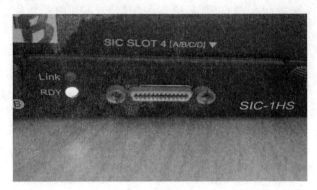

图 3-5　路由器高速同步串口

7. 路由器的访问方式

要登录路由器常有以下几种方式：通过 Console 本地登录，通过 Telnet、Web、Snmp 进行远程登录。把它们分为两类：一类是不使用网络带宽的，如通过 Console 本地登录，称为带外管理；另一类是使用网络带宽的，如 Telnet、Web、Snmp 几种方式，称为带内管理。

8. 路由器的命令模式

路由器是一种特殊的计算机，由硬件和软件组成。前面介绍了它的一些硬件组成，下面来介绍它的软件（操作系统）。对路由器的任何配置都是在它的操作系统支持下完成的。有的路由器支持图形界面，在图形界面下完成对路由器的配置；但一般路由器都支持字符界面（有点类似 DOS），在命令提示符下完成对路由器的配置。路由器有许许多多的命令，在不同的模式下可以执行不同的命令来完成不同的功能，这就要求对路由器的命令模式有所认识。

路由器主要在有用户模式、特权模式、全局配置模式、接口模式等，各模式说明如表 3-2 所示。

表 3-2　路由器命令模式

命 令 模 式	说　　明
用户模式	它是登录路由器首先进入的模式，提示符为"＞"，该模式下仅允许执行基本的监测命令，不能改变路由器的配置
特权模式	在用户模式下先输入 enable，再输入相应的口令，进入特权模式。特权模式的系统提示符是"＃"，特权模式可以使用所有的配置命令，还可以进入到全局模式和其他特殊的配置模式，这些特殊模式都是全局模式的一个子集
全局配置模式	从特权模式，输入 config terminal 命令进入全局配置模式，相应提示符为"(config)#"。此时，用户才能真正修改路由器的配置
接口模式	路由器中有各种端口，如以太网端口和同步端口等。要对这些端口进行配置，需要进入端口配置模式。在全局命令提示符下输入"interface 端口编号"，进入端口模式，提示符为"(config-if)#"
线程模式	在全局命令提示符下输入"line 线程编号"，进入线程配置模式，在此模式可对 Console 或 Telnet 登录功能进行配置，提示符为"(config-line)#"

1. 案例拓扑图及要求说明

此案例拓扑如图 3-6 所示。在图中计算机使用 Console 线缆（路由器厂家提供）通过 Com 口连接到路由器的 Console 口，然后使用 Windows 下"超级终端"程序登录路由器，去熟悉路由器的各种接口、路由器的命令模式及进入或退出各模式的命令。

Com 口   Console 口

图 3-6   通过 Console 登录路由器

下面使用 Cisco Packet Tracer 仿真软件来模拟实现这个案例。

2. 实施步骤

（1）按图 3-6 连接好各设备。

（2）使用"超级终端"软件登录路由器，如图 3-7 和图 3-8 所示。

（3）熟悉路由器的命令模式。通过"超级终端"登录路由器后，首先进入的是用户模式。

```
Router > enable                               从用户模式进入特权模式
Router # exit                                 从特权模式退出到用户模式
Router#configure terminal                     从特权模式进入全局配置模式
Router(config)# exit                          从全局配置模式退出到特权模式
Router(config)# interface fastEthernet 0/0    从全局配置模式进入接口模式
Router(config-if)# exit                       从接口模式退出到全局配置模式
Router(config-if)# end                        从接口模式直接退出到特权模式
Router(config)# line vty 0 4                   从全局配置模式进入虚拟线程配置模式
Router(config-line)#
```

图 3-7   超级终端

第3章 管理网络路由

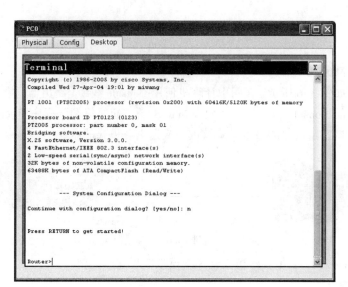

图 3-8　登录路由器

3.2　【案例2】远程登录路由器

学习目标

（1）熟悉路由器常用配置命令的用法。

（2）理解路由器远程登录的作用，掌握路由器远程登录配置的方法。

案例描述

小张是某企业网络管理员，所在企业网络总部有局域网，分部也有局域网，它们之间都使用路由器通过广域网互相连接。由于一些原因企业网络经常要进行调整，小张必须在总部和分部之间来回奔波，实在不方便。后来小张请教了一网络工程师朋友，知道可以在企业的路由器上配置远程登录功能，在任何一个网络能通的地方都可以远程登录实现对路由器的配置。本案例就是为了能实现路由器的远程登录而提出的。首先要熟悉路由器的常用命令的一些用法，然后进一步熟悉路由器配置远程登录的步骤和方法。

相关知识

1. 路由器的常用配置命令

路由器的命令难度和早期的 DOS 操作系统或命令行的 Linux 比较接近，但功能上要比以上操作系统单一很多。不同厂商的路由器命令有些差别，但功能性的东西没有本质差别。路由器的命令很多，这里只能介绍少量常用的命令，对于其他一些命令在具体应用中需要用到时再作详细介绍。

（1）进入特权模式：enable。

```
Router > enable
Router #
```

（2）进入全局配置模式：configure terminal。

```
Router > enable
Router # configure terminal
Router (config)#
```

（3）重命名：hostname routerA（以 routerA 为例）。

```
Router > enable
Router # configure terminal
Router(config)# hostname routerA
RouterA (config)#
```

（4）配置使能口令：enable password cisco（以 cisco 为例）。

```
Router > enable
Router # configure terminal
Router(config)# hostname routerA
RouterA (config)# enable password cisco
```

Enable password 命令可以防止某人完全获取对路由器的访问权。Enable 命令实际上可以用于在路由器的不同安全级别上切换（共有 0~15 等 16 个安全级别）。不过，它最常用于从用户模式（级别 1）切换到特权模式（级别 15）。

（5）配置使能密码：enable secret ciscolab（以 cicsolab 为例）。

```
Router > enable
Router # configure terminal
Router(config)# hostname routerA
RouterA (config)# enable secret ciscolab
```

启用加密口令(enable secret password)与 enable password 的功能是相同的。但通过使用 enable secret，口令就以一种更加强健的加密形式被存储下来，在很多情况下，许多网络瘫痪是由于缺乏口令安全造成的。因此，作为管理员一定要保障正确设置其交换机和路由器的口令。

（6）进入路由器某一端口：interface fastethernet 0/1。

```
Router > enable
Router # configure terminal
Router(config)# hostname routerA
RouterA (config)# interface fastethernet 0/1
RouterA (config-if)#
```

进入路由器的某一子端口：interface fastethernet 0/1.1（以 1 端口的 1 子端口为例）。

```
Router > enable
Router # configure terminal
Router(config)# hostname routerA
RouterA (config)# interface fastehernet 0/1.1
```

（7）设置端口 IP 地址信息。

```
Router > enable
Router # configure terminal
Router(config)# hostname routerA
RouterA(config)# interface fastethernet 0/1    以以太网 0/1 端口为例
```

```
RouterA (config-if)# ip address 192.168.1.1 255.255.255.0 配置交换机端口
IP 和子网掩码
RouterA (config-if)# no shutdown 启动此接口
```

（8）查看命令：show。

```
Router > enable
Router # show version                          查看系统中的所有版本信息
Router # show controllers serial +             编号查看串口类型
Router # show ip route                         查看路由器的路由表
Router # show running-config                   查看运行设置
Router # show startup-config                   查看开机设置
Router # show interface type slot/number       显示端口信息
```

（9）路由器 Telnet 远程登录设置。

```
Router> enable
Router # configure terminal
Router (config)# hostname routerA
RouterA (config)# enable password cisco 以 cisco 为特权模式密码
RouterA (config)# interface fastethernet 0/1
RouterA (config-if)# ip address 192.168.1.1 255.255.255.0
RouterA (config-if)# no shutdown
RouterA (config-if)# exit
RouterA (config) line vty 0 4 设置 0～4 个用户可以 Telnet 远程登录
RouterA (config-line)# password 123
RouterA (config-line)# login
```

（10）配置路由器的标识：banner $……………$。

在全局配置的模式下利用 banner 命令可以配置路由器的提示信息，所有连接到路由器的终端都会收到。

```
Router > enable
Router # configure terminal
Router (config)# hostname routerA
RouterA(config)# banner motd $This is aptech company' router ! Please don'
t change the configuration without permission!$
```

（11）测试网络连通性：ping 命令。

```
Router > ping 目标 IP
Router # ping 目标 IP
```

（12）保存配置命令。

```
Router # write
```
或 `Router # copy running-config startup-config`

（13）使用 No 命令执行相反的操作。

几乎所有的命令都有 No 选项，使用 No 选项来禁止某个特性或功能，或执行与命令本身相反的操作。

例如：Router(config-if)# ip add 192.168.1.1 255.255.255.0 命令为接口配置 IP 地址，Router(config-if)# no ip add 命令则删除该接口的 IP 地址。

（14）帮助命令。路由器的帮助命令功能非常强大。

① 在任一模式下，输入"?"可获取该视图下所有的命令及其简单描述，例如：

```
Router > ?
Exec commands:
  <1-99>      Session number to resume
  connect     Open a terminal connection
  disable     Turn off privileged commands
  disconnect  Disconnect an existing network connection
  enable      Turn on privileged commands
  exit        Exit from the EXEC
  logout      Exit from the EXEC
  ping        Send echo messages
  resume      Resume an active network connection
  show        Show running system information
  ssh         Open a secure shell client connection
  telnet      Open a telnet connection
  terminal    Set terminal line parameters
  traceroute  Trace route to destination
```

② 输入一命令，后接以空格分隔的"?"，如果该命令行位置有关键字，则列出全部关键字及其简单描述，例如：

```
Router # copy ?
  flash:          Copy from flash: file system
  ftp:            Copy from ftp: file system
  running-config  Copy from current system configuration
  startup-config  Copy from startup configuration
  tftp:           Copy from tftp: file system
```

③ 输入一字符串，其后紧接"?"，列出以该字符串开头的所有命令，例如：

```
Router # co?
configure  connect  copy
```

④ 输入命令的某个关键字的前几个字母，按下 Tab 键，如果以输入字母开头的关键字唯一，则可以显示出完整的关键字（即自动补齐），例如：

```
Router# conf       按 Tab 键
Router# configure
```

⑤ 输入命令的部分字符，只要这部分字符能唯一识别命令关键字，就可以执行此命令，例如：

```
Router# configure terminal
```

可简写为：

```
Router# conf t
```

⑥ 系统提供用户曾经输入命令的记录，可以使用上下方向键调出。此方法在重新输入长而复杂的命令时非常有用。

2. 路由器远程登录功能配置步骤和方法

（1）本地登录路由器。要实现路由器的远程登录功能，肯定要对路由器进行配置，所以第一步必须本地登录路由器，即在 PC 上使用"超级终端"软件通过 Console 端口登录路由器，如图 3-9 所示。这也是从厂家购买来路由器首次登录路由器必须采用的方法。

（2）给路由器由器配置 IP。如要远程登录路由器必须保证有 IP 地址可访问，接下来需要给路由器接口配置 IP 地址。如果只是在内部网络远程登录路由器，只需给路由器接口配置私有 IP 地址；如果要在外网也能访问到路由器，还必须给路由器配置公网 IP 地址。使用如下命令配置：

```
Router (config)# interface fastethernet 0/1    以以太网 0/1 端口为例
Router (config-if)# ip address 192.168.1.1 255.255.255.0
                                        配置交换机端口 IP 和子网掩码
Router (config-if)# no shutdown         启动此接口
```

（3）配置路由器的远程登录密码。

```
Router(config)# line vty 0 4            进入远程虚拟终端线程配置模式
Router(config-line)# password  cisco    配置远程登录密码为 cisco
Router(config-line)# login              启用登录密码检查
```

（4）配置特权口令或密码。为了安全起见，一般还会配置进入特权模式的口令或密码，使用如下命令配置：

```
Router(config)# enable password 123456
或 Router(config)# enable secret 123456
```

注意：登录路由器后，上面的配置顺序可以改变。

案例实施

1. 案例拓扑图及要求说明

此案例拓扑如图 3-9 所示。在图中计算机使用 Console 线缆（路由器厂家提供）通过 Com 口连接到路由器的 Console 口，使用网线连接到路由器的 F0/0 端口，然后使用 Windows 下"超级终端"程序登录路由器，对路由器进行远程登录配置并验证。

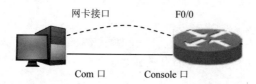

网卡接口　　　　F0/0

Com 口　　　　Console 口

图 3-9　远程登录路由器配置拓扑图

下面使用 Cisco Packet Tracer 仿真软件来模拟实现这个案例。

2. 实施步骤

（1）按图 3-9 连接好各设备。

（2）使用"超级终端"软件登录路由器，作如下配置：

```
Router > enable
Router# configure terminal
```
配置路由器特权密码：
```
Router(config)# enable password 123456
Router(config)# interface fastEthernet 0/0
```

为路由器分配管理 IP：

```
Router(config-if)# ip address 192.168.1.200 255.255.255.0
Router(config-if)# no shutdown
```

配置路由器远程登录密码：

```
Router(config)# line vty 0 4
Router(config-line)# password cisco
Router(config-line)# login
```

（3）给 PC 配置 IP 地址。

PC 配置 IP 地址 192.168.1.1，并在命令提示符下使用 Ping 192.168.1.200 命令测试到路由器的连通性。如果连通则去做下一步，否则检查网络相关配置。

（4）验证测试。

在 PC 的命令提示符下使用 telnet 192.168.1.200 命令远程登录路由器，进行验证测试。图 3-10 是 Telnet 远程登录成功并进入特权模式的界面。

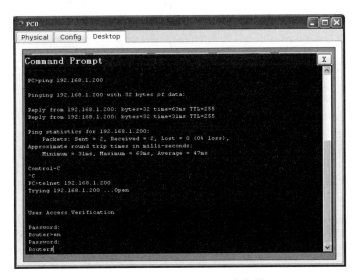

图 3-10　Telnet 远程登录路由器

3. 可能用到的排错命令

（1）查看路由器有关 IP 的简要信息。

```
Router # show ip interface brief
```

Interface	IP-Address	OK?	Method	Status	Protocol
FastEthernet0/0	192.168.1.200	YES	manual	up	up
FastEthernet1/0	unassigned	YES	unset	administratively down	down
Serial2/0	unassigned	YES	unset	administratively down	down
Serial3/0	unassigned	YES	unset	administratively down	down
FastEthernet4/0	unassigned	YES	unset	administratively down	down

```
FastEthernet5/0           unassigned    YES unset   administratively
                                                    down down
```

（2）查看目前正在生效的配置信息。

```
Router # show running-config
Building configuration...
Current configuration : 663 bytes
!
version 12.2
no service timestamps log datetime msec
no service timestamps debug datetime msec
no service password-encryption
!
hostname Router
!
enable password 123456
!
interface FastEthernet0/0
 ip address 192.168.1.200 255.255.255.0
 duplex auto
 speed auto
!
...
!
line con 0
line vty 0 4
 password cisco
 login
!
end
```

3.3 【案例3】利用单臂路由实现 VLAN 之间路由

学习目标

（1）理解路由器子接口的概念，掌握在路由器上划分子接口、封装 Dot1q（IEEE 802.1q）协议的方法。

（2）理解直连路由的概念及使用路由器单个接口实现 VLAN 间通信的原理。

案例描述

小张是某企业网络管理员，在网络规划时选用路由三级模式结构（见图 0-3），企业局域网上已使用 VLAN 技术实现了多个部门子网之间的隔离，现在要使用路由器把各子网互相连通。由于路由器上以太网接口较少，所以要想办法使用少量的路由器端口实现与多个部门子网的连接。本案例为小张提供了一个较好的实现方案，即利用路由器的单臂路由技术实现 VLAN 之间的路由。这里涉及路由器子接口、直连路由等概念，在理解这些概念的基础上进一步掌握配置的方法。

相关知识

1. 直连路由与非直连路由

路由器学习路由信息、生成并维护路由表的方法包括直连路由（Direct）、静态路由（Static）和动态路由（Dynamic）。路由器接口所连接的子网的路由方式称为直连路由，直连路由是由链路层协议发现的，一般指去往路由器的接口地址所在网段的路径，该中径信息不需要网络管理员维护，也不需要路由器通过某种算法进行计算获得，只要该接口处于活动状态（Active），路由器就会把通向该网段的路由信息写到路由表中去，直连路由无法使路由器获取与其不直接相连路由信息。与之相对的就是非直连路由，是从其他路由器学到的路，这些路由包括静态、默认、动态路由等。

在路由器中使用 show ip route 命令看到的以下内容，其中以 C 开头的路由表示直连路由。

```
Router # show ip route
Codes:  C - connected, S - static, I - IGRP, R - RIP, M - mobile, B - BGP
        D - EIGRP, EX - EIGRP external, O - OSPF, IA - OSPF inter area
        N1 - OSPF NSSA external type 1, N2 - OSPF NSSA external type 2
        E1 - OSPF external type 1, E2 - OSPF external type 2, E - EGP
        i - IS-IS, L1 - IS-IS level-1, L2 - IS-IS level-2, ia - IS-IS inter area
        * - candidate default, U - per-user static route, o - ODR
        P - periodic downloaded static route

Gateway of last resort is not set

C    192.168.10.0/24 is directly connected, FastEthernet0/0.10
C    192.168.20.0/24 is directly connected, FastEthernet0/0.20
```

2. 路由器子接口

在 VLAN 虚拟局域网中，通常是一个物理接口对应一个 VLAN。在多个 VLAN 的网络上，无法使用单台路由器的一个物理接口实现 VLAN 间通信，同时路由器有其物理局限性，不可能带有大量的物理接口。子接口的产生正是为了打破物理接口的局限性，它允许一个路由器的单个物理接口通过划分多个子接口的方式，实现多个 VLAN 间的路由和通信。

子接口（Subinterface）是通过协议和技术将一个物理接口（Interface）虚拟出来的多个逻辑接口，并不真实存在。相对子接口而言，这个物理接口称为主接口。每个子接口从功能、作用上来说，与每个物理接口是没有任何区别的，它的出现打破了每个设备存在物理接口数量有限的局限性。在路由器中，一个子接口的取值范围是 0～4096 个，当然受主接口物理性能限制，实际中并无法完全达到 4096 个，数量越多，各子接口性能越差。网络繁忙时，会导致通信瓶颈。为均衡物理接口上的流量负载，可将子接口配置在多个物理接口上，以减轻 VLAN 流量之间竞争带宽的现象。

子接口共用主接口的物理层参数，又可以分别配置各自的链路层和网络层参数。用户可以禁用或者激活子接口，这不会对主接口产生影响；但主接口状态的变化会对子接口产生影响，特别是只有主接口处于连通状态时子接口才能正常工作。

在路由器中一般使用如下命令来创建并进入子接口：

```
Router(config)# interface fastEthernet 0/0.10    以 fastEthernet 0/0 接口为例
```

其中"0/0"为接口编号,"10"为子接口编号,中间用西文"."连接。

3. 默认网关

网关(Gateway)就是一个网络连接到另一个网络的"关口",实质上是一个网络通向其他网络的 IP 地址。比如有网络 A 和网络 B,网络 A 的 IP 地址范围为 192.168.1.1~192.168.1.254,子网掩码为 255.255.255.0;网络 B 的 IP 地址范围为 192.168.2.1~192.168.2.254,子网掩码为 255.255.255.0。在没有路由器的情况下,两个网络之间是不能进行通信的,即使是两个网络连接在同一台交换机(或集线器)上,网络协议会根据子网掩码来判定两个网络中的主机是否处在不同的网络里。而要实现这两个网络之间的通信,则必须通过网关。如果网络 A 中的主机发现数据包的目的主机不在本地网络中,就把数据包转发给它自己的网关,再由网关转发给网络 B 的网关,网络 B 的网关再转发给网络 B 的某个主机。网络 B 向网络 A 转发数据包的过程也是如此。所以,只有设置好网关的 IP 地址,才能实现不同网络之间的相互通信。那么这个 IP 地址是哪台机器的 IP 地址呢?网关的 IP 地址是具有路由功能的设备的 IP 地址,具有路由功能的设备有路由器、启用了路由协议的服务器(实质上相当于一台路由器)、代理服务器(也相当于一台路由器)。

下面以 Windows XP 系统为例介绍网关的配置方法。

(1)手动配置网关。右击"网上邻居"图标,选择"属性"命令,右击"本地连接"图标,选择"属性"命令,双击"Internet 协议(TCP/IP)"选项,在弹出的"TCP/IP 属性"对话框中手工配置默认网关,如图 3-11 中的 192.168.10.254 就是配置的网关地址。

(2)自动设置网关。自动设置网关就是利用 DHCP 服务器来自动给网络中的计算机分配 IP 地址、子网掩码和默认网关。这样做的好处是一旦网络的默认网关发生了变化,只要更改 DHCP 服务器中默认网关的设置,那么网络中所有的计算机均获得了新的默认网关的 IP 地址。这种方法适用于网络规模较大、TCP/IP 参数有可能变动的网络。

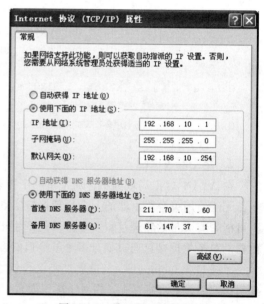

图 3-11 手工配置网关地址

案例实施

1. 案例拓扑图及要求说明

此案例拓扑如图 3-12 所示,一台路由器、一台二层交换机和两台 PC 通过三根直通线进行连接。PC1 属于 VLAN 10,PC2 属于 VLAN 20,要求使用单臂路由技术实现两 VLAN 之间的通信并验证。

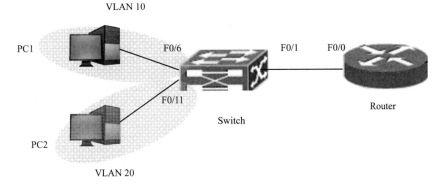

VLAN 10

PC1 F0/6 F0/1 F0/0

F0/11 Router

Switch

PC2

VLAN 20

图 3-12 单臂路由技术实现 VLAN 之间的通信

下面使用 Cisco Packet Tracer 仿真软件来模拟实现这个案例。

2. 实施步骤

（1）按图 3-12 连接好各设备。

（2）登录交换机作如下配置。

```
Switch # configure terminal          进入交换机全局配置模式
Switch(config)# vlan 10              创建 VLAN 10
Switch(config)# vlan 20              创建 VLAN 20
Switch(config)# interface range fastethernet 0/6-10
进入 fastethernet 0/6～0/10 五个端口配置模式
Switch(config-if-range)#switch access vlan 10
将 fastethernet 0/6～0/10 五个端口加入 VLAN 10 中
Switch(config)#interface range fastethernet 0/11-15
进入 fastethernet 0/11～0/15 五个端口配置模式
Switch(config-if-range)#switch access vlan 20
将 fastethernet 0/11～0/15 五个端口加入 VLAN 20 中
Switch(config)# interface fastethernet  0/1
进入 fastethernet 0/1 的接口配置模式
Switch(config-if)# switchport mode  trunk
将 fastethernet 0/1 设为 Tag VLAN 模式
```

（3）登录路由器作如下配置。

```
Router# configure terminal          进入路由器全局配置模式
Router(config)# interface fastEthernet 0/0
进入路由器的 fastethernet 0/0 的接口配置模式
Router(config-if)# no ip address          去掉路由器主接口的 IP 地址
Router(config-if)# no shutdown
Router(config)# interface fastEthernet 0/0.10     进入子接口 Fa 0/0.10
Router(config-subif)# encapsulation dot1Q 10
子接口 Fa 0/0.10 封装 802.1q 协议，配置为干道模式，对应 VLAN 10
Router(config-subif)#ip address 192.168.10.254 255.255.255.0
配置子接口 Fa 0/0.10 的 IP 地，作为 192.168.10.0 网段的网关地址
Router(config)# interface fastEthernet 0/0.20     进入子接口 Fa 0/0.20
```

```
Router(config-subif)# encapsulation dot1Q 20
```
子接口 Fa 0/0.20 封装 802.1q 协议，配置为干道模式，对应 VLAN 20
```
Router(config-subif)# ip address 192.168.20.254 255.255.255.0
```
配置子接口 Fa 0/0.20 的 IP 地址，作为 192.168.20.0 网段的网关地址

（4）给 PC 配置 IP 地址。

配置 PC1 和 PC2 的 IP 地址分别为 192.168.10.1 和 192.168.20.1；PC1 和 PC2 的网关地址分别 192.168.10.254 和 192.168.20.254。

（5）验证测试。

使用 ping 命令从 PC1 或 PC2 测试到对方的连通性，如果配置正确的话应该能 ping 通对方。

3.4　【案例 4】利用三层交换机实现 VLAN 之间路由

📺 学习目标

（1）理解三层交换机 VLAN 虚接口（SVI）的概念及使用三层交换机实现 VLAN 间通信的原理。

（2）掌握在三层交换机上划分、配置 SVI 的方法。

📖 案例描述

小张是某企业网络管理员，在网络规划时选用交换三级模式结构（见图 0-2），企业局域网上已使用 VLAN 技术实现了多个部门子网之间的隔离，现在要使用三层交换机让各子网路由可达。三层交换机工作在网络层，具有路功能，与路由器相比又有更多的以太网端口，便于各子网之间的连接。本案例为小张提供了一个较好的解决方案，即利用三层交换机实现VLAN 之间路由。这部分内容涉及交换机虚接口 SVI 的概念、交换机的路由交换工作原理等。

🖥 相关知识

1. 三层交换机与二层交换机区别

三层交换机的外观与二层交换的外观没有太多区别，但它们工作层次不同，三层交换机工作在网络层，而二层交换机工作在数据链路层，这也决定了它们的功能和工作原理不太一样。二层交换机只有数据交换功能。不具有路由功能，所以不能用来实现 VLAN 子网之间的互通。而三层交换机既有数据交换功能，又有路由功能，所以可以用来实现 VLAN 子网之间的互通。

2. 三层交换机与路由器的区别

三层交换机和路由器都工作在网络的第三层，都能根据 IP 地址进行数据包的转发，即具有路由功能。可以认为三层交换机是一个带有第三层路由功能的二层交换机，但它是二者的有机结合，并不是简单地把路由器设备的硬件及软件简单地叠加在局域网交换机上。也可把三层交换机看作一个多端口的路由器。虽然如此，三层交换机与路由器还是存在相当大的本质区别，下面分别予以介绍。

（1）主要功能不同。虽然三层交换机与路由器都具有路由功能，但不能因此而把它们等同起来，因为路由器的主要功能是"路由"功能，三层交换机只不过是具备了一些基本的路

由功能的交换机，它的主要功能仍是数据交换。也就是说它同时具备了数据交换和路由转发两种功能，但其主要功能还是数据交换；而路由器仅具有路由转发这一种主要功能。

（2）主要适用的环境不一样。三层交换机的路由功能通常比较简单，因为它所面对的主要是简单的局域网连接，路由路径比较简单。正因如此，三层交换机用在局域网中的主要用途还是提供快速数据交换功能，满足局域网数据交换频繁的应用特点。

而路由器则不同，它设计的初衷是为了满足不同类型的网络连接，虽然也适用于局域网之间的连接，但它的路由功能更多地体现在不同类型网络之间的互联上，如局域网与广域网之间的连接、不同协议的网络之间的连接等，所以路由器主要用于不同类型的网络之间。它最主要的功能是路由转发，解决好各种复杂路由路径网络的连接就是它的最终目的，所以路由器的路由功能通常非常强大，不仅适用于同种协议的局域网间，更适用于不同协议的局域网与广域网间。它的优势在于选择最佳路由、负荷分担、链路备份及和其他网络进行路由信息的交换等路由器所具有的功能。为了与各种类型的网络连接，路由器的接口类型非常丰富，而三层交换机则一般仅有同类型的局域网接口，非常简单。

（3）性能体现不一样。从技术上讲，路由器和三层交换机在数据包交换操作上存在明显区别。路由器一般由基于微处理器的软件路由引擎执行数据包交换，而三层交换机通过硬件执行数据包交换。三层交换机在对第一个数据流进行路由后，将会产生一个 MAC 地址与 IP 地址的映射表，当同样的数据流再次通过时，将根据此表直接从二层通过而不是再次路由，从而消除了由于路由选择而造成的网络延迟，提高了数据包转发的效率。同时，三层交换机的路由查找是针对数据流的，它利用缓存技术，很容易利用 ASIC 技术来实现，因此，可以大大节约成本，并实现快速转发。而路由器的转发采用最长匹配的方式，实现复杂，通常使用软件来实现，转发效率较低。

正因如此，从整体性能上比较的话，三层交换机的性能要远优于路由器，非常适用于数据交换频繁的局域网中；而路由器虽然路由功能非常强大，但它的数据包转发效率远低于三层交换机，更适合于数据交换不是很频繁的不同类型网络的互联，如局域网与互联网的互联。如果把路由器特别是高档路由器用于局域网中，则在相当大程度上是一种浪费（就其强大的路由功能而言），而且还不能很好地满足局域网通信性能需求，影响子网间的正常通信。

3. 三层交换端口

三层交换机之所以可以用来实现 VLAN 子网之间的路由可达，主要在于它有三层端口。三层交换机的三层端口又可分为两种：物理三层端口和逻辑三层端口（SVI）。

（1）物理三层端口。三层交换机的物理端口既可以工作在二层上，也可以工作在三层上。使用三层交换机的三层端口就可以实现不同 VLAN 子网之间的互联。

三层交换机的物理端口默认是二层端口，可以使用如下命令启用端口的三层功能：

```
Switch(config-if)# no switchport
```
如果要去掉三层交换机的三层端口功能（即变为二层端口），可以使用如下命令：

```
Switch(config-if)# switchport
```
（2）交换虚拟接口。交换虚拟接口（Switch Virtual Interface，SVI）是一个逻辑三层端口，是专门用于 VLAN 子网之间通信的。它代表一个由交换端口构成的 VLAN（其实就是通常所说的 VLAN 接口），以便于实现系统中路由和桥接的功能。一个交换机虚拟接口对应一个 VLAN，当需要路由虚拟局域网之间的流量，以及提供 IP 主机到交换机的连接的时候，就需

第 3 章　管理网络路由

要为相应的虚拟局域网配置相应的交换机虚拟接口，用于连接整个 VLAN。在全局配置下使用 interface vlan vlan_id 命令时自动创建 SVI。在全局配置可以用 no interface vlan vlan_id 命令来删除对应的 SVI 接口，只是不能删除 VLAN 1 的 SVI 接口（VLAN 1），因为 VLAN 1 接口是默认已创建的，用于远程交换机管理。应当为所有 VLAN 配置 SVI 接口，以便在 VLAN 间路由通信。

案例实施

1. 案例拓扑图及要求说明

此案例拓扑如图 3-13 所示，一台三层交换机、一台二层交换机和三台 PC 通过四根直通线进行连接。PC1 和 PC3 属于 VLAN 10，分别连于三层交换机和二层交换机上，PC2 属于 VLAN 20，连在三层交换机上，要求使用三层交换机的 SVI 技术实现两 VLAN 之间的通信并验证。

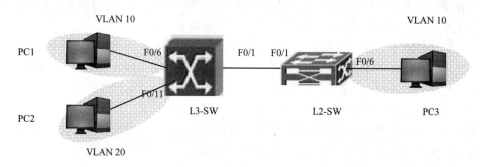

图 3-13　SVI 技术实现 VLAN 之间的通信

下面使用 Cisco Packet Tracer 仿真软件来模拟实现这个案例。

2. 实施步骤

（1）按图 3-13 连接好各设备。

（2）三层交换机 L3-SW 的配置。

```
Switch# configure terminal              进入交换机全局配置模式
Switch (config)# Hostname L3-SW
L3-SW(config)# vlan 10                   创建 VLAN 10
L3-SW(config)# vlan 20                   创建 VLAN 20
L3-SW (config)# interface range fastethernet 0/6-10
同时进入 fastethernet 0/6~0/10 五个端口配置模式
L3-SW (config-if-range)# switch access vlan 10
将 fastethernet 0/6~0/10 五个端口加入 VLAN 10 中
L3-SW (config)# interface range fastethernet 0/11-15
同时进入 fastethernet 0/11~0/15 五个端口配置模式:
L3-SW (config-if-range)# switch access vlan 20
将 fastethernet 0/11~0/15 五个端口加入 VLAN 20 中:
L3-SW (config)# interface fastethernet  0/1
进入 fastethernet 0/1 的接口配置模式
L3-SW (config-if)# switchport mode  trunk
```

将 fastethernet 0/1 设为 Tag VLAN 模式

L3-SW (config)# interface vlan 10

进入 VLAN 10 的 SVI 接口配置模式

L3-SW (config-if)#ip address 192.168.10.254 255.255.255.0

给 VLAN 10 的 SVI 接口配置 IP 地址

L3-SW (config-if)# no shutdown   激活该 SVI 接口

L3-SW (config)# interface vlan 20   进入 VLAN 20 的 SVI 接口配置模式

L3-SW (config-if)# ip address 192.168.20.254 255.255.255.0

给 VLAN 20 的 SVI 接口配置 IP 地址

L3-SW (config-if)# no shutdown   激活该 SVI 接口

L3-SW (config)# ip routing   开启三层交换机的路由功能

（3）二层交换机 L2-SW 的配置。

Switch#configure terminal   进入交换机全局配置模式

Switch(config)#Hostname L2-SW

L2-SW(config)#Vlan 10   创建 VLAN 10

L2-SW (config)#interface range fastethernet 0/6-10

同时进入 fastethernet 0/6～0/10 五个端口配置模式

L2-SW (config-if-range)#switch access vlan 10

将 fastethernet 0/6～0/10 五个端口加入 VLAN 10 中

L2-SW (config)# interface fastethernet 0/1

进入 fastethernet 0/1 的接口配置模式

L2-SW (config-if)# switchport mode trunk

将 fastethernet 0/1 设为 tag vlan 模式

（4）给 PC 配置 IP 地址。

PC1 配置 IP 地址为 192.168.10.1，网关地址为 192.168.10.254；PC2 配置 IP 地址为 192.168.20.1，网关地址为 192.168.20.254；PC3 配置 IP 地址为 192.168.10.2，网关地址为 192.168.10.254。

（5）验证测试。

使用 ping 命令测试到目的主机的连通性，如果配置正确的话三台主机之间应该能互相 ping 通对方。

3.5 【案例 5】利用静态路由实现各区域子网互通

📺 **学习目标**

（1）理解静态路由、默认路由的概念及静态路由的原理。

（2）掌握配置静态路由的方法。

📖 **案例描述**

前面在企业局域网上使用直连路由实现了多个部门子网之间的路由可达，但实际组建的网络要远比此复杂得多，企业网络可能要跨几个或十几网段，最终还要能访问 Internet，这就要用到静态路由或动态路由技术。本案例主要是为使用静态路由技术实现跨多个网段路由可达设计的。这部分内容涉及静态路由、默认路由的概念，静态路由的原理及配置等。

相关知识

1. 建立路由的三种途径

路由器在转发数据时，要先在路由表（Routing Table）中查找相应的路由。路由器有这么三种建立路由的途径。

（1）直连路由。路由器自动添加和自己直接连接的网络的路由。前面两个案例都用到了直连路由。

（2）静态路由。静态路由是指由网络管理员手工配置的路由信息。当网络的拓扑结构或链路的状态发生变化时，网络管理员需要手工去修改路由表中相关的静态路由信息。静态路由信息在默认情况下是私有的，不会传递给其他路由器。当然，网管员可以通过对路由器进行设置使之成为共享的。静态路由一般适用于比较简单的网络环境，在这样的环境中，网络管理员易于清楚地了解网络的拓扑结构，便于设置正确的路由信息。使用静态路由的另一个好处是网络安全保密性高。动态路由因为需要路由器之间频繁地交换各自的路由表，而对路由表的分析可以揭示网络的拓扑结构和网络地址等信息。因此，网络出于安全方面的考虑也可以采用静态路由。

大型和复杂的网络环境通常不宜采用静态路由。一方面，网络管理员难以全面地了解整个网络的拓扑结构；另一方面，当网络的拓扑结构和链路状态发生变化时，路由器中的静态路由信息需要大范围地调整，这一工作的难度和复杂程度非常高。

（3）动态路由。动态路由是指路由器能够自动地建立自己的路由表，并且能够根据实际实际情况的变化适时地进行调整。动态路由机制的运作依赖路由器的两个基本功能：对路由表的维护；路由器之间适时的路由信息交换。

2. 静态路由配置

（1）配置命令 ip route。

router(config)# ip route [网络编号] [子网掩码] [转发路由器的 IP 地址/本地接口]

其中：

① 网络编号、子网掩码：为目的网段地址掩码，使用点分十进制格式。

② 转发路由器的 IP 地址/本地接口：为该路由的下一跳地址（点分十进制格式）或发送接口名。

（2）配置步骤。

① 为每条链路确定地址。

② 为每个路由器标识非直连的链路地址。

③ 为每个路由器写出非直连的地址的路由语句（写出直连地址的语句是没必要的）。

（3）举例。

在图 3-14 中，使用两台路由器 RA 和 RB 连接三个网段分别为：172.16.1.0/24、172.16.2.0/24 和 172.16.3.0/24。

① 给路由器 RA 和 RB 相应的接口配置 IP 地址。

② 找出每个路由器的非直连网段并标识，对于路由器 RA 来说，172.16.1.0/24 和 172.16.

2.0/24 是它的直连网段，172.16.3.0/24 是它的非直连网段；对于路由器 RB 来说，172.16.2.0/24 和 172.16.3.0/24 是它的直连网段，而 172.16.1.0/24 是它的非直连网段。

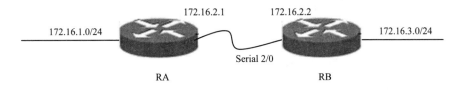

图 3-14　静态路由配置

③ 在每个路由器上写出到非直连网段的路由语句：

```
RA(config)# ip route 172.16.3.0 255.255.255.0 172.16.2.2
RB(config)# ip route 172.16.1.0 255.255.255.0 172.16.2.1
```

3. 默认路由

所谓默认路由，是指路由器在路由表中如果找不到到达目的网络的具体路由时，最后会采用的路由，它是静态路由的一种特殊形式。默认路由通常会在存根网络（Stub Network，即只有一个出口的网络）中使用。如图 3-15 所示，左边的网络到 Internet 上只有一个出口，因此可以在 R2 上配置默认路由。

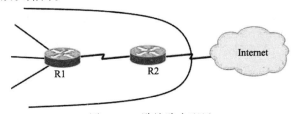

图 3-15　默认路由配置

命令为：ip route 0.0.0.0 0.0.0.0 网关地址 | 接口

例子：Router(config)# ip route 0.0.0.0 0.0.0.0 s 0/0

例子：Router(config)# ip route 0.0.0.0 0.0.0.0 12.12.12.2

其中，0.0.0.0 0.0.0.0 表示任意网络。

路由依据路由表决定如何转发数据包，用静态路由一个个地配置，烦琐易错。如果路由器有个邻居知道怎么前往所有的目的地，可以把路由表匹配的案例交给它。例如，网关会知道所有的路由，如果一个路由器连接到网关，就可以配置默认路由，把所有的数据包都转发到网关。

📖 案例实施

1. 案例拓扑图及要求说明

此案例拓扑如图 3-16 所示，两台路由器通过串口相连，两台 PC 分别代表两个子网中的工作站。此网络有三个网段，现要求使用静态路由技术实现全网路由可达并验证。

图 3-16　静态路由配置

下面使用 Cisco Packet Tracer 仿真软件来模拟实现这个案例。

2. 实施步骤

（1）按图 3-16 连接好各设备。

（2）在路由器 RA 上配置路由器的名称、接口 IP 地址和时钟。

```
Router(config)# hostname RA
RA(config)# interface fastEthernet 0/0
RA(config-if)# ip address 172.16.1.254 255.255.255.0
```
此接口地址作为 172.16.1.0 网段的网关地址
```
RA(config-if)# no shutdown                          激活此端口
RA(config)# interface serial 2/0
RA(config-if)# clock rate 64000                     配置串口的时钟
RA(config-if)# ip address 172.16.2.1 255.255.255.0 配置串口地址
RA(config-if)# no shutdown
```

（3）在路由器 RB 上配置路由器的名称、接口 IP 地址。

```
Router(config)# hostname RB
RB(config)# interface fastEthernet 0/0
RB(config-if)# ip address 172.16.3.254 255.255.255.0
```
此接口地址作为 172.16.3.0 网段的网关地址
```
RB(config-if)# no shutdown                          激活此端口
RB(config)# interface serial 2/0
RB(config-if)# ip address 172.16.2.2 255.255.255.0 配置串口地址
RB(config-if)# no shutdown
```

（4）在两台路由器上配置静态路由。

```
RA(config)# ip route 172.16.3.0 255.255.255.0 172.16.2.2
```
到 172.16.3.0 网段的包需送往 172.16.2.2 接口
```
RB(config)# ip route 172.16.1.0 255.255.255.0 172.16.2.1
```
到 172.16.1.0 网段的包需送往 172.16.2.1 接口

（5）给 PC 配置 IP 地址。

PC1 配置 IP 地址为 172.16.1.1，网关地址为 172.16.1.254；PC2 配置 IP 地址为 172.16.3.1，网关地址为 172.16.3.254。

（6）验证。

使用 ping 命令测试到目的主机的连通性，如果配置正确两台主机之间应该能互相 ping 通对方。

查看路由表和接口配置，如图 3-17 所示。

```
RA#sh ip route
Codes: C - connected, S - static, I - IGRP, R - RIP, M - mobile, B - BGP
       D - EIGRP, EX - EIGRP external, O - OSPF, IA - OSPF inter area
       N1 - OSPF NSSA external type 1, N2 - OSPF NSSA external type 2
       E1 - OSPF external type 1, E2 - OSPF external type 2, E - EGP
       i - IS-IS, L1 - IS-IS level-1, L2 - IS-IS level-2, ia - IS-IS inter area
       * - candidate default, U - per-user static route, o - ODR
       P - periodic downloaded static route

Gateway of last resort is not set

     172.16.0.0/24 is subnetted, 3 subnets
C       172.16.1.0 is directly connected, FastEthernet0/0
C       172.16.2.0 is directly connected, Serial2/0
S       172.16.3.0 [1/0] via 172.16.2.2
```

图 3-17　路由表和接口配套

3.6 【案例6】利用 RIP 路由协议实现各区域子网互通

学习目标

（1）理解动态路由的概念、路由算法以及动态路由协议的分类。

（2）掌握 RIP 协议的工作原理。

（3）弄清路由环路产生的原因以及消除路由环路的方法。

（4）掌握配置动态路由 RIP 的方法。

案例描述

【案例5】介绍了在企业局域网上使用静态路由技术实现多个部门子网之间的路由可达。静态路由技术适用于网络拓扑结构相对比较简单，并且拓扑结构不会经常调整的网络当中。实际应用型网络要远比此复杂得多，除了网段数可能比较多外，还可能涉及总部与分部之间、企业与合作伙伴之间等的连接。对于此类网络规模大、复杂程度高的网络就不太适合使用纯静态路由技术来实现，而需要使用动态路由技术。常用的动态路由技术有 RIP、OSPF 等，本案例主要介绍利用 RIP 路由协议实现各网段路由可达。这部分内容涉及动态路由、路由算法、路由环路等概念，RIP 路由协议的工作原理及配置等。

相关知识

1. 动态路由与动态路由算法

动态路由器上的路由表项是通过相互连接的路由器之间交换彼此信息，然后按照一定的算法优化出来的，而这些路由信息是在一定时间间隙里不断更新，以适应不断变化的网络，以随时获得最优的寻路效果。为了实现 IP 分组的高效寻路，IETF 制定了多种寻路协议。其中常用于自治系统（Autonomous System，AS）内部网关协议有开放式最短路径优先（Open Shortest Path First，OSPF）协议和路由信息协议（RIP:Routing Information Protocol）。所谓自治系统是指在同一实体（如学校、企业或 ISP）管理下的主机、路由器及其他网络设备的集合。还有用于自治域系统之间的外部网络路由协议 BGP 等。

路由器之间的路由信息交换是基于路由协议实现的。通过图 3-18 的示意，可以直观地看到路由信息交换的过程。交换路由信息的最终目的在于通过路由表找到一条数据交换的"最佳"路径。每一种路由算法都有其衡量"最佳"的一套原则。大多数算法使用一个量化的参数来衡量路径的优劣，一般来说，参数值越小，路径越好。该参数可以通过路径的某一特性进行计算，也可以在综合多个特性的基础上进行计算。几个比较常用的特征是：路径所包含的路由器结点数（Hop Count）、网络传输费用（Cost）、带宽（Bandwidth）、延迟（Delay）、负载（Load）、可靠性（Reliability）

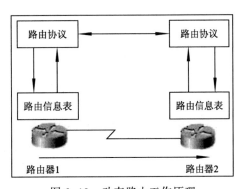

图 3-18　动态路由工作原理

和最大传输单元（Maximum Transmission Unit，MTU）。

动态路由按照所执行的算法的不同可以分为距离向量路由算法（Distance Vector Routing algorithm）、链路状态路由算法（Link State Routing Algorithm）以及混合型路由算法。下面主要介绍两种常用的路由选择算法。

（1）距离向量路由选择算法（Distance Vector Routing）。各结点周期性地向所有相邻结点发送路由刷新报文，报文由一组（V，D）有序数据对组成，V表示该结点可以到达的结点，D表示到达该结点的距离（跳数）。收到路由刷新报文的结点重新计算和修改它的路由表。

距离向量路由算法具有简单、易于实现的优点。但它不适用于路由剧烈变化的或大型的网络环境。因为某个结点的路由变化像波动一样从相邻结点传播出去，其过程是非常缓慢的，称之为"慢收敛"。因此，在距离向量路由算法的路由刷新过程中，可能会出现路由不一致问题。距离向量路由算法的另一个缺陷是它需要大量的信息交换，但很多都可能是与当前路由刷新无关的。

（2）链路状态路由算法（Link State Routing）。链路状态路由算法的基本思想很简单，可以分成以下五个部分叙述：

① 每个结点必须找出它的所有邻居。当一个结点启动后，通过在每一条点到点的链路上发送一个特殊的HELLO报文，并通过链路另一端的结点发送一个应答报文告诉它自己是谁。

② 每个结点测量到它的每个邻居的时延或其他参数。链路状态路由算法要求每个结点都知道到它的每个邻居的时延。测量这种时延的最直接的方法是在它们之间的链路上发送一个特殊的ECHO响应报文，并且要求对方收到后立即将其发送回来。将测量得到的来回时间除以2，即可得到一个比较合理的估计。为了得到更准确的结果，可以将测试重复多次，取平均值。

③ 建立链路状态报文。收集齐了用于交换的信息后，下一步就为每一个结点建立一个包含所有数据的报文。报文以发送者的标识符开始，随后为顺序号以及它的所有邻居的列表。对于每一个邻居，给出到此邻居的时延。建立链路状态报文很容易，困难是决定何时建立它们。一种可行的方法是每隔一段规律的时间间隔周期性地建立它们。另一种可行的方法是当结点检测到了某些重要事件的发生时建立它们。例如，一条链路或一个邻居崩溃或恢复时，建立它们。

④ 分发链路状态报文。基本的分发算法是使用顺序号的泛洪法。这种分发算法由于循环使用顺序号、某个结点曾经崩溃或某个顺序号曾经被误用过等原因，可能会使不同的结点使用不同版本的拓扑结构，这将导致不稳定、循环、到达不了目的机器及其他问题。为了防止这类错误的发生，需要在每个报文中包含一个年龄域，年龄每秒减1，当年龄减到0时，丢弃此报文。

⑤ 计算新路由。一旦一个结点收集齐了所有来自于其他结点的链路状态报文，它就可以据此构造完整的网络拓扑结构图，然后使用Dijkstra算法在本地构造到所有可能的目的地的最短通路。

链路状态路由选择算法具有各结点独立计算最短通路、能够快速适应网络变化、交换的路由信息少等优点，但相对于距离向量路由选择算法，它较复杂、难以实现。

2. 路由器协议分类

路由协议作为TCP/IP协议族中重要成员之一，其选路过程实现的好坏会影响整个Internet网络的效率。按应用范围的不同，路由协议可分为两类：在一个AS（Autonomous System，自治系统，指一个互连网络，就是把整个Internet划分为许多较小的网络单位，这些小的网络有权自主地决定在本系统中应采用何种路由选择协议）内的路由协议称为内部网关协议（Interior Gateway Protocol），AS之间的路由协议称为外部网关协议（Exterior Gateway Protocol）。

这里网关是路由器的旧称。现在正在使用的内部网关路由协议有以下几种：RIP v1、RIP v2、IGRP、EIGRP、IS-IS 和 OSPF。其中前四种路由协议采用的是距离向量算法，IS-IS 和 OSPF 采用的是链路状态算法。对于小型网络，采用基于距离向量算法的路由协议易于配置和管理，且应用较为广泛；但在面对大型网络时，不但其固有的环路问题变得更难解决，所占用的带宽也迅速增长，以至于网络无法承受。因此对于大型网络，采用链路状态算法的 IS-IS 和 OSPF 较为有效，并且得到了广泛的应用。IS-IS 与 OSPF 在质量和性能上的差别并不大，但 OSPF 更适用于 IP，较 IS-IS 更具有活力。IETF 始终在致力于 OSPF 的改进工作，其修改节奏要比 IS-IS 快得多。这使得 OSPF 正在成为应用广泛的一种路由协议。现在，不论是传统的路由器设计，还是即将成为标准的 MPLS（多协议标记交换），均将 OSPF 视为必不可少的路由协议。

外部网关协议最初采用的是 EGP。EGP 是为一个简单的树形拓扑结构设计的，随着越来越多的用户和网络加入 Internet，给 EGP 带来了很多的局限性。为了摆脱 EGP 的局限性，IETF 边界网关协议工作组制定了标准的边界网关协议——BGP。

3. RIP 路由协议

路由信息协议（Routing Information Protocol，RIP）是互联网工程案例组（ITEF）为 IP 网络专门设计的路由协议，是一种基于距离向量算法的内部网关动态路由协议，它使用"跳数"即 metric 来衡量到达目标地址的路由距离。每经过一台路由器，路径的跳数加一，跳数越多，路径就越长，RIP 算法会优先选择跳数少的路径。RIP 支持的最大跳数是 15，跳数为 16 的网络被认为不可达。

RIP 是使用最广泛的一种 IGP 协议，适用于小型同类网络的一个自治系统（AS）内的路由信息的传递。目前的 RIP 有多个版本，下面以 RIPv1 来进行说明。其他版本是对版本 1 的优化和加强，但基本原理依然不变。

（1）RIP 工作原理。RIP 作为一个系统长驻进程而存在于路由器中，负责从网络系统的其他路由器接收路由信息，从而对本地路由表作动态的维护，保证 IP 层发送报文时选择正确的路由。同时负责广播本路由器的路由信息，通知相邻路由器作相应的修改。RIP 中路由的更新是通过定时广播实现的。默认情况下，路由器每隔 30 s 向与它相连的网络广播自己的路由表，接到广播的路由器将收到的信息添加至自身的路由表中。每个路由器都如此广播，最终网络上所有的路由器都会得知全部的路由信息。正常情况下，每 30 s 路由器就可以收到一次路由信息确认，如果经过 180 s，即 6 个更新周期，一个路由项都没有得到确认，路由器就认为它已失效了。如果经过 240 s，即 8 个更新周期，路由项仍没有得到确认，它就被从路由表中删除。上面的 30 s、180 s 和 240 s 的延时都是由计时器控制的，它们分别是更新计时器（Update Timer）、无效计时器（Invalid Timer）和刷新计时器（Flush Timer）。

RIP 协议处于 UDP 协议的上层，RIP 所接收的路由信息都封装在 UDP 协议的数据报中，RIP 在 520 UDP 端口上接收来自远程路由器的路由修改信息，并对本地的路由表做相应的修改，同时通知其他路由器。通过这种方式，达到全局路由可达。

下面通过一个实例来介绍路由表中路由条目生成、维护和更新的过程。

① RIP 路由表的初始化。路由器启动后会初始化路由表，首先把直连路由加到路由表中，如图 3-19 所示。

第3章 管理网络路由

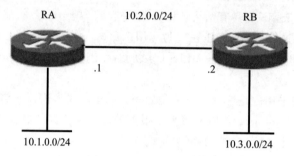

Routing Table		
目标网络	下一跳	度量值
10.1.0.0	—	0
10.2.0.0	—	0

Routing Table		
目标网络	下一跳	度量值
10.2.0.0	—	0
10.3.0.0	—	0

图 3-19　RIP 路由初始化

② RIP 路由表的更新。运行 RIP 协议的路由器启动好以后，每隔 30 s（默认）会把整张路由表发给它的直接邻居，也会从邻居那儿收到邻居路由器的路由表，根据这些信息，使用一定的算法更新自己的路由表，如图 3-20 所示。

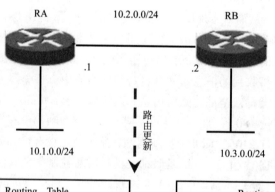

Routing Table		
目标网络	下一跳	度量值
10.1.0.0	—	0
10.2.0.0	—	0

Routing Table		
目标网络	下一跳	度量值
10.2.0.0	—	0
10.3.0.0	—	0

Routing Table		
目标网络	下一跳	度量值
10.1.0.0	—	0
10.2.0.0	—	0
10.3.0.0	10.2.0.2	1

Routing Table		
目标网络	下一跳	度量值
10.1.0.0	10.2.0.1	1
10.2.0.0	—	0
10.3.0.0	—	0

图 3-20　RIP 路由更新

当 RIP 路由器收到其他路由器发来的路由更新报文，它将开始处理附加在更新报文中的路由更新信息，可能遇到的情况有以下三种。

- 如果路由器更新中的路由条目是新的，路由器则将新的路由连同通告路由器的地址（作为路由的下一跳地址）一起加到自己的路由表中，这里通告路由器的地址可以从更新数据包的源地址字段读取。
- 如果目的网络的 RIP 路由条目已经在路由表中，那么只有在新的路由拥有更小的跳数时才能替换原来存在的路由条目。
- 如果目的网络的 RIP 路由目已经在路由表中，但是路由更新通告的跳数大于或等于路由表中已记录的跳数，这时 RIP 路由器将判断这条更新是否来自己记录条目的下一跳路由器（也就是来自于同一个通告路由器），如果是则更新路由表中的该条目，否则忽略该路由更新信息。

图 3-21 所示是路由器接收更新路由的判断过程。

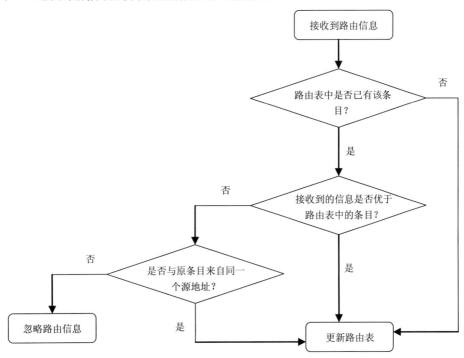

图 3-21　RIP 路由表的形成

③ RIP 路由表的维护。RIP 路由器上有更新计时器、无效计时器和刷新计时器，当路由器成功建立一条 RIP 路由条目后，将为它加上一个 180 s 的无效计时器。当路由器再次收到同一条路由信息的更新后，无效计时器会被重置为初始值 180 s；如果在 180 s 到期后还未收到该路由信息的更新，则该路由条目的度量值将被标记为 16 跳，表示不可达。此时并不会将路由条目从路由表中删除。此时会再启动一个刷新计时器（也称为清除计时器），如果在刷新计时器超时前收到这条路由的更新信息，则路由重新标记成有效，否则这条路由条目将从路由表中清除。

（2）路由环路。在维护路由表信息的时候，如果在拓扑发生改变后，网络收敛缓慢产生了不协调或者矛盾的路由选择条目，就会发生路由环路的问题，这种条件下，路由器对无法到达的网络路由不予理睬，导致用户的数据包不停在网络上循环发送，最终造成网络资源的严重浪费。

如图 3-22 所示，当 RA 路由器一侧的 10.1.0.0 网络发生故障，则 RA 路由器收到故障信息，并把 10.1.0.0 网络设置为不可达（即 down 状态），等待更新周期来通知相邻的 RB 路由器。但是，如果相邻的 RB 路由器的更新周期先来了，则 RA 路由器先从 RB 路由器那学习了到达 10.1.0.0 网络的路由，就是错误路由，因为此时 10.1.0.0 的网络已经损坏，而 RA 路由器却在自己的路由表内增加了一条经过 RB 路由器到达 10.1.0.0 网络的路由。然后 RA 路由器还会继续把该错误路由通告给 RB 路由器，RB 路由器更新路由表，认为到达 10.1.0.0 网络须经过 RA 路由，然后继续通知相邻的路由器，至此路由环路形成，RA 路由器认为到达 10.1.0.0 网络经过 RB 路由器，而 RB 则认为到达 10.1.0.0 网络进过 RA 路由器。

Routing	Table	
目标网络	下一跳	度量值
10.1.0.0	-	down
10.2.0.0	-	0
10.3.0.0	10.2.0.2	1

Routing	Table	
目标网络	下一跳	度量值
10.1.0.0	10.2.0.1	1
10.2.0.0	-	0
10.3.0.0	-	0

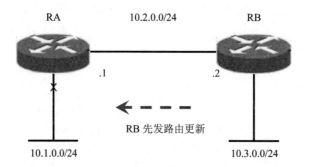

Routing	Table	
目标网络	下一跳	度量值
10.1.0.0	-10.2.0.2	2
10.2.0.0	-	0
10.3.0.0	10.2.0.2	1

Routing	Table	
目标网络	下一跳	度量值
10.1.0.0	10.2.0.1	1
10.2.0.0	-	0
10.3.0.0	-	0

图 3-22　产生路由环路的过程

（3）解决路由环路的方法。解决路由环路问题的方法，常用的主要分为以下几种：

① 水平分割。其规则就是不向原始路由更新来的方向再次发送路由更新信息（个人理解为单向更新，单向反馈）。比如有三台路由器 RA、RB、RC（见图 3-23），RB 向 RC 学习到访问网络 10.4.0.0 的路径以后，不再向 RC 声明自己可以通过 RC 访问 10.4.0.0 网络的路径信息，RA 向 RB 学习到访问 10.4.0.0 网络路径信息后，也不再向 RB 声明，而一旦网络 10.4.0.0 发生故障无法访问，RC 会向 RA 和 RB 发送该网络不可达到的路由更新信息，但不会再学习

RA 和 RB 发送的能够到达 10.4.0.0 的错误信息。

图 3-23　简单水平分割

②　路由毒化。其原理是：假设有三台路由器如图 3-22 所示，当网络 10.4.0.0 出现故障无法访问的时候，路由器 RC 便向邻居路由发送相关路由更新信息，并将其度量值标为无穷大（即 16 跳），告诉它们网络 10.4.0.0 不可到达，路由器 RB 收到毒化消息后将该链路路由表项标记为无穷大，表示该路径已经失效，并向邻居 RA 路由器通告，依次毒化各个路由器，告诉邻居 10.4.0.0 这个网络已经失效，不再接收更新信息，从而避免路由环路。

③　控制更新时间（即抑制计时器）。抑制计时器用于阻止定期更新的消息在不恰当的时间内重置一个已经坏掉的路由。抑制计时器告诉路由器把可能影响路由的任何改变暂时保持一段时间，抑制时间通常比更新信息发送到整个网络的时间要长。当路由器从邻居接收到以前能够访问的网络现在不能访问的更新后，就将该路由标记为不可访问（设为 16 跳），并启动一个抑制计时器（通常是 180 s），如果再次收到从邻居发送来的更新信息，包含一个比原来路径具有更好度量值的路由，就标记为可以访问，并取消抑制计时器。如果在抑制计时器超时之前从不同邻居收到的更新信息包含的度量值比以前的更差，更新将被忽略，这样可以有更多的时间让更新信息传遍整个网络。

④　触发更新。回顾路由环路产生的原因，RC 路由器接收到 10.4.0.0 网络故障信息后，等待更新周期的到来后再通知 RB 路由器，结果 RB 的更新周期提早到来，结果掩盖了 10.4.0.0 网络的故障信息，从而形成环路。触发更新的机制正是用来解决这个问题的，RC 在收到故障信息后，不等待更新周期的到来，立即发送路由更新信息。但是还是有个问题，如果在触发更新刚要启动时却收到了来自 RB 的更新信息，就会进行错误的更新。可以将抑制时间和触发更新相结合，当收到故障信息后，立即启动抑制时间，在这段时间内，不会轻易接受路由更新信息，这个机制就可以确保触发信息有足够的时间在网络中传播。

（4）RIPv1 与 RIPv2 的比较。RIPv1 使用分类路由，定义在 RFC 1058 中。在它的路由更新（Routing Updates）中并不带有子网的信息（子网掩码），因此它无法支持可变长度子网掩码。这个限制造成在 RIPv1 的网络中，同级网络无法使用不同的子网掩码。它也不支持对路由过程的认证，使得 RIPv1 有一些轻微的弱点，有被攻击的可能。

因为 RIPv1 的缺陷，RIPv2 在 1994 年被提出，将子网络的信息包含在内，透过这样的方式提供无类别域间路由（CIDR），不过对于最大结点数 15 的这个限制仍然被保留着。另外针对安全性的问题，RIPv2 也提供一套方法，通过明文或 MD5 加密来达到认证的效果。

总结 RIPv1 和 RIPv2 的区别：

①　RIPv1 是有类路由协议，RIPv2 是无类路由协议。

②　RIPv1 不能支持 VLSM，RIPv2 可以支持 VLSM。

③　RIPv1 没有认证的功能，RIPv2 可以支持认证，并且有明文和 MD5 两种认证。

第 3 章　管理网络路由

④ RIPv1 没有手工汇总的功能，RIPv2 可以在关闭自动汇总的前提下，进行手工汇总。

⑤ RIPv1 是广播更新，RIPv2 是组播更新，组播地址为 224.0.0.9（代表所有的 RIPv2 路由器）。

⑥ RIPv1 对路由没有标记的功能，RIPv2 可以对路由打标记（Tag），用于过滤和做策略。

⑦ RIPv1 发送的 updata 最多可以携带 25 条路由条目，RIPv2 在有认证的情况下最多只能携带 24 条路由。

⑧ RIPv1 发送的 updata 包里面没有 next-hop 属性，RIPv2 有 next-hop 属性，可以用与路由更新的重定。

（5）RIP 的配置。RIP 协议的基本配置非常简单。首先使用 router rip 命令进入 RIP 协议配置模式，然后用 network 语句声明进入 RIP 进程的网络。如果是启用的是 RIPv2，那么在 router rip 命令后还要使用 version 2 命令声明是版本 2。

```
Router(config)# router rip
Router(config-router)# version 2
Router(config-router)# network 172.16.1.0
```

注意：network 语句中使用的是网络号，而不是子网号。例如，当把 172.16.1.0 这一子网号码加入到路由器的 RIP 路由进程中而发出 network 172.16.1.0 的命令后，show running-config 的结果会显示此处的语句变成为 network 172.16.0.0，即 B 类网络 172.16.0.0 下的所有子网都加入了 RIP 路由进程。

```
Router # sh run
Building configuration...

Current configuration : 729 bytes
!
version 12.2
no service timestamps log datetime msec
no service timestamps debug datetime msec
no service password-encryption
!
hostname R1
!
…
!

router rip
 version 2
 network 172.16.0.0
!
```

案例实施

1. 案例拓扑图及要求说明

此案例拓扑如图 3-24 所示，三层交换机与路由器 RA 相连，两台路由器通过串口相连，两台 PC 分别代表两个子网中的一个工作站。此网络有四个网段，现要求使用 RIPv2 动态路由技术实现全网路由可达并验证。

图 3-24　RIPv2 配置

下面使用 Cisco Packet Tracer 仿真软件来模拟实现这个案例。

2. **实施步骤**

（1）按图 3-24 连接好各设备。

（2）在三层交换机 L3-SW 上配置 VLAN、SVI。

```
Switch(config)# hostname L3-SW
L3-SW(config)# vlan 10
L3-SW(config)# vlan 20
L3-SW(config)# interface range fastEthernet 0/6-10
L3-SW(config-if-range)# switchport access vlan 10
L3-SW(config)# interface range fastEthernet 0/11-15
L3-SW(config-if-range)# switchport access vlan 20
L3-SW(config)# interface vlan 10
L3-SW(config-if)# ip address 192.168.10.254 255.255.255.0
给 VLAN 10 虚拟接口配置 IP 地址 192.168.10.254，作为 10 网段的网关
L3-SW(config-if)# no shutdown
L3-SW(config)# interface vlan 20
L3-SW(config-if) # ip address 192.168.20.1 255.255.255.0
给 VLAN 20 虚拟接口配置 IP 地址 192.168.20.1，作为 20 网段的网关
L3-SW(config-if)# no shutdown
```

（3）在路由器 RA 上配置路由器的名称、接口 IP 地址和时钟。

```
Router(config)# hostname  RA
RA(config)# interface fastEthernet 0/0
RA(config-if)# ip address 192.168.20.2 255.255.255.0
RA(config-if)# no shutdown
RA(config)# interface serial 2/0
RA(config-if)# clock rate 64000                  配置串口的时钟
RA(config-if)# ip address 192.168.30.1 255.255.255.0  配置串口地址
RA(config-if)# no shutdown
```

（4）在路由器 RB 上配置路由器的名称、接口 IP 地址。

```
Router(config)# hostname  RB
RB(config)# interface fastEthernet 0/0
RB(config-if)# ip address 192.16.40.254 255.255.255.0
此接口地址作为 192.168.40.0 网段的网关地址
RB(config-if)# no shutdown
RB(config)# interface serial 2/0
```

```
RB(config-if)# ip address 192.168.30.2 255.255.255.0    配置串口地址
RB(config-if)# no shutdown
```

（5）在交换机和路由器上启用 RIPv2。

```
L3-SW(config)# router rip                  启用 RIP 动态路由
L3-SW(config-router)# version 2            启用版本 2
L3-SW(config)# network 192.168.10.0
L3-SW(config)# network 192.168.20.0        声明与交换机直接相连的网段
RA(config)# router rip
RA(config-router)# version 2
RA(config-router)# network 192.168.20.0
RA(config-router)# network 192.168.30.0
RB(config)# router rip
RB(config-router)# version 2
RB(config-router)# network 192.168.30.0
RB(config-router)# network 192.168.40.0
```

（6）给 PC 配置 IP 地址。

PC1 配置 IP 地址为 192.168.10.1，网关为 192.168.10.254；PC2 配置 IP 地址为 192.168.40.1，网关为 192.168.40.254。

（7）验证。

使用 ping 命令测试到目的主机的连通性，如果配置正确两台主机之间应该能互相 ping 通对方。

查看路由表和接口配置如图 3-25 所示。

```
RA#show ip route
Codes: C - connected, S - static, I - IGRP, R - RIP, M - mobile, B - BGP
       D - EIGRP, EX - EIGRP external, O - OSPF, IA - OSPF inter area
       N1 - OSPF NSSA external type 1, N2 - OSPF NSSA external type 2
       E1 - OSPF external type 1, E2 - OSPF external type 2, E - EGP
       i - IS-IS, L1 - IS-IS level-1, L2 - IS-IS level-2, ia - IS-IS inter area
       * - candidate default, U - per-user static route, o - ODR
       P - periodic downloaded static route

Gateway of last resort is not set

R    192.168.10.0/24 [120/1] via 192.168.20.1, 00:00:14, FastEthernet0/0
C    192.168.20.0/24 is directly connected, FastEthernet0/0
C    192.168.30.0/24 is directly connected, Serial2/0
R    192.168.40.0/24 [120/1] via 192.168.30.2, 00:00:22, Serial2/0
```

图 3-25　路由表和接口配置

3.7　【案例 7】利用 OSPF 动态路由协议实现各区域子网互通

学习目标

（1）掌握 OSPF 协议的工作原理。

（2）理解 OSPF 区域和 OSPF 进程的概念。

（3）掌握配置动态路由 OSPF 的方法。

案例描述

RIP 是一种距离向量路由协议，它有很大的局限性，主要表现为以下几个方面：15 跳的限制，超过 15 跳的路由被认为不可达；周期性广播整个路由表，在低速链路及广域网中应用将产生很大问题；RIP 收敛速度慢，在大型网络中收敛时间需要几分钟；RIP 没有网络延迟和链路开销的概念，路由选路基于跳数，拥有较少跳数的路由总是被选为最佳路由，即使较长的路径有低的延迟和开销。所以 RIP 协议不太适合用于大型网络。本案例主要使用另一种动态路由协议 OSPF 来实现各网段路由可达。它是目前应用最广的一种链路状态路由协议，使用它进行网络路由能有效规避 RIP 协议的一些问题。这部分内容涉及 OSPF 区域、进程等概念，OSPF 路由协议的工作原理及配置等。

相关知识

1. OSPF 工作原理

OSPF（Open Shortest Path First，开放式最短路径优先）是一个内部网关协议（Interior Gateway Protocol，IGP），由 IETF 在 20 世纪 80 年代末期开发，OSPF 是 SPF 类路由协议中的开放式版本，用于在单一自治系统内决策路由，是对链路状态路由协议的一种实现。

OSPF 通过路由器之间通告网络接口的状态来建立链路状态数据库，生成最短路径树，每个 OSPF 路由器使用这些最短路径构造路由表。在一个 AS 中，所有的 OSPF 路由器都维护一个相同的描述这个 AS 结构的数据库，该数据库中存放的是路由域中相应链路的状态信息，OSPF 路由器正是通过这个数据库计算出其 OSPF 路由表的（以自己为根计算到各个网段的路由）。

作为一种链路状态的路由协议，OSPF 将链路状态广播数据包（Link State Advertisement，LSA）传送给在某一区域内的所有路由器，这一点与距离向量路由协议不同。运行距离向量路由协议的路由器是将全部的路由表传递给与其相邻的路由器。

（1）OSPF 协议的报文。在 OSPF 协议中使用到五种协议报文，用于路由器之间交换信息，它们是：

① HELLO 报文，通过周期性地发送来发现和维护邻接关系。

② DD（链路状态数据库描述）报文，描述本地路由器保存的 LSDB（链路状态数据库）。

③ LSR（LS Request）报文，向邻居请求本地没有的 LSA。

④ LSU（LS Update）报文，向邻居发送其请求或更新的 LSA。

⑤ LSAck（LS ACK）报文，收到邻居发送的 LSA 后发送的确认报文。

（2）OSPF 协议采用的特殊机制（指定路由器和备份指定路由器，DR/BDR）。在 OSPF 协议中，路由器通过发送 HELLO 报文来确定邻接关系，每一台路由器都会与其他路由器建立邻接关系，这就要求路由器之间两两建立邻接关系，每台路由器都必须与其他路由器建立邻接关系，以达到同步链路状态数据库（LSDB）的目的。在 DR 和 BDR 出现之前，每一台路由器和他的邻居之间成为完全网状的 OSPF 邻接关系，在网络中就会建立起 $n \times (n-1)/2$ 条邻接关系（n 为网络中 OSPF 路由器的数量。在图 3-26 中，$n=5$ 对应有 10 个邻接关系），这样，在进行数据库同步时需要占用较多的带宽。

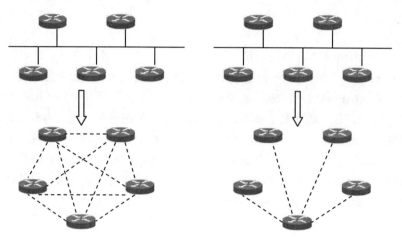

图 3-26　选举 DR 和 BDR

为了解决这个问题，OSPF 采用了一个特殊的机制：选举一台指定路由器（DR），使网络中的其他路由器都和它建立邻接关系，而其他路由器彼此之间不用保持邻接。路由器间链路状态数据库的同步，都通过与指定路由器交互信息完成。这样，在网络中仅需建立 $n-1$ 条邻接关系（图 3-26 中只有 4 个邻接关系）。备份指定路由器（BDR）是指定路由器在网络中的备份路由器，它会在指定路由器关机或产生问题后自动接替它的工作。这时，网络中的其他路由器（DRothers）就会和指定路由器交互信息来实现数据库的同步。

要被选举为指定路由器，该路由器应符合以下要求：

① 该路由器是本网段内的 OSPF 路由器。

② 该 OSPF 路由器在本网段内的优先级(Priority)>0。

③ 该 OSPF 路由器的优先级最大，如果所有路由器的优先级相等，路由器号（Router ID）最大的路由器（每台路由器的 Router ID 是唯一的）被选举为指定路由器。

满足以上条件的路由器被选举为指定路由器，而第二个满足条件的路由器则当选为备份指定路由器。指定路由器和备份指定路由器的选举，是由路由器通过发送 HELLO 数据报文来完成的。

2. OSPF 协议中的区域

OSPF 协议在大规模网络的使用中，链路状态数据库比较庞大，它占用了很大的存储空间。在执行最小生成数算法时，要耗费较长的时间和很大的 CPU 资源。而且，整个网络会因为拓扑结构的经常变化，长期处于"动荡"的不可用状态。

OSPF 协议之所以能够支持大规模的网络，进行区域划分是一个重要的原因。如图 3-27 所示，OSPF 协议允许网络方案设计人员根据需要把路由器放在不同的区域（Area）中，两个不同的区域通过区域边界路由器（ABR）相连。在区域内部的路由信息同步，采取的方法与上文提到的方法相同。在两个不同区域之间的路由信息传递，由区域边界路由器（ABR）完成。它把相连两个区域内生成的路由，以类型 3 的 LSA 向对方区域发送。此时，一个区域内的 OSPF 路由器只保留本区域内的链路状态信息，没有其他区域的链路状态信息。这样，在两个区域之间减小了链路状态数据库，降低了生成数算法的计算量。同时，当一个区域中的拓扑结构发生变化时，其他区域中的路由器不需要重新进行计算。OSPF 协议中的区域划分机制，有效地解决了 OSPF 在大规模网络中应用时产生的问题。

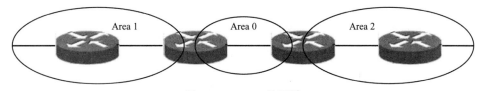

图 3-27　OSPF 的区域

OSPF 协议使用区域号（Area ID）来区分不同的区域，其中，区域 0 为主干区域（根区域）。因为在区域间不再进行链路状态信息的交互（实际上，在区域间传递路由信息采用了可能导致路由自环的递归算法），OSPF 协议依靠维护整个网络链路状态来实现无路由自环的能力，在区域间无法实现。所以，路由自环可能会发生在 OSPF 的区域之间。解决这一问题的办法是，使所有其他的区域都连接在主干区域（Area 0）周围，即所有非主干区域都与骨干区域邻接。对于一些无法与主干区域邻接的区域，在它们与主干区域之间建立虚连接。

OSPF 协议采用路由器间建立和维护邻接关系，维护链路状态信息数据库，采用最短生成树算法，避免了路由自环。同时，又采用了一些特殊的机制，保证了它在大规模网络中的可用性。

3. OSPF 网络类型

根据路由器所连接的物理网络不同，OSPF 将网络划分为四种类型：广播多路访问型（Broadcast multiAccess）、非广播多路访问型（None Broadcast MultiAccess，NBMA）、点到点型（Point-to-Point）、点到多点型（Point-to-Multi Point，P2MP）。

（1）广播多路访问型网络。当链路层协议是 Ethernet、FDDI 时，OSPF 默认认为网络类型是 Broadcast。在该类型的网络中，通常以组播形式（224.0.0.5 和 224.0.0.6）发送协议报文。这样的网络允许多个设备连接访问相同的网络，而且提供广播的能力。在这样的网络中必须要有一个 DR 和 BDR。

（2）非广播多路访问型网络。当链路层协议是帧中继、ATM 或 X.25 时，OSPF 默认认为网络类型是 NBMA。在该类型的网络中，以单播形式发送协议报文。这样的网络不具备广播的能力，因此邻居要人工来指定，在这样的网络上要选举 DR 和 BDR，OSPF 包采用 Unicast 的方式发送。

（3）点到点型网络。当链路层协议是 PPP、HDLC 时，OSPF 默认认为网络类型是 P2P。在该类型的网络中，以组播形式（224.0.0.5）发送协议报文。不需要 DR 和 BDR，邻居是自动发现的。

（4）点到多点型网络。没有一种链路层协议会被默认的认为是 P2MP 类型，它是 NBMA 网络的一个特殊配置，可以看成点到点链路的集合。在该类型的网络中，以组播形式（224.0.0.5）发送协议报文，在这样的网络上不选举 DR 和 BDR.。

4. OSPF 的进程

首先要明确一个概念，所有的 DR 、BDR、DROHTER 其实不是指路由器，而是路由器上具体的接口，所以一个多接口的路由器本身可以属于多个 OSPF 区域。在同一个路由器上可以启多个进程来区别，不同进程之间的 OSPF 数据库信息不会相互泄露，进程只有本地意义。

在图 3-28 中，R1 使用进程号 10 创建了一个 OSPF 进程，同时宣告了自己的直连接口；而 R2 使用进程号 20 创建了一个 OSPF 进程，同时也宣告了自己的直连接口。虽然这两个进程号不一样，但是 OSPF 进程号只是本地有效，这句话的意思是，对于 R1 而言，它并不关心它的直连 OSPF 邻居 R2 使用的是什么 OSPF 进程号。

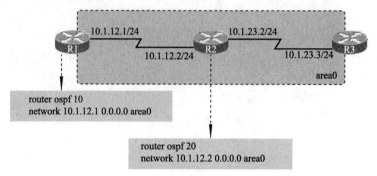

图 3-28　OSPF 进程说明图（1）

在实际的部署中，建议全网使用一样的进程号。

在图 3-29 中，在 R2 上，常规的做法是：用一个进程号创建一个 OSPF 进程，同时将自己的两个直连接口宣告进这个 OSPF 进程。但是为了讲解 OSPF 进程 ID 的本地意义，这里在 R2 上使用两个 OSPF ProcessID 创建了两个 OSPF 进程，并且分别宣告了 R2 的直连接口，换句话说，R2 使用 OSPF 进程 20 与 R1 建立邻居关系，使用 OSPF 进程 30 与 R3 建立 OSPF 邻居关系。如此一来，R2 在本地就有了两个 OSPF 进程，使用 Process ID 20 及 30 进行区分，这就是进程号的本地意义。

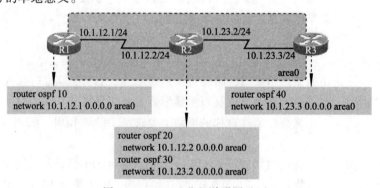

图 3-29　OSPF 进程说明图（2）

这两个进程都会各自从其邻居 R1 和 R3 学习到 OSPF 路由，值得强调的是：

（1）这两个 OSPF 进程相互独立，换言之，R2 通过 OSPF 进程 20 从 R1 学习到的 OSPF 路由（严格的说，应该是 LSA），例如 1.1.1.0/24，默认不会直接更新给 R3（这是因为在 R2，这两个 OSPF 进程互相独立互相隔离），当然，从 R3 更新过来的 OSPF 路由，R2 虽然自己能学习到，但是，照样不会传递给 R1。

（2）R2 这两个 OSPF 进程虽然说彼此隔离，但是都可以为 R2 自身贡献路由，例如如果

R1 更新过来一条路由 1.1.1.0，R3 更新过来一条 3.3.3.0，那么在 R2 的全局路由表里能看到这两条路由。而且这两条路由，不会互相灌进对方的 OSPF 进程（造成的直接结果是 R1 没有R3 的路由，R3 没有 R1 的路由），除非进行路由重发布。

（3）如果 R1 及 R3 都向 R2 来更新同一条 OSPF 的路由，R2 将会优选谁? R2 会根据 COST值来选。

5. OSPF 的配置

（1）配置环回接口。所有的 OSPF 路由器可以使用环回地址标识自身，通过设置环回地址，可以控制路由器 ID。如果配置了一个环回地址，那么路由器就使用最大的环回地址；否则它们使用活动接口的最大 IP 地址。该操作在启动 OSPF 进程之前完成。

配置环回接口，设置 OSPF 路由器 ID，命令如下:

```
Router(config)# interface Ioopback 0
Router(config-if)# ip address ip-address subnet mask
```
（2）启用 OSPF 动态路由协议。启用 OSPF 动态路由协议，命令为:

```
Router (config)# router ospf process-id
```
process-id（进程号）可以随意设置，只标识 OSPF 为本路由器内的一个进程。

（3）定义参与 OSPF 的子网。定义参与 OSPF 的子网，命令为:

```
Router(config-router)# network network-number wildcard-mask area area-id
```
area-id 将给指定的网络分配 OSPF 区域（area）。area-id 可以定义成一个十进制区域或者用IP 地址表示。区域 0 为主干 OSPF 区域，路由器将限制只能在相同区域内交换子网信息，不同区域间不交换路由信息。不同区域交换路由信息必须经过区域 0。

注意: 一般地，某一区域要接入 OSPF 0 路由区域，该区域必须至少有一台路由器为区域边缘路由器，即它既参与本区域路由又参与区域 0 路由。

（4）相关查看命令。

```
Router # show ip protocols         查看已配置并运行的路由协议
Router # show ip route             查看路由表
Router # show ip ospf             查看 OSPF 的配置
Router # show ip ospf database    查看 OSPF 链路状态数据库
Router # show ip ospf interface   查看 OSPF 接口数据结构
Router # show ip ospf neighbor    查看路由器的所有邻居
Router # debug ip ospf adj        查看 OSPF 路由器之间建立邻居关系的过程
Router# debug ip ospf events      查看 OSPF 事件
```

▣ 案例实施

1. 案例拓扑图及要求说明

此案例拓扑如图 3-30 所示，三台路由器 RA、RB 和 RC 通过以太网端口相连（各端口编号见图），两台 PC 分别代表两个子网中的一个工作站。此网络有四个网段，现要求使用 OSPF动态路由技术实现全网路由可达并验证。

下面使用 Cisco Packet Tracer 仿真软件来模拟实现这个案例。

2. 实施步骤

（1）按图 3-30 连接好各设备。

（2）在路由器 RA 上配置路由器的名称、接口 IP 地址。

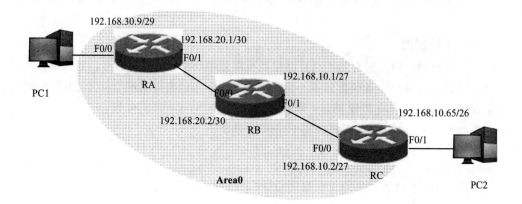

图 3-30　OSPF 的单区域互联

```
Router(config)# hostname  RA
RA(config)# interface fastEthernet 0/0
RA(config-if)# ip address 192.168.30.9 255.255.255.248
RA(config-if)# no shutdown
RA(config)# interface fastEthernet 1/0
RA(config-if)# ip address 192.168.20.1 255.255.255.252
RA(config-if)# no shutdown
```

（3）在路由器 RB 上配置路由器的名称、接口 IP 地址。

```
Router(config)# hostname  RB
RB(config)# interface fastEthernet 0/0
RB(config-if)# ip address 192.168.20.2 255.255.255.252
RB(config-if)# no shutdown
RB(config)# interface fastEthernet 1/0
RB(config-if)# ip address 192.168.10.1 255.255.255.224
```

（4）在路由器 RC 上配置路由器的名称、接口 IP 地址。

```
Router(config)# hostname  RC
RC(config)# interface fastEthernet 0/0
RC(config-if)# ip address 192.16.10.2 255.255.255.224
RC(config-if)# no shutdown
RC(config)# interface fastEthernet 1/0
RC(config-if)# ip address 192.168.10.65 255.255.255.192
RC(config-if)# no shutdown
```

（5）在三台路由器上启用 OSPF。

```
RA(config)# router OSPF 10
```

在路由器 RA 上启用 OSPF 协议内部进程为 10：

```
RA(config-router)# network 192.168.30.8 0.0.0.7 area 0
```

```
RA(config-router)# network 192.168.20.0 0.0.0.3 area 0
RB(config)#router OSPF 10
```
在路由器 RB 上启用 OSPF 协议内部进程为 10：
```
RB(config-router)# network 192.168.10.0 0.0.0.31 area 0
RB(config-router)# network 192.168.20.0 0.0.0.3 area 0
RC(config)#router OSPF 10
```
在路由器 RC 上启用 OSPF 协议内部进程为 10：
```
RC(config-router)# network 192.168.10.0 0.0.0.31 area 0
RC(config-router)# network 192.168.10.64 0.0.0.63 area 0
```
（6）给 PC 配置 IP 地址。

给 PC1 配置 IP 地址为 192.168.30.10，子网掩码为 255.255.255.248，网关为 192.168.30.9；给 PC2 配置 IP 地址为 192.168.10.66，子网掩码为 255.255.255.192，网关为 192.168.10.65。

（7）验证。

使用 ping 命令测试到目的主机的连通性，如果配置正确，两台主机之间应该能互相 ping 通对方。

查看路由表和接口配置如图 3-31 所示。

```
RA#sh ip ro
Codes: C - connected, S - static, I - IGRP, R - RIP, M - mobile, B - BGP
       D - EIGRP, EX - EIGRP external, O - OSPF, IA - OSPF inter area
       N1 - OSPF NSSA external type 1, N2 - OSPF NSSA external type 2
       E1 - OSPF external type 1, E2 - OSPF external type 2, E - EGP
       i - IS-IS, L1 - IS-IS level-1, L2 - IS-IS level-2, ia - IS-IS inter area
       * - candidate default, U - per-user static route, o - ODR
       P - periodic downloaded static route

Gateway of last resort is not set

     192.168.10.0/24 is variably subnetted, 2 subnets, 2 masks
O       192.168.10.0/27 [110/2] via 192.168.20.2, 00:54:55, FastEthernet1/0
O       192.168.10.64/26 [110/3] via 192.168.20.2, 00:49:18, FastEthernet1/0
     192.168.20.0/30 is subnetted, 1 subnets
C       192.168.20.0 is directly connected, FastEthernet1/0
     192.168.30.0/29 is subnetted, 1 subnets
C       192.168.30.8 is directly connected, FastEthernet0/0
```

图 3-31　路由表和接口配置

习　题　3

一、填空题

1. 登录路由器常的方式主要有两类：一类是不使用网络带宽的，如通过 Console 本地登录，称为_____管理；另一类是使用网络带宽的，如 Telnet、Web、Snmp 几种方式，称为_____管理。在 PC 上使用_____软件通过 Console 端口登录路由器，它也是从厂家购买来路由器首次登录路由器必须采用的方法。

2.交换的_____是一个逻辑三层端口，是专门用于 VLAN 子网之间通信的。

3.路由器有三种建立路由的途径，它们是_____、_____和_____。

4.按应用范围的不同，路由协议可分为两类：_____和_____。

5.在 OSPF 协议中使用到五种协议报文，用于路由器之间交换信息。其中_____报文通过周期性地发送来发现和维护邻接关系。

二、选择题

1.RIP 路由协议依据（　　）判断最优路由。

  A.带宽   B.路数   C.路径开销   D.延迟时间

2.如果某路由器到达目的网络有三种方式：通过 RIP、通过静态路由、通过默认路由，那么路由器会根据哪种方式进行转发数据包？（　　）

  A.通过 RIP   B.通过静态路由

  C.通过默认路由   D.都可以

3.要查看路由器的路由表中的信息，需要使用（　　）命令。

  A.show ip route   B.show ip rip

  C.show ip interface brief   D.show ip rip route

4.在 RIP 路由选择协议中，路由更新多长时间发送一次？（　　）

  A.30 s   B.60 s   C.90 s   D.随机时间

5.对于数据包需要何种设备使它能从一个 VLAN 向另一个 VLAN 传送？（　　）

  A.网桥   B.路由器   C.交换机   D.集线器

6.选举 DR 和 BDR 时，不使用下列哪种条件来决定选择哪台路由器？（　　）

  A.优先级最高的路由器为 DR

  B.优先级次高的路由器为 BDR

  C.如果所有路由器的优先级皆为默认值，则 RID 最小的路由器为 DR

  D.优先级为 0 的路由器不能成为 DR 或 BDR

三、简答题

1.简述静态路由和动态路由各有什么优缺点及应用场合。

2.简述防止路由环路的技术的有哪些？

3.命令 ip route 0.0.0.0　0.0.0.0　10.110.0.1 代表的是默认路由还是直接路由？为什么？

4.RIPv1 和 RIPv2 有哪些区别？

94

第 4 章

➡ 管理广域网链路

能力目标

能针对不同的网络环境使用相应的方法或手段对园区网中的路由器进行简单配置和管理，使园区网络与互联网通过路由器可达。

知识目标

- 了解广域网技术和常见的广域网链路类型及特点。
- 掌握高级数据链路控制协议及其配置。
- 熟悉点点协议的特点。
- 掌握 PPP 协议中的口令验证协议的特点及配置技术。

章节案例及分析

园区网要通过路由器与互联网可达。针对不同的网络环境，可以使用不同的广域网连接技术。对应典型的企业网络（见图 0-4），要在路由器上做相应配置，保证各部门与外网之间路由可达，并且方便管理员对设备进行管理。

本章分为三个案例：一是在路由器接口上封装广域网协议，主要介绍广域网技术及协议、封装广域网协议的方法等；二是介绍利用 PPP PAP 认证实现广域网链路的安全性，包括 PPP 协议概述、PPP 协议体系结构、PPP 的工作过程、PAP 认证及配置方法等；三是介绍利用 PPP CHAP 认证实现广域网链路的安全性，包括 CHAP 认证及配置方法、与 PAP 认证的比较等。

4.1 【案例 1】在路由器接口上封装广域网协议

学习目标

（1）了解广域网技术和常见的广域网链路类型及特点。
（2）掌握广域网协议的封装类型和封装方法。

案例描述

小张是某企业网络管理员，两个分公司之间希望能够申请一条广域网专线进行连接。公司现有两台路由器，希望小张了解该设备的广域网接口所支持的协议，以确定选择哪一种广域网链路。

1. 广域网的定义

广域网是覆盖范围很广的一种跨地区的数据通信网络，由一些结点交换机以及连接这些交换机的链路组成，这些链路大多采用光纤线路或点对点的卫星链路等高速链路，其距离没有限制。它采用电路交换、分组交换和信元交换等交换技术。通过广域网连接技术，可以实现局域网之间的远程连接以及单个远程用户到主机或到 LAN 的远程连接，从而实现远距离计算机之间的数据传输和资源共享。

2. 广域网接入技术分类

广域网在不同的层次有不同的接入技术，其分类如表 4-1 所示。

表 4-1　广域网接入技术分类

Network layer（网络层）		X.25 PLP
		LAPB
Data Link Layer（数据链路层）	LLC	Frame Relay
		HDLC
		PPP
	MAC	SDLC
		SMDS
Physical Layer（物理层）		X.21
		EIA/TIA-232
		EIA/TIA-449
		V.24、V.35
		HSSI、G.73
		EIA-530

从表 4-1 中可看出，广域网涉及的层次主要为物理层、数据链路层和网络层，每层都有多种可选协议。下面主要介绍物理层和数据链路层广域网连接。

（1）物理层广域网连接。物理层广域网连接，其接口标准有 X.21、EIA/TIA-232、EIA/TIA-449、V.24、V.35、HSSI、G.37、EIA-530 等。

① 专线。专线连接主要指在本地站点与远程站点间的模拟单条电缆连接，是实现两个站点间的专用线路连接。当满足下列两个条件时，专线连接是最合适的：

- 两个站点间的距离较近，租用线路连接的成本不高。
- 两个站点间有固定的流量，需要保证特定应用的带宽。

专线连接能为连接提供带宽保证和最小时延，但是也存在高成本和独立接口要求。它要求到达不同站点的每一个连接在路由器上有独立接口。

② 电路交换。电路交换连接包括以下类型：

- 异步串行连接：包括模拟调制解调器拨号连接与标准电话系统。
- 同步串行连接：包括数字 ISDN 基本速率接口及主速率接口拨号连接。

电路交换常见的连接方式有拨号上网、ISDN、ADSL 等。电路交换在数据传输之前，先建立源站点和目的点之间的连接，建立连接之后，再用独享连接带宽的方式来传输数据，不论有无数据传输，连接带宽都被独占。数据传输结束后，释放连接。

③ 分组交换。分组交换连接是在两个站点之间使用逻辑电路建立连接，这些逻辑电路称为虚电路（Virtual Circuits，VC）。逻辑电路不绑定在任何特殊物理电路上，能在任何可用的物理连接上建立逻辑电路，让多个网络设备共享一条从源站点到达目的站点的点到点链路，用来进行数据传输，节省传输成本。传输的数据划分成分组，按分组中标有的目的地址发往网络，不需建立专门的连接，网络各站根据分组的地址，逐级转发到目的地。

（2）数据链路层广域网连接。数据链路层广域网的连接如图4-1所示，其主要协议有平衡式链路接入远程（Link Access Procedure，LAPB）、帧中继（Frame Relay，FR）、高级数据链路控制（High-Level Data Link Control，HDLC）、点对点协议（Point to Point Protocol，PPP）和同步数据链路控制协议（Synchronous Data Link Control Protocol，SDLC）等。这些协议的主要作用是将广域网中的网络高层数据封装为可以通过 WAN 线路的数据帧。

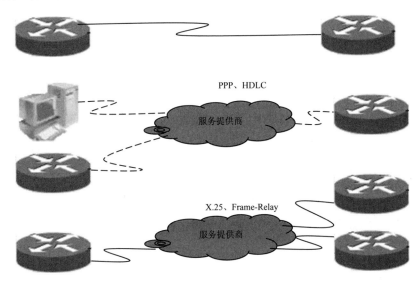

图4-1　数据链路层广域网接入技术

用于专线连接的公共数据链路协议包括 PPP 和 HDLC。电路交换连接中一般 PPP 或 HDLC 封装。分组交换连接技术 X.25、FR、ATM 等。最常用的两个点对点广域网封装协议是 HDLC 和 PPP，HDLC 协议是由 SDLC 发展而来的数据链路层协议，是串行线路的默认封装协议。PPP 在链路建立过程中会检查链路质量，支持 PAP 和 CHAP 密码验证。

3. 封装广域网协议的方法

（1）HDLC 封装技术。同步口上默认封装协议是 HDLC。如果当前同步口上的封装协议不是 HDLC 协议，则用如下命令来将此封装为 HDLC 协议：

```
Router(config-if)#encapsulation hdlc        封装 HDLC 协议
```
（2）PPP 封装技术。
```
Router(config-if)#encapsulation ppp         封装 PPP 协议
Router(config-if)# no encapsulation ppp     去除封装 PPP 协议
```

1. 案例拓扑图及要求说明

此案例拓扑如图 4-2 所示，两台路由器通过串口相连，要求查看器由器广域网接口支持的数据链路层协议，并进行正确的封装。

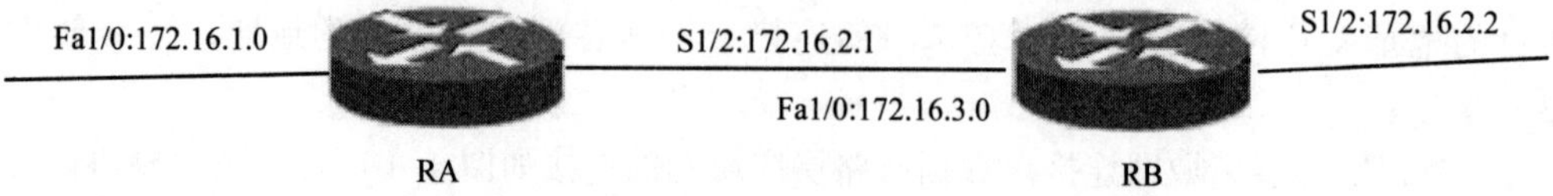

Fa1/0:172.16.1.0   S1/2:172.16.2.1   S1/2:172.16.2.2

Fa1/0:172.16.3.0

RA   RB

图 4-2　广域网协议封装

下面使用 Cisco Packet Tracer 仿真软件来模拟实现这个案例。

2. 实施步骤

（1）按图 4-2 连接好各设备。

（2）路由器的基本配置。

```
Router(config)# hostname  RA
RA(config)#interface serial 1/2
RA(config-if)#ip address 172.16.2.1 255.255.255.0
Router(config)# hostname  RB
RB(config)#interface serial 1/2
RB(config-if)#ip address 172.16.2.2 255.255.255.0
```

（3）封装 HDLC。

```
RA(config)#interface serial 1/2
RA(config-if)#encapsulation hdlc
RB(config)#interface serial 1/2
RB(config-if) #encapsulation hdlc
```

（4）封装 PPP。

```
RA(config)#interface serial 1/2
RA(config-if)#encapsulation ppp
RB(config)#interface serial 1/2
RB(config-if) #encapsulation ppp
```

（5）验证广域网接口的封装类型。

```
RA#show interfaces serial 1/2   查看接口协议封装类型
```

（6）注意事项。

封装广域网协议时，要求 V.35 线缆的两个端口上的封装协议一致，否则将无法建立链路。

4.2　【案例2】利用 PPP PAP 认证实现广域网链路的安全性

学习目标

（1）了解 PPP 协议的相关知识。

（2）掌握 PPP PAP 认证的过程及配置。

案例描述

小张是某公司的网络管理员。公司为了满足不断增长的业务需求，申请了专线接入，当客户端路由器与 ISP 进行链路协商时，需要验证身份，小张需要配置路由器以保证链路的建立，并考虑其安全性。

相关知识

1. PPP（Point to Point Protocol）概述

点对点协议（PPP）为在点对点连接上传输多协议数据包提供了一个标准方法。PPP 最初设计是为两个对等结点之间的 IP 流量传输提供一种封装协议。在 TCP/IP 协议集中它是一种用来同步调制连接的数据链路层协议（OSI 模式中的第二层），替代了原来非标准的第二层协议，即 SLIP。除了 IP 以外 PPP 还可以携带其他协议，包括 DECnet 和 Novell 的 Internet 网包交换（IPX）。

2. PPP 协议体系结构

（1）PPP 的组成。PPP 主要由链路控制协议（Link Control Protocol，LCP）和网络控制协议族（Network Control Protocol，NCP）组成。

LCP 负责创建、配置、维护或终止数据链路连接。NCP 是一族协议，负责协商在链路上运行哪一种网络协议，并为上层网络协议提供服务。此外，NCP 还提供网络安全认证协议，最常用的有口令验证协议（Password Authentication Protocol，PAP）和询问信号交换验证协议（Challenge Handshake Authentication Protocol，CHAP）。PPP 协议分层结构如图 4-3 所示。

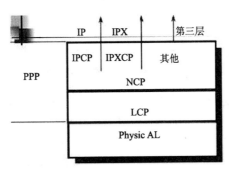

图 4-3　PPP 分层结构

（2）PPP 的帧格式。PPP 的帧格式类似于 HDLC，只是在控制字段和信息字段之间增加了一个 2 字节的协议字段，用以标识所承载的上层协议。PPP 的帧首尾标志与 HDLC 完全一致，都是十六进制 7E，如果在帧的信息字段出现该标志则必须进行填充，以示区别，如表 4-2 所示。

表 4-2　PPP 的帧格式

PPP 的帧格式						
	7E	FF	03	协议	信息	FCS	7E
字节	1	1	1	2	<=1500	2	2

PPP 采用 7EH 作为一帧的开始和结束标志（F）；其中地址域（A）和控制域（C）取固定值（A=FFH，C=03H）；协议域（2 字节）取 0021H 表示 IP 分组，取 8021H 表示网络控制数据，取 C021H 表示链路控制数据；帧校验域（FCS）也为 2 字节，它用于对信息域的检验。若信息域中出现 7EH，则转换为（7DH，5EH）两个字符。当信息域出现 7DH 时，则转换为（7DH，5DH）。当信息流中出现 ASCII 码的控制字符（即小于 20H），即在该字符前加入一个 7DH 字符。

（3）PPP 的优点。PPP 不仅适用于拨号用户，而且适用于租用的路由器及路由器线路。PPP 支持多种网络层协议（如 TCP/IP、IPX/SPX、APPLETALK 等），采用 CHAP、PAP 验证协议，从而更好地保证网络链路的安全性。

PPP 的 NCP 层可以封装携带多个高层协议的数据包，而 PPP 的 LCP 层负责建立和控制链路连接。

3．PPP 的工作原理

PPP 可用来解决链路的建立、维护、拆除、上层协议协商、认证等问题，其协议过程的链路状态如图 4-4 所示。

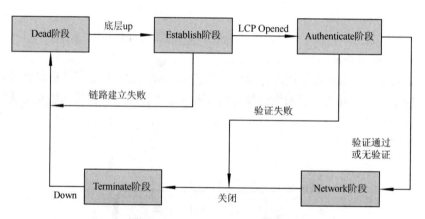

图 4-4　PPP 的链路状态有向图

（1）当物理链路不通时，PPP 链路处于 Dead 阶段。当物理链路接通时，进入 Establish 阶段，此时 LCP 开始协商一些配置选项，选择基本的通信方式、链路上的最大帧长度、所使用的验证协议等，链路两端设备通过 LCP 向对方发送配置信息报文。链路的一端首先发出配置请求帧（Configure Request），另一端若接收所有选项，则发送确认帧（Configure ACK）。一个确认帧一旦被成功发送且被接收，就完成了交换，此时链路创建成功，进入 LCP 开启状态。

（2）如果配置了验证，则进入用户验证 Authenticate 阶段，开始 PAP 验证或 CHAP 验证。

（3）如果验证成功则进入网络协商 Network 阶段；如果验证失败，则转到链路终止 Terminate 阶段，此时拆除链路，LCP 转为关闭状态。

（4）验证阶段完成后，PPP 将调用在链路创建阶段选定的各种网络控制协议，选定的 NCP 配置 PPP 链路上的高层协议。例如，在该阶段的 IP 控制协议（IPCP）可以向用户分配动太地址。

当网络协议配置成功后，即完成该链路的建立。

4．PPP 的 PAP 验证方式

口令验证协议（PAP）是一种安全验证方式，避免第三方窃取数据或冒充远程客户接管与客户端的连接。在验证完成之前，禁止从验证阶段前进到网络层协议阶段。

PAP 是一种简单的明文验证方式，客户端（被验证方）首先发起验证请求，将用户身份（用户名和口令）发送给远端的接入服务器（Network Access Server，NAS）。NAS 作为主验证方检验用户的身份是否合法，口令是否正确。如果正确则通知客户允许进入下一阶段；如果失败并且次数达到一定值，就关闭链路。PAP 以明文方式返回用户信息。PAP 验证过程如图 4-5 所示，其中，Client 端为被验证端，Server 为验证端。

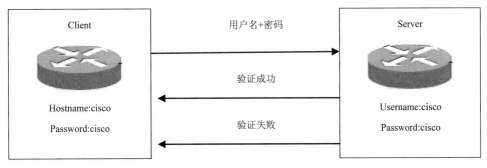

图 4-5　PAP 验证过程

5．PPP 的 PAP 配置方式

PAP 验证采用两次握手协议，在验证过程中以明文发送用户名和密码的方式进行验证。PAP 认证一般有验证方和被验证方，其相应的配置步骤如下：

（1）配置 PPP PAP 被验证方。

① 定义封装类型为 PPP。

```
RouterA (config-if)# encapsulation ppp        封装 PPP 协议
```
② 指定在服务器端用于执行认证的用户名和密码。

```
Router A(config-if)# ppp pap sent-username hostname password password
```
（2）配置 PPP PAP 验证方。

① 创建用户数据库记录，列出认证路由器时所使用的远端主机名称和密码，密码与远端密码匹配，同时区分大小写。

```
RouterB (config)# username hostname password password
```
② 封装 PPP，并设定 PPP 的验证方式为 PAP。

```
RouterB(config-if)# encapsulation ppp
RouterBconfig-if)# ppp authentication pap [callin]
```
其中，callin 是可选的命令选项，设定之后，只有当对方路由器（被验证方）通过拨号网络拨入时才进行 PAP 验证，对于由本地端路由器拨出而建立的 PPP 连接则不进行 PAP 验证。因此，该命令选项不会影响专线 PPP 协商过程。

全用 PAP 验证时，由客户端发出验证请求。由于服务器端无法区分客户端发出的请求是否合法，因此可能会引起攻击，容易引起客户端破解密码。客户端将用户名和密码等验证信息以明文方式发送给服务器端，安全性较低。

📖 **案例实施**

1. 案例拓扑图及要求说明

此案例拓扑如图 4-6 所示。在图中路由器使用 V.35 线缆（路由器厂家提供）一对，通过 Serial 口连接到路由器，对路由器进行 PPP PAP 配置并验证。

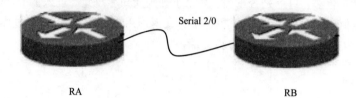

Serial 2/0

RA   RB

图 4-6　PAP 验证

下面使用 Cisco Packet Tracer 仿真软件来模拟实现这个案例。

2. 实施步骤

（1）按图 4-6 连接好各设备。

（2）在路由器 RA 上配置路由器的名称、接口 IP 地址和时钟。

```
Router(config)# hostname  RA
RA(config)# interface serial 2/0
RA(config-if)# clock rate 64000                    配置串口的时钟
RA(config-if)# ip address 172.16.2.1 255.255.255.0 配置串口地址
RA(config-if)# no shutdown
```

（3）在路由器 RA 上配置 PAP 认证（验证端）。

```
RA(config)# #username cisco password  123456      配置用于验证的用户名和密码
RA(config)# interface serial 2/0
RA(config-if)# encapsulation ppp                  端口封装 PPP 协议
RA(config-if)# ppp authentication pap             启用 PAP 认证方式
```

（4）在路由器 RB 上配置路由器的名称、接口 IP 地址。

```
Router(config)# hostname  RB
RB(config)# interface serial 2/0
RB(config-if)# ip address 172.16.2.2 255.255.255.0 配置串口地址
RB(config-if)# no shutdown
```

（5）在路由器 RB 上配置 PAP 认证（被验证端）。

```
RB(config)# interface serial 2/0
RB(config-if)# encapsulation ppp                  端口封装 PPP 协议
RB(config-if)# ppp pap sent-username cisco password  123456 发送用户名和密
```
码进行 PAP 认证

（6）验证 PAP 认证。

在路由器特权模式利用命令 show interfaces serial 2/0 来验证，如图 4-7 所示。

```
RA#sh interfaces serial 2/0
Serial2/0 is up, line protocol is up (c
  Hardware is HD64570                          此处表明此端口封
  Internet address is 172.16.2.1/24
  MTU 1500 bytes, BW 128 Kbit, DLY 2000         装了 PPP 协议，并且链路
      reliability 255/255, txload 1/255,        已建立
  Encapsulation PPP, loopback not set, keepalive set (10 sec)
  LCP Open
  Open: IPCP, CDPCP
  Last input never, output never, output hang never
  Last clearing of "show interface" counters never
  Input queue: 0/75/0 (size/max/drops); Total output drops: 0
  Queueing strategy: weighted fair
  Output queue: 0/1000/64/0 (size/max total/threshold/drops)
      Conversations  0/0/256 (active/max active/max total)
      Reserved Conversations 0/0 (allocated/max allocated)
      Available Bandwidth 96 kilobits/sec
  5 minute input rate 0 bits/sec, 0 packets/sec
  5 minute output rate 0 bits/sec, 0 packets/sec
```

图 4-7　验证路由器特权模式

使用 ping 命令测试两台路由器间的连通性，如图 4-8 所示。

```
RA#ping 172.16.2.2

Type escape sequence to abort.
Sending 5, 100-byte ICMP Echos to 172.16.2.2, timeout is 2 seconds:
!!!!!
Success rate is 100 percent (5/5), round-trip min/avg/max = 31/31/32 ms
```

图 4-8　测试连通性

3．注意事项

（1）两台路由器之间通过串口相连，则必须在 DCE 端配置时钟频率。

（2）封装广域网协议时，要求 V.35 线缆的两个端口的封装协议保持一致，否则无法建立链路。

4.3　【案例3】利用 PPP CHAP 认证实现广域网链路的安全性

学习目标

（1）了解 PPP CHAP 认证的概念。

（2）掌握 PPP CHAP 认证的过程及配置。

案例描述

小张是某公司的网络管理员。公司为了满足不断增长的业务需求，申请了专线接入，当客户端路由器与 ISP 进行链路协商时，需要验证身份，小张需要配置路由器以保证链路的建立，并考虑其安全性。

相关知识

1. PPP CHAP 认证

询问信号交换验证协议（CHAP）是一种加密的安全验证方式，主验证方 NAS 向被子验证的远程用户发送一个询问报文（Challenge），其中包括本端主机名和一个随机生成的询问字串（Arbitrary Challenge String）。远程用户必须根据询问报文，在本地数据库中查找 NAS 的主机名、口令密钥，使用 MD5 单向哈希算法（One-way Hashing Algorithm）生成加密的询问报文，然后与用户主机名一起回送到 NAS，其中用户以非哈希方式发送。NAS 收到应答后在本端查找用户主机名和口令密钥，使用 MD5 单向哈希算法对保存的随机生成的询问报文进行加密，然后与被验证方的应答进行比较，根据比较结果决定是通过还是拒绝链接。

CHAP 验证过程如图 4-9 所示，其中 Server 端为验证端，Client 端为被验证端，Client 端收到 "RB+挑战报文" 后，用 "RA+加密后的密文" 作为响应，其中，加密后的密文是用 MD5 单向哈希算法对挑战报文 ID、RB 用户的密码和收到的随机挑战报文进行加密运算后得到的密文。在响应报文中，RA 不需要用 MD5 单向哈希算法进行加密。

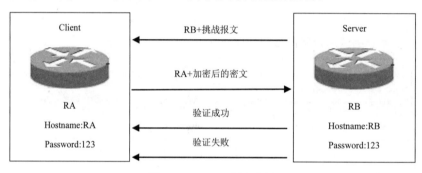

图 4-9　CHAP 验证过程

2. PPP CHAP 配置方法

CHAP 验证采用三次握手协议，只在网络上传输用户中，并不用明文传输口令。CHAP 认证一般有验证方和被验证方，CHAP 的协商由验证方发起，被验证方只发送 PPP 认证用的用户名和口令。默认情况下，被验证方发送自己的主机名作为用户名。其相应的配置步骤如下：

（1）配置 PPP PAP 被验证方。

① 定义封装类型为 PPP。

```
RouterA (config-if)# encapsulation ppp      封装 PPP 协议
```
② 指定在服务器端用于执行认证的用户名和密码。

```
Router A(config)# username hostname password password
```
（2）配置 PPP PAP 验证方。

① 创建用户数据库记录。

```
RouterB (config)# username hostname password password
```
② 封装 PPP，并设定 PPP 的验证方式为 CHAP。

```
RouterB(config-if)# encapsulation ppp
RouterBconfig-if)# ppp authentication chap [callin]
```

3. CHAP 认证与 PAP 认证的比较

（1）相同点：

① 都是 PPP 认证。

② 都有主认证端和被认证端。

③ 主认证端和被认证端的密码必须相同。

④ 都是在广域网串口上进行认证，用来增加网络传输的安全性。

（2）不同点：

① PAP 认证两次握手，CHAP 三次握手认证。

② PAP 认证是单向的，CHAP 认证是双向的。

③ PAP 认证时被认证端发送明文口令和用户名给主认证端，CHAP 认证时被认证端不发送口令给主认证端。

④ PAP 认证时被认证端配置的用户名和密码必须与主认证端配置的用户名和密码相同。CHAP 认证时被认证端配置主认证端的用户名和密码，主认证端配置被认证端的用户名和密码。

⑤ CHAP 认证比 PAP 认证的安全性要高 。

案例实施

1. 案例拓扑图及要求说明

此案例拓扑如图 4-10 所示。在图中路由器使用 V.35 线缆（路由器厂家提供）一对，通过 Serial 口连接到路由器，对路由器进行 PPPCHAP 配置并验证。

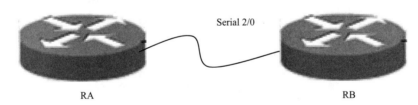

Serial 2/0

RA   RB

图 4-10　CHAP 验证

下面使用 Cisco Packet Tracer 仿真软件来模拟实现这个案例。

2. 实施步骤

（1）按图 4-10 连接好各设备。

（2）在路由器 RA 上配置路由器的名称、接口 IP 地址和时钟。

```
Router(config)# hostname  RA
RA(config)# interface serial 2/0
RA(config-if)# clock rate 64000                  配置串口的时钟
RA(config-if)# ip address 172.16.2.1 255.255.255.0    配置串口地址
RA(config-if)# no shutdown
```

（3）在路由器 RA 上配置 CHAP 认证（验证端）。

```
RA(config)# username RB password  123456          配置用于验证的用户名和密码
RA(config)# interface serial 2/0
```

```
RA(config-if)# encapsulation ppp                    端口封装 PPP 协议
RA(config-if)# ppp authentication chap              启用 CHAP 认证方式
```

（4）在路由器 RB 上配置路由器的名称、接口 IP 地址。

```
Router(config)# hostname  RB
RB(config)# interface serial 2/0
RB(config-if)# ip address 172.16.2.2 255.255.255.0  配置串口地址
RB(config-if)# no shutdown
```

（5）在路由器 RB 上配置 PAP 认证（被验证端）。

```
RB(config)# username RA password  123456
RB(config)# interface serial 2/0
RB(config-if)# encapsulation ppp                    端口封装 PPP 协议
RB(config-if)# ppp authentication chap              启用 CHAP 认证方式
```

（6）验证 CHAP 认证。

在路由器特权模式利用命令 show interfaces serial 2/0 来验证，如图 4-11 所示。

```
RA#sh interfaces serial 2/0
Serial2/0 is up, line protocol is up (c
  Hardware is HD64570                           此处表明此端口
  Internet address is 172.16.2.1/24
  MTU 1500 bytes, BW 128 Kbit, DLY 2000    封装了 PPP 协议，并且
     reliability 255/255, txload 1/255,        链路已建立
  Encapsulation PPP, loopback not set, 
  LCP Open
  Open: IPCP, CDPCP
  Last input never, output never, output hang never
  Last clearing of "show interface" counters never
  Input queue: 0/75/0 (size/max/drops); Total output drops: 0
  Queueing strategy: weighted fair
  Output queue: 0/1000/64/0 (size/max total/threshold/drops)
     Conversations  0/0/256 (active/max active/max total)
     Reserved Conversations 0/0 (allocated/max allocated)
     Available Bandwidth 96 kilobits/sec
  5 minute input rate 0 bits/sec, 0 packets/sec
  5 minute output rate 0 bits/sec, 0 packets/sec
```

图 4-11　验证路由器特权模式

使用 ping 命令测试两台路由器间的连通性，如图 4-12 所示。

```
RA#ping 172.16.2.2

Type escape sequence to abort.
Sending 5, 100-byte ICMP Echos to 172.16.2.2, timeout is 2 seconds:
!!!!!
Success rate is 100 percent (5/5), round-trip min/avg/max = 31/31/32 ms
```

图 4-12　测试连通性

3. 注意事项

（1）两台路由器之间通过串口相连，则必须在 DCE 端配置时钟频率。

（2）封装广域网协议时，要求 V.35 线缆的两个端口的封装协议保持一致，否则无法建立链路。

（3）命令 RA(config)#username RB password　123456 中，username 后面的参数是对方的设备名，并区分大小写。

（4）命令 RB(config)# username RA password　123456 中，username 后面的参数是对方的设备名，并区分大小写。

习　题　4

一、单选题

1. 在计算机网络中，一般局域网的数据传输速率要比广域网的数据传输速率（　　）。

    A. 高   B. 低   C. 相同   D. 不确定

2. 下列属于广域网拓扑结构的是（　　）。

    A. 树形结构   B. 集中式结构   C. 总线形结构   D. 环形结构

3. ISDN 的 B 信道提供的带宽为（　　）kbit/s。

    A. 16   B. 64   C. 56   D. 128

4. 帧中继网是一种（　　）。

    A. 广域网   B. 局域网   C. ATM 网   D. 以太网

5. T1 载波的数据传输率为（　　）Mbit/s。

    A. 1   B. 10   C. 2.048   D. 1.544

6. 市话网在数据传输期间，在源结点与目的结点之间有一条利用中间结点构成的物理连接线路。这种市话网采用的技术是（　　）。

    A. 报文交换   B. 电路交换   C. 分组交换   D. 数据交换

7. 以下属于广域网技术的是（　　）。

    A. 以太网   B. 令牌环网   C. 帧中继   D. FDDI

8. ISDN 的基本速率接口 BRI 又称（　　）。

    A. 2B+D   B. 23B+D   C. 30B+D   D. 43B+D

9. 不属于存储转发交换方式的是（　　）。

    A. 数据报方式   B. 虚电路方式

    C. 电路交换方式   D. 分组交换方式

10. 在我国开展的所谓"一线通"业务中，窄带 ISDN 所有信道可以合并成一个信道，以达到高速访问因特网的目的，它的速率为（　　）kbit/s。

    A. 16   B. 64   C. 128   D. 144

11. SDH 通常在宽带网的那部分使用（　　）。

    A. 传输网   B. 交换网   C. 接入网   D. 存储网

12. 每个信元具有的固定长度为（　　）。

    A. 48   B. 50   C. 53   D. 60

13. E1 系统的速率为（   ）。

    A. 1.544 Mbit/s   B. 155 Mbit/s   C. 2.048 Mbit/s   D. 64 kbit/s

14. 国际电报电话委员会（CCITT）颁布的 X.25 与 OSI 的最低（   ）层协议相对应？

    A. 1   B. 2   C. 3   D. 4

15. 计算机接入 Internet 时，可以通过公共电话网进行连接。以这种方式连接并在连接时分配到一个临时性 IP 地址的用户，通常作用的是（   ），

    A. 拨号连接仿真终端方式   B. 经过局域网连接的方式

    C. SLIP/PPP 协议连接方式   D. 经分组网连接的方式

二、简答题

1. PPP 的主要特征是什么？

2. 为什么 X.25 分组交换网会发展到帧中继？帧中继有什么优点？

3. 简述 PPP 认证的过程。

4. 比较 PAP、CHAP 的优缺点。

第5章

→ 网络安全管理

能力目标

能针对不同的网络环境使用相应的方法或手段对园区网中的网络设备进行简单的安全配置和管理，使网络更加安全可控。

知识目标

- 了解交换机端口安全的原理，掌握配置交换机端口安全的方法。
- 了解 IP 访问控制列表的原理，掌握配置 IP 访问控制列表的方法。
- 了解 NAT 的原理，掌握配置 NAT 的方法。
- 了解防火墙的作用，掌握防火墙的登录方法和防火墙的典型配置方法。

章节案例及分析

计算机网络在政治、军事、金融、商业、交通、电信、文教等方面的作用日益增强。随着网络开放性、共享性及互联程度的扩大，特别是 Internet 的出现，网络的重要性和对社会的影响也越来越大。随着网络上各种新业务的兴起，比如电子商务、电子现金、数字货币、网上银行等的兴起，以及各种专用网的建设，网络安全问题显得尤为重要，因此对网络安全的研究成了现在计算机和通信界的一个热点。

本章分为六个案例：一是介绍如何利用交换机端口安全功能限制用户接入，主要介绍交换机端口安全概述、端口安全的默认配置、端口安全的配置方法等；二是介绍如何利用 IP 标准访问列表控制网络流量，主要介绍访问列表概述、访问列表种类、ACL 工作原理及规则、配置 IP 标准 ACL 的方法等；三是介绍如何利用 IP 扩展访问列表限制访问服务器，主要介绍配置 IP 扩展访问列表的方法；四是介绍如何利用动态 NAT 技术实现高效安全访问 Internet，主要介绍 NAT 概念、NAT 用途、NAT 分类、NAT 的工作过程、NAT 的安全性、动态 NAPT 的配置方法等；五是介绍如何利用静态 NAPT 安全发布内网 Internet 服务，主要介绍静态 NAPT 技术及应用，静态 NAPT 配置方法等；六是介绍如何使用防火墙实现安全的访问控制，主要介绍防火墙概念、作用、分类，防火墙工作原理，防火墙工作模式，防火墙初始化配置方法等。

5.1 【案例1】利用交换机端口安全功能限制用户接入

学习目标

（1）了解交换机端口安全的概念。
（2）掌握交换机端口安全的配置方法。

案例描述

小张是某公司网络管理员，公司要对网络进行严格控制。为了防止公司内部用户的 IP 地址冲突，防止公司内部的网络攻击和破坏行为，为每一位员工分配固定的 IP 地址，并且限制只允许公司员工主机可以使用网络，不得随意连接其他主机，小张该怎么办？交换机端口安全技术是指针对交换机的端口进行安全属性的配置，从而控制用户的安全接入。本案例从实际需求出发，利用交换机端口安全技术帮助小张解决这一难题。

相关知识

1. 交换机端口安全概述

利用交换机端口安全这个特性，可以实现如下几个主要功能：

（1）只允许特定 MAC 地址的设备接入网络，从而防止用户将非法或未授权的设备接入网络。

（2）限制端口接入的设备数量，防止用户将过多的设备接入网络。

当一个端口被配置成安全端口（开启了端口安全特性）后，交换机将检查从此端口接收到的帧的源 MAC 地址，并检查在此端口配置的最大安全地址数。如果安全地址数已经超过配置的最大值且该帧源 MAC 地址不在安全地址表中，交换机则产生一个安全违例。如果安全地址数已经超过配置的最大值但该帧源 MAC 地址已经在安全地址表中，交换机则直接转发该数据帧；如果安全地址数没有超过配置的最大值，且该帧源 MAC 地址不在安全地址表中，那么交换机将自动学习此 MAC 地址，并将它加入安全地址表中，标记为安全地址，然后转发此帧；如果安全地址数没有超过配置的最大值且该帧的源 MAC 地址已经存在于安全地址表中，那么交换机将直接转发此帧。

安全端口的安全地址表项既可以通过交换机自动学习，也可以手工配置。为了增强安全性，可以将 MAC 地址和 IP 地址绑定起来作为安全地址。当然，也可以只指定 MAC 地址而不绑定 IP 地址。

如果一个端口被配置为一个安全端口，当其安全地址的数目已经达到允许的最大个数后，如果该端口收到一个源地址不属于安全地址范围的帧时，一个安全违例产生。当安全违例产生时，可以选择以下几种方式来处理违例。

（1）Protect：当安全地址个数满后，安全端口将丢弃未知名地址（不是该端口的安全地址中的任何一个）的帧。

（2）Restrict：当违例产生时，交换机不但丢弃收到的帧，而且发送一个 SNMP Trap 通知。

（3）Shutdown：当违例产生时，交换机丢弃收到的帧，发送一个 SNMP Trap 通知，而且将端口关闭。

配置端口安全存在以下限制：

（1）一个安全端口必须是一个 Access 端口，及连接终端设备的端口，而非 Trunk 端口。

（2）一个安全端口不能是一个聚合端口。

（3）一个安全端口不能是 SPAN 的目的端口。

一个千兆端口最多支持 120 个同时声明 IP 地址和 MAC 地址的安全地址。另外，由于这种同时声明 IP 地址和 MAC 地址的安全地址占用的硬件资源与 ACLS 等功能所占用的系统硬件资源共享，因此当在某一个端口上应用了 ACLS，则相应地该端口上所能设置的声明 IP 地址的安全地址个数将会减少。

建议一个安全端口上的安全地址格式保持一致，即一个端口上的安全地址或者全部是绑定了 IP 地址的安全地址，或者是都不绑定 IP 地址的安全地址。如果一个安全端口同时包含这两种格式的安全地址，则不绑定 IP 地址的安全地址将失效（绑定 IP 地址的安全地址优先级更高），这时如果想使端口上不绑定 IP 地址的安全地址生效，就必须删除端口上所有的绑定了 IP 地址的安全地址。

2. 端口安全的默认配置

端口安全的具体内容有四项，它的默认配置如表 5-1 所示。

表 5-1　端口安全的默认设置

命 令 模 式	说　　明
端口安全开关	所有端口均关闭端口安全功能
最大安全地址个数	128
安全地址	无
违例处理方式	保护（protect）

3. 端口安全的配置方法

配置端口安全共分如下三步：打开端口的安全功能，设置端口上安全地址的最大个数，设置处理违例的方式。具体命令及说明如表 5-2 所示。

表 5-2　端口安全常用命令及说明

命　　令	功 能 说 明
switch（config-if）#switchport port-security	打开端口的安全功能
switch（config-if）#switchport port-security maximum n	设置端口上安全地址的最大个数，n 为个数，最大为 128
switch（config-if）#switchport port-security violation { protect | restrict | shutdown }	设置处理违例的方式
switch（config-if）#switchport port-security [mac-address n] [ip-address m]	配置安全端口上安全地址，n 为 Mac 地址，m 为 IP 地址
switch（config）#errdisable recovery	将因违例而进入 err-disabled 状态的端口恢复为 UP 状态
switch（config）#errdisable recovery interval n	配置从 err-disabled 状态恢复为 UP 状态所等待的时间
switch（config-if）#switchport port-security aging { static | time n }	配置安全地址的老化时间,static 表示自动学习和手工配置的安全地址都将老化，否则只有自动学习的地址老化，time 表示具体的老化时间，n 取值 0～1440，单位为分钟
Switch#show port-security address	查看安全地址信息
Switch#show port-security	查看所有安全端口的统计信息

第 5 章　网络安全管理

📖 案例实施

1. 案例拓扑图及要求说明

此案例拓扑如图 5-1 所示，一台交换机、两台 PC 通过两根直通线进行连接。要求使用端口安全技术控制 PC 的接入并验证。

PC1   F0/1   F0/2   PC2

图 5-1　交换机的端口安全

下面使用 Cisco Packet Tracer 仿真软件来模拟实现这个案例。

2. 实施步骤

（1）按图 5-1 连接好各设备。

（2）给 PC 配置 IP 地址。

配置 PC1 和 PC2 的 IP 地址分别为 192.168.1.1 和 192.168.1.2。

（3）测试 PC1 到 PC2 的连通性。

在能 ping 通的情况下做第（4）步。

（4）在交换机上配置端口安全。

```
Switch(config)# interface range fastEthernet 0/1-2
Switch(config-if-range)# switchport port-security maximum 8
配置端口最大安全地址个数
Switch(config-if-range)# switchport port-security violation shutdown
配置端口违例处理方式为违例产生时关闭端口
Switch(config)# interface fastEthernet 0/1
Switch(config-if)# switchport port-security mac-address H.H.H
配置端口绑定的 48 位 MAC 地址 H.H.H
Switch(config)# interface fastEthernet 0/2
Switch(config-if)# switchport port-security mac-address H.H.H
配置端口绑定的 48 位 MAC 地址 H.H.H
```

（5）验证。

测试 PC1 与 PC2 的连通性，如能 ping 通，交换 PC1 和 PC2 所连端口，使用 ping 命令再测试两机的连通性，然后进一步观察违例产生情况。

ping 之前如图 5-2 所示。

```
Switch#sh port-security
Secure Port MaxSecureAddr CurrentAddr SecurityViolation Security Action
            (Count)       (Count)     (Count)
------------------------------------------------------------------------
     Fa0/1      1             1            0          Shutdown
     Fa0/2      1             1            0          Shutdown
------------------------------------------------------------------------
```

图 5-2　ping 之前

ping 之后如图 5-3 所示。

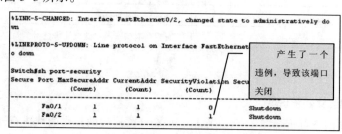

图 5-3　ping 之后

3. 注意事项

（1）交换机端口安全功能只能在 Access 接口进行配置。

（2）Cisco 交换机默认违例处理方式是 Shutdown。

5.2 【案例 2】利用 IP 标准访问列表控制网络流量

学习目标

（1）了解访问列表概念、访问列表种类、工作原理及规则。

（2）掌握配置 IP 标准 ACL 的方法。

案例描述

小刘是一个公司的网络管理员，公司的经理部、财务部门和销售部门分属不同的三个网段，三部门之间用路由器进行信息传递，为了安全起见，公司领导要求销售部门不能对财务部门进行访问，但经理部可以对财务部门进行访问。小刘该怎么办？IP 访问列表可以实现对流经路由器或交换机的数据包根据一定的规则进行过滤。本案例利用 IP 标准访问列表实现网络数据流的控制。

相关知识

1. 访问列表概述

访问控制列表（Access Control Lists，ACL）是应用在路由器、三层交换机接口的指令列表。这些指令列表用来告诉路由器、三层交换机哪些数据包可以收、哪能数据包需要拒绝。至于数据包是被接收还是拒绝，可以由类似于源地址、目的地址、端口号等的特定指示条件来决定。

访问控制列表不但可以起到控制网络流量、流向的作用，而且在很大程度上起到保护网络设备、服务器的关键作用。作为外网进入企业内网的第一道关卡，路由器上的访问控制列表成为保护内网安全的有效手段。

此外，在路由器的许多其他配置案例中都需要使用访问控制列表，如网络地址转换（Network Address Translation，NAT）、按需拨号路由（Dial on Demand Routing，DDR）、路由重分布（Routing Redistribution）、策略路由（Policy-Based Routing，PBR）等很多场合都需要访问控制列表。

访问控制列表总的说来有下面三个作用：

（1）安全控制：允许一些符合匹配规则的数据包通过访问的同时而拒绝另一部分不符合匹配的规则的数据包。如图 5-4 所示，192.168.1.10 与 192.168.1.30 两台主机可以访问服务器，而 192.168.1.20 不可以访问服务器。

（2）流量控制：此功能是防止一些不必要的数据包经过路由器，来提高网络带宽的利用率。如图 5-5 所示，其中两台主机分别可以通过路由器访问网络上的网页与收发电子邮件，另一台主机想通过路由器进行 BT 下载，却无法进行 BT 下载。

（3）数据流量标识：此功能是对公司有两条或两条以上的网络链路时，访问控制列表与路由策略等来实现分工，让不同的数据包选择不同的链路。当有数据通过路由器的时候，访问控制列表先把数据流作相应地标识，在通过路由策略，将这些数据流交给相应地链路。如图 5-6 所示，访问 Internet 的数据就走 Internet 线路，公司内部的范围就走 VPN 线路。

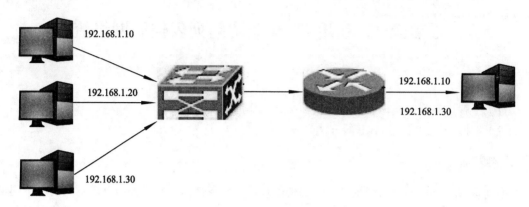

图 5-4　ACL 安全机制

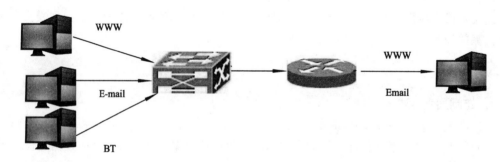

图 5-5　ACL 流量控制

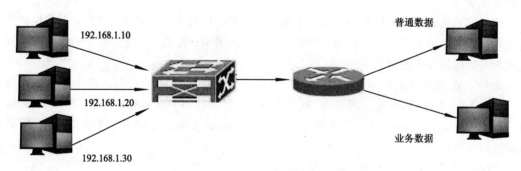

图 5-6　ACL 数据流量标识

2. ACL 工作原理及规则

ACL 语句有两个组件：一是条件，二是操作。条件用于匹配数据包的内容。当为条件找到匹配时，则会采取一个操作：允许或拒绝。

（1）条件。条件基本上是一个组规则，定义了要在数据包内容中查找什么来确定数据包是否匹配，每条 ACL 语句中只可以列出一个条件，但是，可以将 ACL 语句组合在一起形成一个列表或策略，语句使用编号或名称来分组。

（2）操作。当 ACL 语句条件与比较的数据包内容匹配时，可以采取允许和拒绝两个操作。当 ACL 语句中找到一个匹配时，则不会再处理其他语句。而且，在每个 ACL 最后都有一条看不见的语句，称为"隐式的拒绝"语句。这条语句的目的是丢弃数据包。如果一个数据包的列表中的每条语句都不匹配，则该数据包被丢弃。

图 5-7 显示了一个将 ACL 应用到端口上的入站方向的例子。当设备端口收到数据包时，首先确定 ACL 是否被应用到了该端口，如果没有，则正常路由该数据包。如果有，则处理 ACL，从第一条语句开始，将条件和数据包内容相比较。如果没有匹配，则处理列表中的下一条语句；如果匹配，则执行允许或拒绝的操作。如果整个列表中没有找到匹配的规则，则丢弃该数据包。一句话：ACL 应用到端口的入站方向时，先匹配 ACL 后路由。

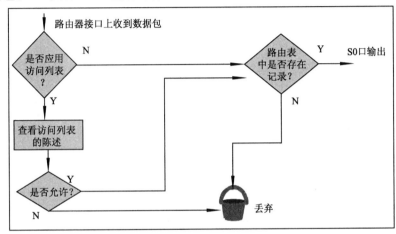

图 5-7　入站 ACL 流程图

图 5-8 显示出站的 ACL，过程也相似，当设备收到数据包时，首先将数据包路由到输出端口，然后检查端口上是否应用了 ACL，如果没有，将数据包排在队列中，发送出端口，否则，数据包通过与 ACL 语句进行比较处理，如果没有匹配，则处理列表中的下一条语句，如果匹配，则执行允许或拒绝的操作。如果整个列表中没有找到匹配的规则，则丢弃该数据包。一句话：ACL 应用到端口的出站方向时，先路由后匹配 ACL。

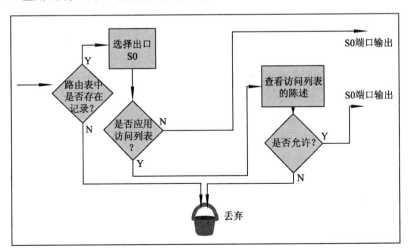

图 5-8　出站 ACL 流程图

ACL 语句排列的顺序是很重要的，在进行匹配的时候会自上而下执行，默认情况下，当将 ACL 语句添加到列表中时，它将被添加到列表的底部或最后。

如图 5-9 所示，路由器分隔了两个网段，一个网段为客户端，而另一个网段为服务器群，过滤流量的目的是允许所有客户端访问 Web 服务器，但是只允许财务用户访问财务服务器。

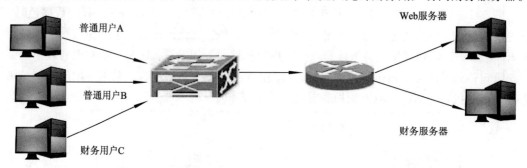

图 5-9　ACL 顺序问题

假如下面的 ACL 过滤规则被配置在路由器上，则出问题。因为语句是自上而下处理的，当普通用户 A 试图访问财务服务器时，由于匹配了第一条语句，因此用户得到允许，在此例子中，每个人都可以访问服务器群上的所有服务器。

（1）允许所有用户访问服务器网段。

（2）拒绝普通用户 A 访问服务器。

（3）拒绝普通用户 B 访问服务器。

应该按下面的顺序将 ACL 过滤规则配置在路由器上。

（1）拒绝普通用户 A 访问服务器。

（2）拒绝普通用户 B 访问服务器。

（3）允许所有用户访问服务器网段。

为保证 ACL 能准确可靠的起作用，ACL 的建立应依据以下这些原则。

（1）ACL 语句按名称或编号分组。

（2）每条 ACL 语句都只有一个组条件和操作，如果需要多个条件或多个操作，则必须定义多个 ACL 语句。

（3）如果一条语句的条件中没有找到匹配，则处理列表中的下一条语句。

（4）如果在 ACL 组的一条语句中找到匹配，则不再处理后面的语句。

（5）如果处理了列表中的所有语句而没有指定匹配，将根据不可见到的隐式拒绝语句拒绝该数据包。

（6）由于在 ACL 语句组的最后隐式拒绝，所以至少要有一个允许操作，否则所有语句都会被拒绝。

（7）语句的顺序很重要，约束性最强的语句应该放在列表的顶部，约束性最弱的语句应该放在列表的底部。

（8）只能在每个端口、每个协议、每个方向上应用一个 ACL。

（9）在数据包被路由到其他端口之前，处理入站 ACL。

（10）在数据包被路由到其他端口之后，在数据包离开出站端口之前，处理出站 ACL。

（11）当 ACL 应用到一个端口时，可以控制通过端口的数据流，但 ACL 不会过滤路由器本身产生的流量。

在配置 ACL 时，经常会遇到 ACL 放置在什么位置的问题，这个问题没有标准答案。但有两个准则可以参考。

（1）只过滤数据包源地址的 ACL 应该放置在离目的地尽可能近的地方。

（2）过滤数据包的源地址和目的地址以及其他信息的 ACL 应该放在离源地址尽可能近的地方。

3. 访问列表种类

ACL 分成两种基本类型：标准 ACL 和扩展 ACL，标准 IP ACL 只能过滤 IP 数据包头中的源 IP 地址，而扩展 IP ACL 可以过滤源 IP 地址、目的 IP 地址、协议（TCP/IP）、协议信息（端口号、标志代码）等。

4. 配置 IP 标准 ACL 的方法

标准 ACL 只能过滤 IP 数据包中的源 IP 地址，可以通过两种方式为标准 ACL 语句分组：通过编号或名称。

（1）配置编号的标准 ACL。通过编号创建标准 IP ACL 的具体命令如表 5-3 所示。（以路由器为例，三层交换机配置类似）

表 5-3　编号标准 ACL 常用命令及说明

命　　令	功　能　说　明
Router(config)# access-list *listnumber* {permit | deny} *address* [*wildcard-mask*]	listnumber：规则序号，标准 ACL 取值为 1～99 或 1300～1999 permit 和 deny：表示匹配条件的报文是通过还是阻止 address：数据包的源 IP 地址，也可以配合通配符屏蔽码（wildcard）表示一组源 IP 地址 wildcard：通配符屏蔽码，与子网掩码相反，所以也称反掩码
Router(config-if)# ip access-group *id* {in|out}	id：ACL 的编号 in：数据从路由器端口进入 out：数据经路由器端口出去
Router(config)# line type *line* Router(config-if)# access-class *id* {in|out}	限制到路由器的 telnet 或 SSH 链接

说明：在标准 ACL 中，经常用到 host 和 any。host 表示一台主机，例如，要允许从192.168.1.10 的报文，可以写成 access-list 10 permit host 192.168.1.1。any 表示任何主机，例如，要允许从任何源地址来的报文，可以写成 access-list 10 permit any。不可以删除编号 ACL中的一个特定的条目，如果想使用 no 参数来删除一个特定条目，将会删除整个 ACL 组，对所有编号 ACL 都是这样，包括标准 ACL 和扩展 ACL。

（2）配置命名的标准 ACL。与编号 ACL 相比，它的主要优点有：

① 允许管理员给 ACL 指定一个见名知义的名称。

② 允许删除 ACL 中的特定条目。

通过命名创建标准 IP ACL 的具体命令如表 5-4 所示。（以路由器为例，三层交换机配置类似）

表 5-4　命名标准 ACL 常用命令及说明

命　令	功　能　说　明
Router(config)#ip access-list standard *name*	name：自定义的 ACL 名称
Router(config-std-nacl)# {permit | deny} *address* [*wildcard-mask*]	permit 和 deny：表示匹配条件的报文是通过还是阻止。 address：数据包的源 IP 地址，也可以配合通配符屏蔽码（wildcard）表示一组源 IP 地址 wildcard：通配符屏蔽码，与子网掩码相反，所以也称反掩码
Router(config-if)#ip access-group *name* {in|out}	id：ACL 的名称 in：数据从路由器端口进入 out：数据经路由器端口出去

说明：很多情况下使用命名的 ACL 还是编号的 ACL 纯属个人喜好，出了实现特定的特性外，命名的 ACL 和编号的 ACL 没有本质区别。

◉ 案例实施

1. 案例拓扑图及要求说明

此案例拓扑如图 5-10 所示。在图中 PC1、PC2、PC3 使用网线分别连接到路由器的 F0/0、F1/0、F0/0 口，路由器之间用串口线相连，然后使用 Windows 下"超级终端"程序登录路由器，对路由器进行标准 ACL 配置，使得 PC2 能 ping 通 PC3，而 PC1 不能 ping 通 PC3，并验证。

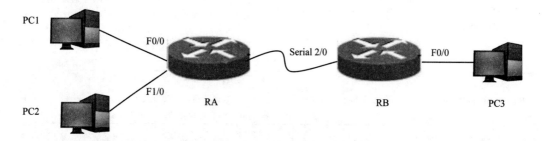

图 5-10　标准 ACL 配置

下面使用 Cisco Packet Tracer 仿真软件来模拟实现这个案例。

2. 实施步骤

（1）按图 5-10 连接好各设备。

（2）在路由器 RA 上配置接口 IP 地址和时钟。

```
RA(config)# interface fastEthernet 0/0
RA(config-if)# ip address 192.168.1.254 255.255.255.0
此接口地址作为 192.168.1.0 网段的网关地址
RA(config-if)# no shutdown
激活此端口
RA(config)# interface fastEthernet 1/0
RA(config-if)# ip address 192.168.2.254 255.255.255.0
```

此接口地址作为 192.168.2.0 网段的网关地址

RA(config-if)# no shutdown

激活此端口

RA(config)# interface serial 2/0

RA(config-if)# clock rate 64000

配置串口的时钟

RA(config-if)# ip address 192.168.3.1 255.255.255.0

配置串口地址

RA(config-if)# no shutdown

（3）在路由器 RB 上配置接口 IP 地址。

RB(config)# interface fastEthernet 0/0

RB(config-if)# ip address 192.168.4.254 255.255.255.0

此接口地址作为 192.168.4.0 网段的网关地址

RB(config-if)# no shutdown

激活此端口

RB(config)# interface serial 2/0

RB(config-if)# ip address 192.168.3.2 255.255.255.0

配置串口地址

RB(config-if)# no shutdown

（4）在两台路由器上配置路由。

RA(config)# ip route 0.0.0.0 0.0.0.0 192.168.3.2

RB(config)# ip route 0.0.0.0 0.0.0.0 192.168.3.1

（5）给 PC 配置 IP 地址。

给 PC1 配置 IP 地址为 192.168.1.1，网关为 192.168.1.254。给 PC2 配置 IP 地址为 192.168.2.1，网关为 192.168.2.254。给 PC3 配置 IP 地址为 192.168.4.1，网关为 192.168.4.254。

（6）测试连通性。

使用 Ping 命令测试三台 PC 间的连通性，在 Ping 通情况下做第 7 步。

（7）在路由器 RB 上配置标准 IP 访问列表。

RB(config)# access-list 10 deny 192.168.1.0 0.0.0.255

RB(config)# access-list 10 permit 192.168.2.0 0.0.0.255

RB(config)# interface fastEthernet 0/0

RB(config-if)#ip access-group 10 out

（8）查看 ACL。

Router # sh access-lists

Standard IP access list 10

    deny 192.168.1.0 0.0.0.255 (8 match(es))

    permit 192.168.2.0 0.0.0.255 (4 match(es))

（9）验证测试。

从 PC2 能 ping 通 PC3，而从 PC1 则不能 ping 通 PC3。

3. **注意事项**

（1）两台路由器之间通过串口相连，则必须在 DCE 端配置时钟频率。

（2）访问控制列表中的网络掩码是反掩码。

（3）标准控制列表要应用在尽量靠近目的地址的接口。

5.3　【案例 3】利用 IP 扩展访问列表限制访问服务器

学习目标

掌握配置 IP 扩展访问列表的方法。

案例描述

小张是一个学校的网络管理员。一台三层交换机上连着学校的提供 WWW 和 FTP 的服务器，另外还连接着学生宿舍楼和教工宿舍楼，学校规定学生只能对 FTP 服务器进行访问，不能对 WWW 服务器进行访问，教工则没有限制。标准 ACL 只能根据数据包中的源 IP 地址定义规则，不能根据协议定义规则，进行数据包过滤。小张该怎么办？扩展 ACL 可以根据数据包的源 IP、目的 IP、源端口、目的端口、协议来定义规则，进行数据包的过滤。本案例利用扩展 ACL 实网络数据流的控制。

相关知识

扩展的 IP 访问控制列表（扩展的 ACL）用于扩展报文过滤。一个扩展的 ACL 允许用户根据数据包中的源 IP、目的 IP、协议、源端口、目的端口等定义规则，进而对数据包进行过滤。可以通过两种方式为扩展 ACL 语句分组：通过编号或名称。

1. 编号的扩展 ACL

通过编号创建扩展 IP ACL 的具体命令如表 5-5 所示。（以路由器为例，三层交换机配置类似）

表 5-5　编号扩展 ACL 常用命令及说明

命　令	功　能　说　明
Router(config)#access-list *listnumber* {permit | deny} *protocol* source *source–wildcard–mask* [operator *operand*] destination *destination–wildcard–mask* [operator *operand*]	listnumber：规则序号，扩展 ACL 取值为 100～199 或 2000～2699 permit 和 deny：表示匹配条件的报文是通过还是阻止 protocol：定义匹配的协议，具体协议见表 5-6 source–wildcard–mask：源 IP 地址和反掩码，与标准 ACL 相同 destination–wildcard–mask：目的 IP 地址和反掩码，与标准 ACL 相同 operator：源\目的端口号。可以用数字、助记符或者操作符与数字、助记符相结合的方法来指定端口或端口范围。具体操作符见表 5-7，助记符和端口号对应关系见表 5-8 和表 5-9
Router(config–if)#ip access-group *id* {in|out}	id：扩展 ACL 的编号 in：数据从路由器端口进入 out：数据经路由器端口出去

表 5-6　ACL 支持的协议列表

协　议	描　　述
eigrp	Cisco eigrp 路由选择协议
gre	Gre 隧道
icmp	Internet 控制消息协议
ip	任何 IP 协议
ipinip	IP 隧道中的 IP
nos	Ka9qnos 兼容 IP 之上的 IP 隧道
ospf	OSPF 路由协议
tcp	传输控制协议
utp	用户数据报协议

表 5-7　操 作 符 表

操　作　符	描　　述
eq	等于端口号 portnumber
gt	大于端口号 portnumber
it	小于端口号 portnumber
neq	不等于端口号 portnumber
range	介于端口号 portnumber1 和端口号 portnumber2 之间

表 5-8　TCP 助记符和端口号对应表

助　记　符	端　口　号	描　　述
bgp	179	边界网关协议
Chargen	19	字符生成器
cmd	514	远程命令
daytime	13	日期时间
Discard	9	丢弃
domain	53	域名系统区域传输
Echo	7	回声
exec	512	远程命令
Finger	79	Finger
ftp	21	文件传输协议控制通道
ftp-data	20	文件传输协议数据通道
Gopher	70	Gopher
hostname	101	NIC 主机名服务器
Ident	113	Ident 协议
Irc	194	Internet 中继聊天
Klogin	543	Kerberos 登录
Kshell	544	Kerberos shell

助 记 符	端 口 号	描 述
login	513	远程登录（rlogin）
Ipd	515	远程打印
nntp	119	网络新闻传输协议
Pim-auto-rp	496	PIM 自动聚合点
Pop2	109	邮局协议 v2
Pop3	110	邮局协议 v3
Smtp	25	简单邮件传输协议
Sunrpc	111	Sun 远程调用
Syslog	514	在系统日志服务器上记录日志
Tacacs	49	TAC 访问控制系统服务器连接
Talk	517	谈话
telnet	23	telnet
Time	37	时间
Uucp	540	UNIX 到 UNIX 的复制程序
Whois	43	别名
www	80	WWW 服务

表 5-9   UDP 助记符和端口号对应表

助 记 符	端 口 号	描 述
Biff	512	Biff 邮局的通知和 comsat 消息
Bootpc	68	Bootp 客户端
Bootps	67	Bootup 服务器
Discard	9	丢弃
Dnsix	195	DNSIX 安全协议审查
Domain	53	DNS 查询和回复
Echo	7	回声
Isakmp	500	Internet 安全关联和密钥管理协议
Mobile-ip	434	移动 IP 登录
Nameserver	42	Ien116 名称服务
Netbios-dgm	138	Netbios 数据包服务
Netbios-ns	137	Netbios 名称服务
Netbios-ss	139	Netbios 会话服务
Ntp	123	网络时间协议
Pim-auto-rp	496	PIM 自动聚合点
Rip	520	RIP 路由协议
Snmp	161	简单网络管理协议
Snmptrap	162	SNMP 陷阱

助 记 符	端 口 号	描 述
Sunrpc	111	Sun 远程调用
Syslog	514	远程记录日志消息
Tacacs	49	TAC 访问控制系统
Talk	517	谈话
Tftp	69	简单文件传输协议
Time	37	时间
Who	513	远程 who 服务
xdmcp	177	X 显示管理器控制协议

2. 命名的扩展 ACL

通过命名创建扩展 IP ACL 的具体命令如表 5-10 所示。（以路由器为例，三层交换机配置类似）

表 5-10　命名扩展 ACL 常用命令及说明

命　　令	功　能　说　明
Router(config)#ip access-list extended *name*	name：扩展 ACL 定义的名字
Router(config-ext-nacl)#{permit | deny} *protocol* source *source-wildcard-mask* [operator *operand*] destination *destination-wildcard-mask* [operator *operand*]	permit 和 deny：表示匹配条件的报文是通过还是阻止 protocol：定义匹配的协议，具体协议见表 5-6。 source-wildcard-mask：源 IP 地址和反掩码，与标准 ACL 相同 destination-wildcard-mask：目的 IP 地址和反掩码，与标准 ACL 相同 operator：源/目的端口号。可以用数字、助记符或者操作符与数字、助记符相结合的方法来指定端口或端口范围。具体操作符见表 5-7，助记符和端口号对应关系见表 5-8
Router(config-if)#ip access-group *id* {in|out}	id：扩展 ACL 的编号 in：数据从路由器端口进入 out：数据经路由器端口出去

说明：使用 ip access-list extended 命令，建立命名的扩展 ACL，后面跟 ACL 名称，执行该命令时，进入子配置模式，输入 permit 或 deny 语句，语法和编号的 ACL 相同，并且支持相同的选项。

案例实施

1. 案例拓扑图及要求说明

此案例拓扑如图 5-11 所示，一台三层交换机、一台服务器和两台 PC 通过三根直通线进行连接。PC1 属于 VLAN 10，PC2 属于 VLAN 20，服务器属于 VLAN 30，要求使用扩展 ACL 技术实现 PC1 可以访问服务器的 FTP 服务，但不能访问 WWW 服务，而 PC2 则可以访问服务器的 FTP 和 WWW 服务，并验证。

下面使用 Cisco Packet Tracer 仿真软件来模拟实现这个案例。

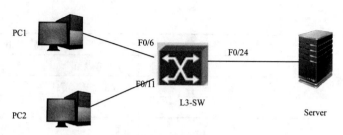

图 5-11 扩展 ACL

2. 实施步骤

（1）按图 5-11 连接好各设备。

（2）在三层交换上创建 VLAN，配置 SVI 接口 IP 地址。

```
SWITCH#configure terminal
进入交换机全局配置模式
SWITCH(config)# Hostname L3-SW
L3-SW(config)# vlan 10
创建 VLAN 10
L3-SW(config)# vlan 20
创建 VLAN 20
L3-SW(config)# vlan 30
创建 VLAN 30
L3-SW (config)# interface range fastethernet 0/6-10
同时进入 fastethernet 0/6~0/10 五个端口配置模式
L3-SW (config-if-range)# switch access vlan 10
将 fastethernet 0/6~0/10 五个端口加入 VLAN 10 中
L3-SW (config)# interface range fastethernet 0/11-15
同时进入 fastethernet 0/11~0/15 五个端口配置模式
L3-SW (config-if-range)# switch access vlan 20
将 fastethernet 0/11~0/15 五个端口加入 VLAN 20 中
L3-SW (config)# interface range fastethernet 0/20-24
同时进入 fastethernet 0/20~0/24 五个端口配置模式
L3-SW (config-if-range)# switch access vlan 30
将 fastethernet 0/20~0/24 五个端口加入 VLAN 30 中
L3-SW (config)# interface Vlan 10
进入 VLAN 10 的 SVI 接口配置模式
L3-SW (config-if)# ip address 192.168.10.254 255.255.255.0
给 VLAN 10 的 SVI 接口配置 IP 地址
L3-SW (config-if)# no shutdown
激活该 SVI 接口
L3-SW (config)# interface Vlan 20
进入 VLAN 20 的 SVI 接口配置模式
L3-SW (config-if)# ip address 192.168.20.254 255.255.255.0
给 VLAN 20 的 SVI 接口配置 IP 地址
L3-SW (config-if)# no shutdown
```

激活该 SVI 接口

```
L3-SW (config)# interface Vlan 30
```

进入 VLAN 30 的 SVI 接口配置模式

```
L3-SW (config-if) # ip address 192.168.30.254 255.255.255.0
```

给 VLAN 30 的 SVI 接口配置 IP 地址

```
L3-SW (config-if)# no shutdown
```

激活该 SVI 接口

（3）给 PC 配置 IP 地址。

给 PC1 配置 IP 地址为 192.168.10.1，网关为 192.168.10.254。

给 PC2 配置 IP 地址为 192.168.20.1，网关为 192.168.20.254。

给服务器 Server 配置 IP 地址为 192.168.30.1，网关为 192.168.30.254，并且配置一个 Web 服务器和一个 FTP 服务器。

（4）测试连通性。

使用 Ping 命令测试与服务器的连通性，并观察访问 Web 和 FTP 服务器的情况。

（5）在交换机上配置扩展 IP 访问列表。

```
L3-SW  (config)#  access-list  110  deny  tcp  192.168.10.0  0.0.0.255
192.168.30.0 0.0.0.255 eq www
L3-SW (config)# access-list 110 permit ip any any
L3-SW (config)# interface vlan 10
L3-SW (config-if)# ip access-group 110 in
```

（6）查看 ACL。

```
L3-SW # sh ip access-lists
Extended IP access list 110
    deny tcp 192.168.10.0 0.0.0.255 192.168.30.0 0.0.0.255 eq www (33
match(es))

    permit ip any any (7 match(es))
```

（7）验证测试。

从分别从 PC1 和 PC2 访问服务器 Server 上的 Web 和 FTP 应用，观察访问情况，并与应用扩展 IP 访问列表之前的情况做一个比较。

3. 注意事项

（1）访问控制列表要在接口下应用。

（2）要注意，deny 某个网段后要 permit 其他网段。

5.4 【案例 4】利用动态 NAT 技术实现高效安全访问 Internet

学习目标

（1）了解 NAT 的概念、用途、分类、术语、工作过程。

（2）掌握 NAT 的配置方法。

案例描述

　　假设小李是某公司的网络管理员，公司只向 ISP 申请了五个公网 IP 地址，希望全公司的主机都能访问外网，请你小李路由器上做适当配置实现些功能。每台上网的计算机都需要一个公网 IP，但是公网 IP 很难大批量申请，为解决这个矛盾，提出了 NAT 概念，它是一种把内部私有 IP 地址翻译成公网 IP 地址的方法。本案例利用 NAT 技术，实现了五个公网 IP 地址让所有公司主机访问外网的需求。

相关知识

1. NAT 概念

　　网络地址转换（Network Address Translation，NAT）属接入广域网（WAN）技术，是一种将私有（保留）地址转化为合法 IP 地址的转换技术，它被广泛应用于各种类型 Internet 接入方式和各种类型的网络中。原因很简单，NAT 不仅完美地解决了 IP 地址不足的问题，而且还能够有效地避免来自网络外部的攻击，隐藏并保护网络内部的计算机。

2. NAT 用途

　　随着接入 Internet 的计算机数量的不断猛增，IP 地址资源也就更加显得捉襟见肘。事实上，除了中国教育和科研计算机网（CERNET）外，一般用户几乎申请不到整段的 C 类 IP 地址。在其他 ISP 那里，即使是拥有几百台计算机的大型局域网用户，当他们申请 IP 地址时，所分配的地址也不过只有几个或十几个 IP 地址。显然，这样少的 IP 地址根本无法满足网络用户的需求，于是也就产生了 NAT 技术。

　　NAT 是将 IP 数据包头中的 IP 地址转换为另一个 IP 地址的过程。在实际应用中，NAT 主要用于实现私有网络访问公共网络的功能。这种通过使用少量的公有 IP 地址代表较多的私有 IP 地址的方式，将有助于减缓可用 IP 地址空间的枯竭。

3. NAT 分类

　　NAT 的实现方式有四种，即静态转换 Static NAT、动态转换 Dynamic NAT、静态网络地址端口转换 NAPT 和动态网络地址端口转换 NAPT，分别简称静态 NAT、动态 NAT、静态 NAPT 和动态 NAPT。

　　（1）静态 NAT 是指将内部网络的私有 IP 地址转换为公有 IP 地址，IP 地址对是一对一的，是一成不变的，某个私有 IP 地址只转换为某个公有 IP 地址。借助于静态转换，可以实现外部网络对内部网络中某些特定设备（如服务器）的访问。

　　（2）动态 NAT 是指将内部网络的私有 IP 地址转换为公用 IP 地址时，IP 地址是不确定的，是随机的，所有被授权访问上 Internet 的私有 IP 地址可随机转换为任何指定的合法 IP 地址。也就是说，只要指定哪些内部地址可以进行转换，以及用哪些合法地址作为外部地址时，就可以进行动态转换。动态转换可以使用多个合法外部地址集。当 ISP 提供的合法 IP 地址略少于网络内部的计算机数量时。可以采用动态转换的方式。

　　（3）网络地址端口转换（Network Address Port Translation，NAPT）是把不同的内部地址和端口映射到外部网络的一个或多个 IP 地址的不同端口上。内部网络的所有主机均可共享一个合法外部 IP 地址实现对 Internet 的访问，从而可以最大限度地节约 IP 地址资源。同时，从网络外部看，所有的信息流好像源于同一个 IP 地址，这样就可隐藏网络内部的所有主机，有效避免来自 internet 的攻击。因此，目前网络中应用最多的就是 NAPT。

NAPT 分为静态 NAPT 和动态 NAPT，二者有如下区别：

① 静态 NAPT：

● 需要向外网络提供信息服务的主机。

● 永久的一对一"IP 地址+端口"映射关系。

② 动态 NAPT：

● 只访问外网服务，不提供信息服务的主机。

● 临时的一对一"IP 地址+端口"映射关系。

4．NAT **术语**

在 NAT 中，使用了不少术语，具体如表 5-11 所示。

表 5-11　NAT 术语

命　　令	功　能　说　明
内部本地 IP 地址	分配给内部网络中的主机的 IP 地址，通常这种地址为私有地址
内部全局 IP 地址	对外代表一个或多个内部本地 IP 地址，通常这种地址是全局唯一的公有地址，通常是 ISP 提供的
外部本地 IP 地址	在内部网络中看到的外部主机的 IP 地址，该地址是内部可路由地址，一般不是注册的全局唯一地址
外部全局 IP 地址	外部网络中的主机 IP 地址，通常是全局可路由地址

在 NAT 中，内部和外部的概念是指主机相对于 NAT 设备的物理位置，本地和全局是用户相对于 NAT 设备的位置或视角。如图 5-12 所示，PC1 和 PC2 通过 NAT 路由器地址转换后通信，PC1 的地址被转换成 202.1.2.3，PC2 的地址被转换成 203.4.5.6，因此 PC1 认为 PC2 的地址为 203.4.5.6，PC2 认为 PC1 的地址为 202.1.2.3，因此 NAT 技术对于地址可以双向隐藏。

图 5-12 示例子中，以 PC1 为例，192.168.1.100 为内部本地 IP 地址，202.1.2.3 为内部全局 IP 地址，203.4.5.6 为外部本地 IP 地址，192.16.2.50 是外部全局 IP 地址。

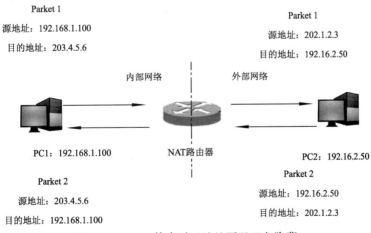

图 5-12　NAT 技术对于地址可以双向隐藏

5. NAT 的工作过程

（1）静态 NAT 工作过程。静态 NAT 转换条目需要预先手工创建，即将一个内部本地地址和一个内部全局地址唯一的进行绑定。

如图 5-13 所示，静态 NAT 转换的步骤如下。

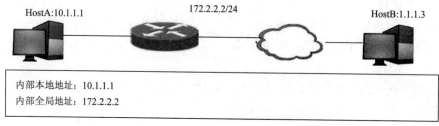

图 5-13　静态 NAT 工作过程

① HostA 要与 HostB 进行通信，它使用私有地址 10.1.1.1 作为源地址向 Host B 发送报文。

② NAT 路由器从 HostA 收到报文后检查 NAT 表，发现需要将该报文的源地址进行转换。

③ NAT 路由器根据 NAT 转换表将内部本地地址 10.1.1.1 转换为内部全局地址 172.2.2.2，然后转发报文。注意，虽然网络中内部全局地址通常是合法的公网地址，但是 NAT 并不强制要求全局地址为哪种类型的地址。

④ HostB 收到报文后，使用内部全局地址 172.2.2.2 作为目的地址来应答 HostA。

⑤ NAT 路由器收到 HostB 发回的报文后，再根据 NAT 转换表将该内部全局地址 172.2.2.2 转换回内部本地地址 10.1.1.1，并将报文转发给 HostA，后者收到报文后继续会话。

（2）动态 NAT 的工作过程。动态 NAT 转换也是将一个内部本地地址和一个内部全局地址一对一的转换，但是动态 NAT 是从内部全局地址池中动态的选择一个未被使用的地址对内部本地地址进行转换。动态地址转换条目是动态创建的，无须预先手工进行创建。

如图 5-14 所示，动态 NAT 转换的步骤如下：

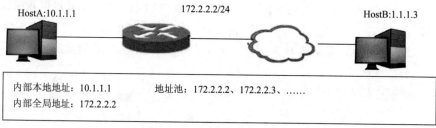

图 5-14　动态 NAT 工作过程

① HostA 要与 HostB 进行通信，它使用私有地址 10.1.1.1 作为源地址向 HostB 发送报文。

② NAT 路由器从 HostA 收到报文后检查 NAT 表，发现需要将该报文的源地址进行转换，并从地址池中选择一个未被使用的全局地址 172.2.2.2 用于转换。

③ NAT 路由器将内部本地地址 10.1.1.1 转换为内部全局地址 172.2.2.2，然后转发报文，并创建一条动态的 NAT 转换表项。

④ HostB 收到报文后，使用内部全局地址 172.2.2.2 作为目的地址来应答 HostA。

⑤ NAT 路由器收到 HostB 发回的报文后，再根据 NAT 转换表将该内部全局地址 172.2.2.2 转换回内部本地地址 10.1.1.1，并将报文转发给 HostA，后者收到报文后继续会话。

6. NAT 的配置方法

（1）静态 NAT 配置。配置静态 NAT 的具体命令如表 5-12 所示。

表 5-12　静态 NAT 常用命令及说明

命　　令	功　能　说　明
Router(config-if)#ip nat {inside|outside}	inside：指定接口为 NAT 内部接口 outside：指定接口为 NAT 外部接口
Router(config)#ip nat inside source static *local-ip* {interface *interface*|*global-ip*}	*local-ip*：分配给内部网络中的主机的本地 IP 地址（内部本地地址） *interface*：路由器本地接口。如果指定该参数，路由器将使用该接口的地址进行转换 *global-ip*：外部主机看到的内部主机的全局唯一的 IP 地址（内部全局地址）

（2）动态 NAT 配置。配置动态 NAT 的具体命令如表 5-13 所示。

表 5-13　动态 NAT 常用命令及说明

命　　令	功　能　说　明
Router(config-if)#ip nat {inside|outside}	inside:指定接口为 NAT 内部接口 outside：指定接口为 NAT 外部接口
Router(config)#access-list *listnumber* {permit | deny} *address* [*wildcard-mask*]	listnumber：规则序号，标准 ACL 取值为 1～99 或 1300～1999 permit 和 deny：表示匹配条件的报文是通过还是阻止 address：数据包的源 IP 地址，也可以配合通配符屏蔽码（wildcard）表示一组源 IP 地址 wildcard：通配符屏蔽码，与子网掩码相反，所以也称反掩码
Router(config)#ip nat pool *pool-name* *start-ip end-ip* {netmask *netmask*|prefix-length *prefix-length*}	pool-name：地址池的名称 start-ip：全局地址池包含的地址范围中的第一个 IP 地址 end-ip：全局地址池包含的地址范围中的最后一个 IP 地址 netmask：地址池中地址的子网掩码（不是反掩码） prefix-length：一个数字，指出 netmask 中有几个 1
Router(config)#ip nat inside source list *access-list-number* {interface *interface* |pool *pool-name*}	*access-list-number*：IP 访问列表的编号 *interface*：路由器本地接口。如果指定该参数，路由器将使用该接口的地址进行转换 *pool-name*：地址池的名称

案例实施

1. 案例拓扑图及要求说明

此案例拓扑如图 5-15 所示，一台 PC 模拟客户机、一台 PC 模拟服务器、一台路由器模拟局域网路由器、一台路由器模拟互联网路由器。PC 用直通线连到路由器，路由器之间用串口线连接，要求在局域网路由器上配置动态 NAT，实现 PC1 访问服务器并验证。

下面使用 Cisco Packet Tracer 仿真软件来模拟实现这个案例。

2. 实施步骤

（1）按图 5-15 连接好各设备。

（2）在内网路由器 Lan-router 上配置路由器的名称、接口 IP 地址和时钟。

图 5-15　动态 NAT

```
Router(config)# hostname  Lan-router
Lan-router (config)# interface fastEthernet 0/0
Lan-router (config-if)# ip address 172.16.1.254 255.255.255.0
```
此接口地址作为 172.16.1.0 网段的网关地址
```
Lan-router (config-if)# no shutdown
```
激活此端口
```
Lan-router (config)# interface serial 2/0
Lan-router (config-if)# clock rate 64000
```
配置串口的时钟
```
Lan-router (config-if)# ip address 200.1.8.1 255.255.255.0
```

配置串口地址，作为内部全局地址
```
Lan-router (config-if)# no shutdown
```
（3）在外网路由器 Internet-router 上配置路由器的名称、接口 IP 地址。
```
Router(config)# hostname  Internet-router
Internet-router (config)# interface fastEthernet 0/0
Internet-router (config-if)# ip address 61.19.6.254 255.255.255.0
```
此接口地址作为 61.19.6.0 网段的网关地址
```
Internet-router (config-if)# no shutdown
```
激活此端口
```
Internet-router (config)# interface serial 2/0
Internet-router (config-if)# ip address 200.1.8.2 255.255.255.0
```
配置串口地址
```
Internet-router (config-if)#no shutdown
```
（4）在两台路由器上配置默认路由。
```
Lan-router (config)# ip route 0.0.0.0 0.0.0.0 200.1.8.2
Internet-router (config)# ip route 0.0.0.0 0.0.0.0 200.1.8.1
```
（5）给 PC 配置 IP 地址。给 PC1 配置 IP 地址为 172.16.1.1，网关为 172.16.1.254。
给服务器 Server 配置 IP 地址为 61.19.6.1，网关为 61.19.6.254，并配置 Web 服务。
（6）测试连通性。

使用 ping 命令测试 PC1 与服务器 Server 之间的连通性。
（7）在内网路由器 Lan-router 上配置动态 NAT。
```
Lan-router (config)# interface FastEthernet 0/0
Lan-router (config-if)# ip nat inside
Lan-router (config)# interface Serial 2/0
Lan-router (config-if)# ip nat outside
Lan-router (config)# ip nat pool to_internet 200.1.8.1 200.1.8.5 netmask
255.255.255.0
Lan-router (config)# access-list 10 permit 172.16.1.0 0.0.0.255
```

```
Lan-router (config)# ip nat inside source list 10 pool to_internet
```
（8）验证测试。

在 PC1 上访问外网 Server 上的 Web 服务，然后在 Lan-router 上查看 NAT 映射关系。

```
Router # sh ip nat tr
pro  Inside global      Inside local     Outside local    Outside global
tcp 200.1.8.1:1025     172.16.1.1:1025  61.19.6.1:80     61.19.6.1:80
```

3. 注意事项

（1）不要把 Inside 和 Outside 应用的接口弄错。

（2）要加上能使数据包向外转发的路由，比如默认路由。

5.5 【案例 5】利用静态 NAPT 安全发布内网 Internet 服务

学习目标

（1）了解 NAPT 工作过程。

（2）掌握 NAPT 的配置方法。

案例描述

假设小赵是某公司的网络管理员，公司只向 ISP 申请了一个公网 IP 地址，公司的网站在内网中，要求在互联网上也可以访问到公司的网站，现需要小赵来实现此功能。172.16.8.1 是 Web 服务器的 IP 地址。本案例利用静态 NAPT 技术，实现外网访问内网服务器的需求。

相关知识

1. NAPT 工作过程

（1）静态 NAPT 工作过程。如图 5-16 所示，静态 NAPT 转换的步骤如下：

① HostA 要与 HostB 进行通信，它使用私有地址 10.1.1.1 作为源地址向 HostB 发送报文，报文的源端口号为 1600，目的端口号为 25。

② NAT 路由器从 HostA 收到报文后检查 NAT 表，发现需要将该报文的源地址进行转换，NAT 路由器根据 NAT 转换表将内部本地地址 10.1.1.1 转换为内部全局地址 172.2.2.2，同时将源端口转换为 1339，然后转发报文。

图 5-16 静态 NAPT 工作过程

③ HostB 收到报文后，使用内部全局地址 172.2.2.2 和 1339 端口作为目的地址来应答 HostA。

④ NAT 路由器收到 HostB 发回的报文后，再根据 NAT 转换表将该内部全局地址 172.2.2.2 和端口 1399 转换回内部本地地址 10.1.1.1 和端口 1600，并将报文转发给 HostA，后者收到报文后继续会话。

（2）动态 NAPT 工作过程。如图 5-17 所示，动态 NAPT 转换的步骤如下：

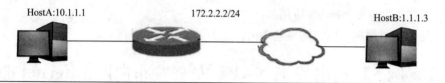

协议：TCP   地址池：172.2.2.2、172.2.2.3、…

内部本地地址和端口：10.1.1.1：1600   外部本地地址和端口：1.1.1.3：25

内部全局地址和端口：172.2.2.2：1339   外部全局地址和端口：1.1.1.3：25

图 5-17　动态 NAPT 工作过程

① HostA 要与 HostB 进行通信，它使用私有地址 10.1.1.1 作为源地址向 HostB 发送报文，报文的源端口号为 1600，目的端口号为 25。

② NAT 路由器从 HostA 收到报文后检查 NAT 表，发现需要将该报文的源地址进行转换，并从地址池中选择一个未被使用的全局地址 172.2.2.2 用于转换，同时将源端口转换为 1339，并创建动态转换表项，然后转发报文。

③ HostB 收到报文后，使用内部全局地址 172.2.2.2 和 1339 端口作为目的地址来应答 HostA。

④ NAT 路由器收到 HostB 发回的报文后，再根据 NAT 转换表将该内部全局地址 172.2.2.2 和端口 1339 转换回内部本地地址 10.1.1.1 和端口 1600，并将报文转发给 HostA，后者收到报文后继续会话。

2. NAPT 配置方法

（1）静态 NAPT 配置。配置静态 NAPT 的具体命令如表 5-14 所示。

表 5-14　静态 NAPT 常用命令及说明

命　令	功　能　说　明
Router(config-if)#ip nat {inside|outside}	inside：指定接口为 NAT 内部接口
	outside：指定接口为 NAT 外部接口
Router(config)#ip nat inside source static {tcp|udp} *local-ip* *local-port* {interface *interface*|*global-ip*} *global-port*	*local-ip*：分配给内部网络中的主机的本地 IP 地址（内部本地地址）
	local-port：本地 TCP/UDP 端口号
	interface：路由器本地接口。如果指定该参数，路由器将使用该接口的地址进行转换
	global-ip：外部主机看到的内部主机的全局唯一的 IP 地址（内部全局地址）
	global-port：全局 TCP/UDP 端口号

（2）动态 NAPT 配置。配置动态 NAPT 的具体命令如表 5-15 所示。

表 5-15 动态 NAPT 常用命令及说明

命　　　令	功　能　说　明
Router(config-if)#ip nat {inside|outside}	inside：指定接口为 NAT 内部接口 outside：指定接口为 NAT 外部接口
Router(config)#access-list *listnumber* {permit | deny} *address* [*wildcard-mask*]	listnumber：规则序号，标准 ACL 取值为 1～99 或 1300～1999 permit 和 deny：表示匹配条件的报文是通过还是阻止 address：数据包的源 IP 地址，也可以配合通配符屏蔽码（wildcard）表示一组源 IP 地址 wildcard：通配符屏蔽码，与子网掩码相反，所以也称反掩码
Router(config)#ip nat pool *pool-name start-ip end-ip* {netmask *netmask*|prefix-length *prefix-length*}	pool-name：地址池的名称 start-ip：全局地址池包含的地址范围中的第一个 IP 地址 end-ip：全局地址池包含的地址范围中的最后一个 IP 地址 netmask：地址池中地址的子网掩码（不是反掩码） prefix-length：一个数字，指出 netmask 中有几个 1
Router(config)#ip nat inside source list *access-list-number* {interface *interface* |pool *pool-name*} overload	*access-list-number*：IP 访问列表的编号 *interface*：路由器本地接口。如果指定该参数，路由器将使用该接口的地址进行转换 *pool-name*：地址池的名称

📖 **案例实施**

1. 案例拓扑图及要求说明

此案例拓扑如图 5-18 所示，一台 PC 模拟客户机、一台 PC 模拟服务器、一台路由器模拟局域网路由器、一台路由器模拟互联网路由器。PC 用直通线连到路由器，路由器之间用串口线连接，要求在局域网路由器上配置静态 NAPT，实现 PC1 访问服务器并验证。

下面使用 Cisco Packet Tracer 仿真软件来模拟实现这个案例。

2. 实施步骤

（1）按图 5-18 连接好各设备。

（2）在内网路由器 Lan-router 上配置路由器的名称、接口 IP 地址和时钟。

图 5-18　静态 NAPT

```
Router(config)# hostname  Lan-router
Lan-router (config)# interface fastEthernet 0/0
Lan-router (config-if)# ip address 172.16.8.254 255.255.255.0
```
此接口地址作为 172.16.8.0 网段的网关地址
```
Lan-router (config-if)# no shutdown
```
激活此端口

```
Lan-router (config)# interface serial 2/0
Lan-router (config-if)# clock rate 64000
```
配置串口的时钟
```
Lan-router (config-if)# ip address 200.1.8.1 255.255.255.0
```
配置串口地址，作为内部全局地址
```
Lan-router (config-if)# no shutdown
```
（3）在外网路由器 Internet-router 上配置路由器的名称、接口 IP 地址。
```
Router(config)# hostname  Internet-router
Internet-router (config)# interface fastEthernet 0/0
Internet-router (config-if)# ip address 61.19.6.254 255.255.255.0
```
此接口地址作为 61.19.6.0 网段的网关地址
```
Internet-router (config-if)# no shutdown
```
激活此端口
```
Internet-router (config)# interface serial 2/0
Internet-router (config-if)# ip address 200.1.8.2 255.255.255.0
```

配置串口地址
```
Internet-router (config-if)# no shutdown
```
（4）在两台路由器上配置默认路由。
```
Lan-router (config)# ip route 0.0.0.0 0.0.0.0 200.1.8.2
Internet-router (config)# ip route 0.0.0.0 0.0.0.0 200.1.8.1
```
（5）给 PC 配置 IP 地址。

给 PC1 配置 IP 地址为 61.19.6.1，网关为 61.19.6.254。

给服务器 Server 配置 IP 地址为，172.16.1.1，网关为 172.16.1.254 并配置 Web 服务。

（6）测试连通性。

使用 Ping 命令测试 PC1 与服务器 Server 之间的连通性。

（7）在内网路由器 Lan-router 上配置静态 NAPT。
```
Lan-router (config)# interface FastEthernet 0/0
Lan-router (config-if)# ip nat inside
Lan-router (config)# interface Serial 2/0
Lan-router (config-if)# ip nat outside
Lan-router (config)# ip nat inside source static tcp 172.16.8.1 80 200.1.8.1 80
```
（8）验证测试。

在 PC1 上使用 200.1.8.1 地址来访问内网地址为 172.16.8.1 服务上的 Web 服务，然后在 Lan-router 上查看 NAPT 映射关系。
```
Router # sh ip nat tr
Pro Inside global     Inside local      Outside local     Outside global
tcp 200.1.8.1:80      172.16.8.1:80     ---               ---
tcp 200.1.8.1:80      172.16.8.1:80     61.19.6.1:1025    61.19.6.1:1025
```
3. 注意事项

（1）不要把 Inside 和 Outside 应用的接口弄错。

（2）针对要访问的服务设置相应的静态端口地址转换。

5.6 【案例6】使用防火墙实现安全的访问控制

学习目标

（1）了解防火墙作用、分类。
（2）掌握防火墙工作原理、防火墙工作模式。
（3）掌握防火墙初始化配置方法。
（4）掌握防火墙包过滤规则的配置方法。

案例描述

某企业网络的出口使用了一台防火墙作为接入 Internet 的设备，现在需要使用防火墙的安全策略实现严格的访问控制，以允许必要的流量通过防火墙，并且阻止到 Internet 的未授权的访问。企业网络需要对内部网络到达 Internet 的流量进行限制，防火墙的安全策略（包过滤规则）可以满足这个需求，实现内部网络到 Internet 的严格的访问控制需求。本案例利用防火墙的安全策略实现流量控制。

相关知识

1. 防火墙概念

防火墙是指设置在不同网络（如可信任的企业内部网和不可信的公共网）或网络安全域之间的一系列部件的组合。它是不同网络或网络安全域之间信息的唯一出入口，能根据企业的安全政策控制（允许、拒绝、监测）出入网络的信息流，且本身具有较强的抗攻击能力。它是提供信息安全服务，实现网络和信息安全的基础设施。

在逻辑上，防火墙是一个分离器，一个限制器，也是一个分析器，有效地监控了内部网和 Internet 之间的任何活动，保证了内部网络的安全。

2. 防火墙作用

防火墙的主要作用有以下几点：

（1）允许网络管理员定义一个中心点来防止非法用户进入内部网络。

（2）可以很方便地监视网络的安全性，并报警。

（3）可以作为部署 NAT 的地点，利用 NAT 技术，将有限的 IP 地址动态或静态地与内部的 IP 地址对应起来，用来缓解地址空间短缺的问题。

（4）是审计和记录 Internet 使用费用的一个最佳地点。网络管理员可以在此向管理部门提供 Internet 连接的费用情况，查出潜在的带宽瓶颈位置，并能够依据本机构的核算模式提供部门级的计费。

（5）可以连接到一个单独的网段上，从物理上和内部网段隔开，并在此部署 WWW 服务器和 FTP 服务器，将其作为向外部发布内部信息的地点。从技术角度来讲，就是所谓的停火区（DMZ）。

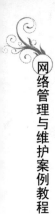

防火墙不能防范以下几点情况：

（1）防火墙不能防范不经由防火墙的攻击。例如，如果允许从受保护网内部不受限制的向外拨号，一些用户可以形成与 Internet 的直接连接，从而绕过防火墙，造成一个潜在的后门攻击渠道。

（2）防火墙不能防止感染病毒的软件或文件的传输。这只能在每台主机上装反病毒软件。

（3）防火墙不能防止数据驱动式攻击。当有些表面看来无害的数据被邮寄或复制到 Internet 主机上并被执行而发起攻击时，就会发生数据驱动攻击。

3. 防火墙分类及工作原理

常见防火墙的类型主要有两种：包过滤和代理防火墙。

（1）包过滤防火墙。如图 5-19 所示，包过滤（Packet Filter）是在网络层中对数据包实施有选择的通过，依据系统事先设定好的过滤逻辑，检查数据流中的每个数据包，根据数据包的源地址、目标地址，以及包所使用端口确定是否允许该类数据包通过。

应用层		应用层		应用层
传输层		传输层		传输层
网络层		网络层		网络层
数据链路层		数据链路层		数据链路层

图 5-19　包过滤防火墙

包过滤防火墙简洁、速度快、费用低，并且对用户透明，但是对网络的保护很有限，因为它只检查地址和端口，对网络更高协议层的信息无理解能力。

（2）代理防火墙。如图 5-20 所示，代理防火墙也叫应用层网关（Application Gateway）防火墙。这种防火墙通过一种代理（Proxy）技术参与到一个 TCP 连接的全过程。从内部发出的数据包经过这样的防火墙处理后，就好像是源于防火墙外部网卡一样，从而可以达到隐藏内部网结构的作用。这种类型的防火墙被网络安全专家和媒体公认为最安全的防火墙。它的核心技术就是代理服务器技术。

应用层		应用层		应用层
传输层		传输层		传输层
网络层		网络层		网络层
数据链路层		数据链路层		数据链路层
物理层		物理层		物理层

图 5-20　代理防火墙

代理类型防火墙的最突出的优点就是安全。由于每一个内外网络之间的连接都要通过 Proxy 的介入和转换，通过专门为特定的服务如 HTTP 编写的安全化的应用程序进行处理，然后由防火墙本身提交请求和应答，没有给内外网络的计算机以任何直接会话的机会，从而避免了入侵者使用数据驱动类型的攻击方式入侵内部网。包过滤类型的防火墙是很难彻底避免这一漏洞的。

代理防火墙的最大缺点是速度相对比较慢，当用户对内外网络网关的吞吐量要求比较高时（比如要求达到 75～100 Mbit/s 时），代理防火墙就会成为内外网络之间的瓶颈。

4. 防火墙工作模式

防火墙能够工作在三种模式下：路由模式、透明模式、混合模式。如果防火墙以第三层对外连接（接口具有 IP 地址），则认为防火墙工作在路由模式下；若防火墙通过第二层对外连接（接口无 IP 地址），则防火墙工作在透明模式下；若防火墙同时具有工作在路由模式和透明模式的接口（某些接口具有 IP 地址，某些接口无 IP 地址），则防火墙工作在混合模式下。

（1）路由模式。当防火墙位于内部网络和外部网络之间时，需要将防火墙与内部网络、外部网络以及 DMZ 三个区域相连的接口分别配置成不同网段的 IP 地址，重新规划原有的网络拓扑，此时相当于一台路由器。防火墙的 Trust 区域接口与公司内部网络相连，Untrust 区域接口与外部网络相连。值得注意的是，Trust 区域接口和 Untrust 区域接口分别处于两个不同的子网中。

采用路由模式时，可以完成 ACL 包过滤、ASPF 动态过滤、NAT 转换等功能。然而，路由模式需要对网络拓扑进行修改（内部网络用户需要更改网关、路由器需要更改路由配置等），这是一件相当费事的工作，因此在使用该模式时需权衡利弊。

（2）透明模式。如果防火墙采用透明模式进行工作，则可以避免改变拓扑结构造成的麻烦，此时防火墙对于子网用户和路由器来说是完全透明的。也就是说，用户完全感觉不到防火墙的存在。采用透明模式时，只需在网络中像放置网桥（Bridge）一样插入该防火墙设备即可，无须修改任何已有的配置。与路由模式相同，IP 报文同样经过相关的过滤检查（但是 IP 报文中的源或目的地址不会改变），内部网络用户依旧受到防火墙的保护。防火墙透明模式的典型组网方式如下：防火墙的 Trust 区域接口与公司内部网络相连，Untrust 区域接口与外部网络相连，需要注意的是内部网络和外部网络必须处于同一个子网。

（3）混合模式。如果防火墙既存在工作在路由模式的接口（接口具有 IP 地址），又存在工作在透明模式的接口（接口无 IP 地址），则防火墙工作在混合模式下。混合模式主要用于透明模式作双机备份的情况，此时启动 VRRP（Virtual Router Redundancy Protocol，虚拟路由冗余协议）功能的接口需要配置 IP 地址，其他接口不配置 IP 地址。主/备防火墙的 Trust 区域接口与公司内部网络相连，Untrust 区域接口与外部网络相连，主/备防火墙之间通过 Hub 或 LAN Switch 实现互相连接，并运行 VRRP 协议进行备份。需要注意的是内部网络和外部网络必须处于同一个子网。

5. 防火墙三种模式的工作过程

（1）路由模式工作过程。防火墙工作在路由模式下，此时所有接口都配置 IP 地址，各接口所在的安全区域是三层区域，不同三层区域相关的接口连接的外部用户属于不同的子网。当报文在三层区域的接口间进行转发时，根据报文的 IP 地址来查找路由表，此时 防火墙表现为一个路由器。但是，防火墙与路由器存在不同，防火墙中 IP 报文还需要送到上层进行相关过滤等处理，通过检查会话表或 ACL 规则以确定是否允许该报文通过。此外，还要完成其他防攻击检查。路由模式的防火墙支持 ACL 规则检查、ASPF 状态过滤、防攻击检查、流量监控等功能。

（2）透明模式工作过程。防火墙工作在透明模式（也可以称为桥模式）下，此时所有接口都不能配置 IP 地址，接口所在的安全区域是二层区域，和二层区域相关接口连接的外部用户同属一个子网。当报文在二层区域的接口间进行转发时，需要根据报文的 MAC 地址来寻找出接口，此时防火墙表现为一个透明网桥。但是，防火墙与网桥存在不同，防火墙中 IP 报文还需要送到上层进行相关过滤等处理，通过检查会话表或 ACL 规则以确定是否允许该报文通过。此外，还要完成其他防攻击检查。透明模式的防火墙支持 ACL 规则检查、ASPF 状态过滤、防攻击检查、流量监控等功能。工作在透明模式下的防火墙在数据链路层连接局域网（LAN），网络终端用户无须为连接网络而对设备进行特别配置，就像 LAN Switch 进行网络连接。

（3）混合模式工作过程。防火墙工作在混合透明模式下，此时部分接口配置 IP 地址，部分接口不能配置 IP 地址。配置 IP 地址的接口所在的安全区域是三层区域，接口上启动 VRRP 功能，用于双机热备份；而未配置 IP 地址的接口所在的安全区域是二层区域，和二层区域相关接口连接的外部用户同属一个子网。当报文在二层区域的接口间进行转发时，转发过程与透明模式的工作过程完全相同。

6. 防火墙初始化配置方法

（1）安装管理员证书。管理员证书在防火墙随机光盘的 AdminCert 文件夹中，如图 5-21 所示。

图 5-21　管理员证书

① 双击 admin.p12 文件，该文件将初始 Windows 的证书导入向导，单击"下一步"按钮，如图 5-22 所示。

② 指定证书所在的路径，单击"下一步"按钮，如图 5-23 所示。

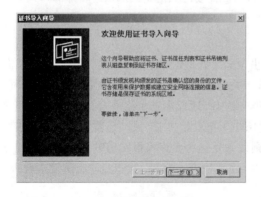

图 5-22　证书导入向导

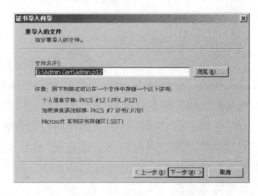

图 5-23　指定证书所在的路径

③ 输入导入证书时使用的密码，这里密码为 123456，单击"下一步"按钮，如图 5-24 所示。

④ 选择证书的存放位置，这里让 Windows 自动选择证书存储区，单击"下一步"按钮，如图 5-25 所示。

⑤ 单击"完成"按钮，完成证书的导入，系统会提示证书导入成功，如图 5-26 所示。

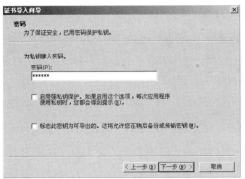

图 5-24 输入密码

图 5-25 选择证书存放位置

（2）登录防火墙。防火墙出厂时，默认在 WAN 接口配置了一个 IP 地址 192.168.10.100/24，并且只允许 IP 地址为 192.168.10.200 的主机对其进行管理。

① 将管理主机的 IP 地址配置为 192.168.10.200/24，在 Web 浏览器的地址栏中输入 https://192.168.10.100:6666。注意，这里使用的 https，这样所有的管理流量都是通过 SSL 进行加密的，并且端口号为 6666，这是使用文件证书登录防火墙时使用的端口。如果使用 USB-KEY 登录，端口号为 6667。

图 5-26 完成证书导入

② 当使用 https://192.168.10.100:6666 登录防火墙时，防火墙将提示管理主机初始管理员证书，该证书就是之前导入的管理员证书，如图 5-27 所示，单击"确定"按钮。

③ 之后 Windows 提示验证防火墙的证书，如图 5-28 所示，单击"是"按钮。

图 5-27 选择证书

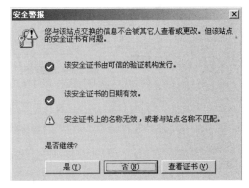

图 5-28 验证证书

第 5 章 网络安全管理

④ 通过验证后就可以进入防火墙的登录界面，如图 5-29 所示。

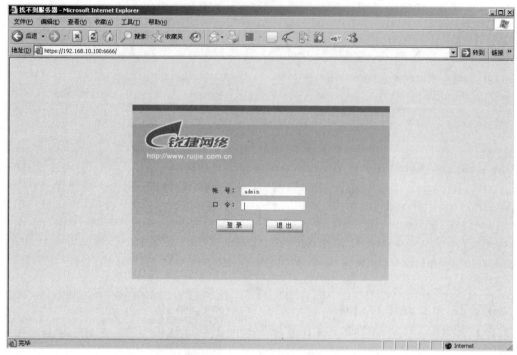

图 5-29　防火墙登录界面

⑤ 使用默认的用户名 admin，密码 firewall 登录防火墙，进入防火墙主页，如图 5-30 所示。

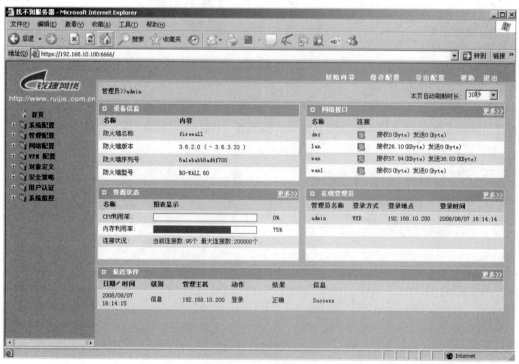

图 5-30　防火墙主页

（3）初始化向导——修改口令。进入防火墙配置页面后，单击右上方的"初始向导"按钮，进入防火墙的初始化向导。初始化向导的第 1 步是修改默认的管理员口令，如图 5-31所示。

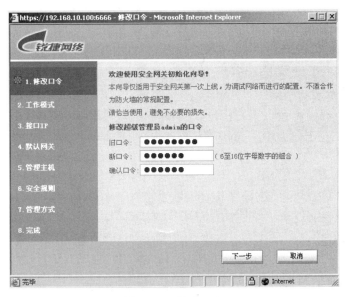

图 5-31　修改口令

（4）初始化向导 2——工作模式。初始化向导的第 2 步是设置接口的工作模式。接口工作在混合模式和路由模式，默认为路由模式。路由模式是指接口对报文进行路由转发，混合模式是指接口对报文进行透明桥接转发，如图 5-32 所示。

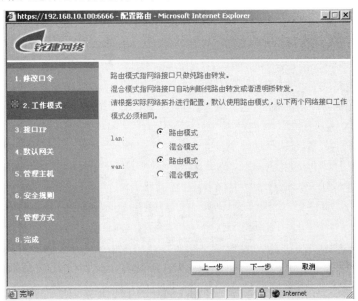

图 5-32　工作模式

（5）初始化向导 3——接口 IP。初始化向导的第 3 步是设置接口的 IP 地址和掩码信息，并且可以设置该地址是否作为管理地址，是否允许主机 ping 等选项，如图 5-33 所示。

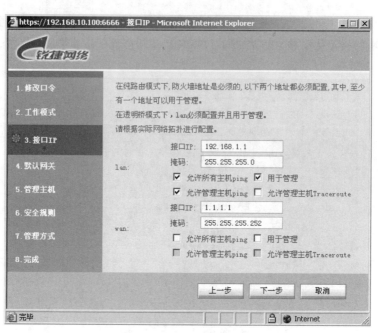

图 5-33　接口 IP

（6）初始化向导 4——默认网关。初始化向导的第 4 步是设置防火墙的默认网关，通常这都是 ISP 侧路由器的地址，如图 5-34 所示。

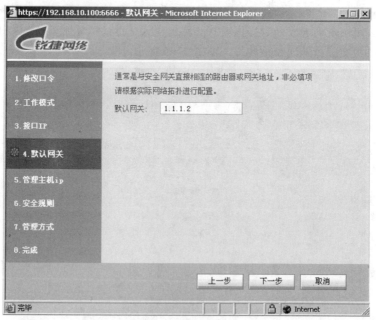

图 5-34　默认网关

（7）初始化向导 5——管理主机 IP。初始化向导的第 5 步是设置管理主机，只有该地址可以对防火墙进行管理。后续在配置界面中还可以添加多个管理主机。默认的管理主机为192.168.1.254。如图 5-35 所示。

（8）初始化向导 6——安全规则。初始化向导的第 6 步是添加安全规则，这里可以根据内部和外部的子网信息进行配置,如图 5-36 所示。

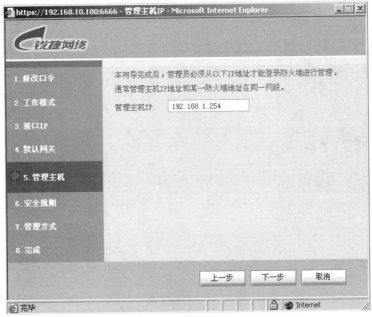

图 5-35　管理主机 IP

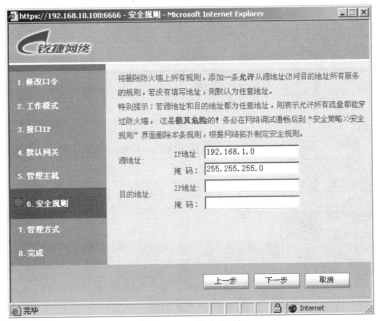

图 5-36　安全规则

（9）初始化向导 7—管理方式。初始化向导的第 7 步是设置管理防火墙的方式,这里可以选择三种方式:使用串口连接 Console 接口进行命令行管理;使用 Web 的 HTTPS 方式,即现在登录的方式;使用 SSH 加密连接进行命令行管理,如图 5-37 所示。

（10）初始化向导 8——完成向导。初始化向导的第 8 步是完成向导的配置,此时页面会显示之前步骤配置的结果,单击“完成”按钮,如图 5-38 所示。

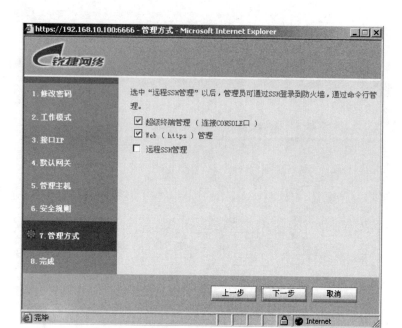

图 5-37　管理方式

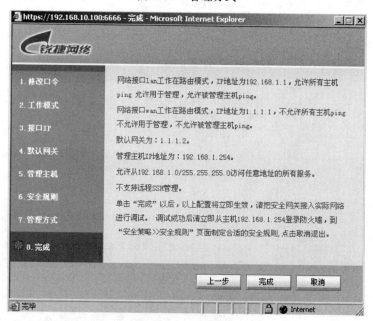

图 5-38　完成向导

注意：完成向导后，由于防火墙接口的地址、管理主机的地址已经改变，所以需要使用新的配置重新登录防火墙进行管理。

案例实施

1. 案例拓扑图及要求说明

此案例拓扑如图 5-39 所示，企业内部网络使用的地址段为 100.1.1.0/24。公司经理的主机 IP 地址为 100.1.1.100/24，设计部的主机 IP 地址为 100.1.1.101/24～100.1.1.103/24，其他员工使用 100.1.1.2/24～100.1.1.99/24 范围内的地址。并且公司在公网上有一台 IP 地址为 200.1.1.1 的外部 FTP 服务器。

现在需要在防火墙上进行访问控制，使经理的主机可以访问 Internet 中的 Web 服务器和公司的外部 FTP 服务器，并能够使用邮件客户端（SMTP/POP3）收发邮件；设计部的主机可以访问 Internet 中的 Web 服务器和公司的外部 FTP 服务器；其他员工的主机只能访问公司的外部 FTP 服务器。

下面使用 Cisco Packet Tracer 仿真软件来模拟实现这个案例。

图 5-39　使用防火墙实现安全的访问控制

2. 实施步骤

（1）按图 5-39 连接好各设备。

（2）配置防火墙接口的 IP 地址。

① 进入防火墙的配置页面"网络配置>>接口 IP"，单击"添加"按钮为接口添加 IP 地址，如图 5-40 所示。

图 5-40　添加接口 IP 地址

② 为防火墙的 LAN 接口配置 IP 地址及子网掩码，如图 5-41 所示。

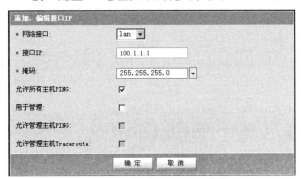

图 5-41　LAN 口 IP 地址

③ 为防火墙的 WAN 接口配置 IP 地址及子网掩码，如图 5-42 所示。

图 5-42　WAN 口 IP 地址

④ 接口配置 IP 地址后的状态如图 5-43 所示。

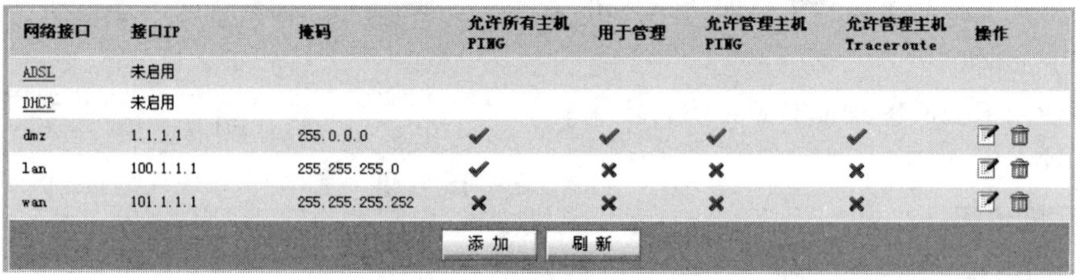

网络接口	接口IP	掩码	允许所有主机PING	用于管理	允许管理主机PING	允许管理主机Traceroute	操作
ADSL	未启用						
DHCP	未启用						
dmz	1.1.1.1	255.0.0.0	✔	✔	✔	✔	✎ 🗑
lan	100.1.1.1	255.255.255.0	✔	✘	✘	✘	✎ 🗑
wan	101.1.1.1	255.255.255.252	✘	✘	✘	✘	✎ 🗑

添加　刷新

图 5-43　所有接口 IP 地址

（3）配置针对经理的主机的访问控制规则。

① 进入防火墙配置页面"安全策略>>安全规则"，单击页面上方的"包过滤规则"按钮添加包过滤规则，如图 5-44 所示。

图 5-44　安全规则

② 添加允许经理的主机访问 Internet 中 Web 服务器的包过滤规则，如图 5-45 所示。

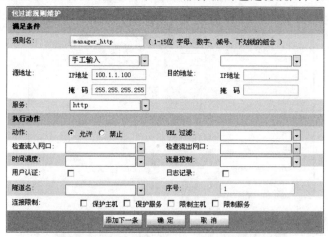

图 5-45　经理主机访问 Web 的包过滤规则

③ 添加允许经理的主机进行 DNS 域名解析的访问规则，如图 5-46 所示。

图 5-46　经理主机 DNS 的包过滤规则

④ 添加允许经理的主机访问公司外部 FTP 服务器的访问规则，如图 5-47 所示。

图 5-47　经理主机访问 FTP 的包过滤规则

⑤ 添加允许经理的主机使用邮件客户端发送邮件（SMTP）的访问规则，如图 5-48 所示。

图 5-48　经理主机允许 SMTP 包过滤规则

⑥ 添加允许经理的主机使用邮件客户端接收邮件（POP3）的访问规则，如图 5-49 所示。

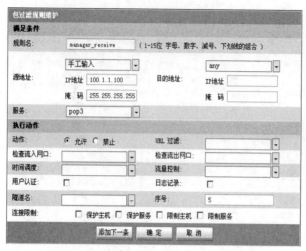

图 5-49　经理主机允许 POP3 包过滤规则

（4）配置针对设计部的主机的访问控制规则。

① 添加允许设计部的主机访问 Internet 中 Web 服务器的访问规则，如图 5-50 所示。

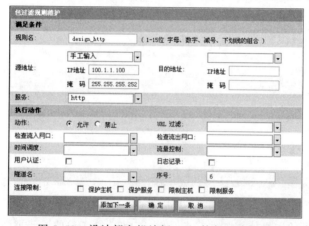

图 5-50　设计部主机访问 Web 的包过滤规则

② 添加允许设计部的主机进行 DNS 域名解析的访问规则，如图 5-51 所示。

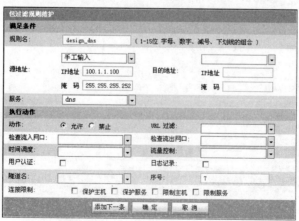

图 5-51　设计部主机允许 DNS 的包过滤规则

③ 添加允许设计部的主机访问公司外部 FTP 服务器的访问规则，如图 5-52 所示。

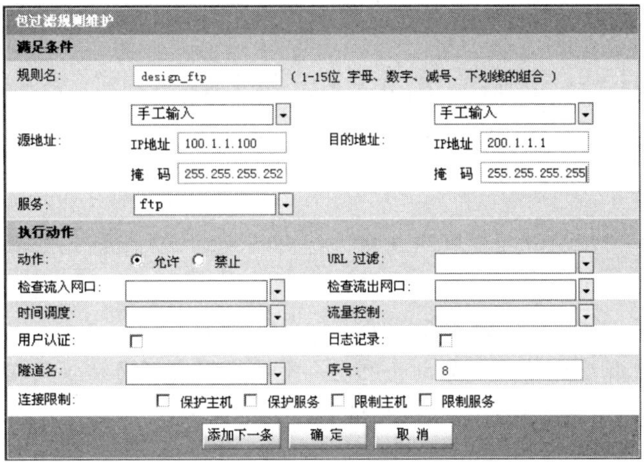

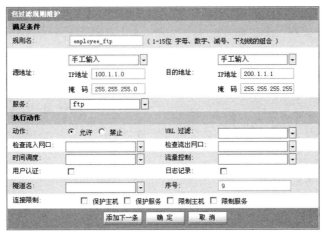

图 5-52　设计部主机允许访问 FTP 的包过滤规则

（5）配置针对其他员工的主机的访问控制规则。

添加允许其他员工的主机访问公司外部 FTP 服务器的访问规则，如图 5-53 所示。

图 5-53　其他员工主机允许访问 FTP 的包过滤规则

（6）查看配置的访问规则。

所有配置的包过滤规则如图 5-54 所示。

安全策略>>安全规则　　跳转到 全部

序号	规则名	源地址	目的地址	服务	类型	选项	生效
1	manager_http	100.1.1.100	any	http	✓		✔
2	manager_dns	100.1.1.100	any	dns	✓		✔
3	manager_ftp	100.1.1.100	200.1.1.1	ftp	✓		✔
4	manager_send	100.1.1.100	any	smtp	✓		✔
5	manager_receive	100.1.1.100	any	pop3	✓		✔
6	design_http	100.1.1.100	any	http	✓		✔
7	design_dns	100.1.1.100	any	dns	✓		✔
8	design_ftp	100.1.1.100	200.1.1.1	ftp	✓		✔
9	employee_ftp	100.1.1.0	200.1.1.1	ftp	✓		✔

图 5-54　所有的包过滤规则

（7）验证测试：

① 经理的主机可以访问 Internet 中的 Web 服务器和公司的外部 FTP 服务器，并能够使用邮件客户端（SMTP/POP3）收发邮件。

② 设计部的主机可以访问 Internet 中的 Web 服务器和公司的外部 FTP 服务器。

③ 其他员工的主机只能访问公司的外部 FTP 服务器。

注意：

① 防火墙的访问控制规则是按照顺序进行匹配的，如果数据流匹配到某条规则后，将不再进行后续规则的匹配。

② 默认情况下，防火墙拒绝所有未明确允许的数据流通过。

③ 本实验中没有给出防火墙路由的配置，需要根据实际网络情况在防火墙上配置到达 Internet（通常是默认路由）和内部网络的路由。

习　题　5

一、选择题

1. 配置端口安全存在哪些限制？（　　　）

    A. 一个安全端口必须是一个 Access 端口，及连接终端设备的端口，而非 Trunk 端口

    B. 一个安全端口不能是一个聚合端口

    C. 一个安全端口不能是 SPAN 的目的端口

    D. 只能是奇数端口上配置端口安全

2. 当端口由于违规操作而进入 err-disabled 状态后，使用什么命令手工将其恢复为 UP 状态？（　　　）

    A. errdisable recovery   B. no shutdown

    C. recovery errdisable   D. recovery

3. RGNOS 目前支持哪些访问列表？（　　　）

    A. 标准 IP 访问控制列表   B. 扩展 IP 访问控制列表

    C. MAC 访问控制列表   D. MAC 扩展访问控制列表

    E. 专家级扩展访问控制列表   F. IPv6 访问控制列表

4. 访问控制列表具有哪些作用？（　　　）

    A. 安全控制   B. 流量过滤   C. 数据流量标识   D. 流量控制

5. 某台路由器上配置的如下访问列表表示（　　　）。

```
access-list 4 deny 202.38.0.0 0.0.255.255
access-list 4 permit 202.38.160.1 0.0.0.255
```

    A. 只禁止源地址为 202.38.0.0 网段的所有主机访问

    B. 只允许目的地址为 202.38.0.0 网段的所有主机访问

    C. 检查源 IP 地址，禁止 202.38.0.0 大网段上的主机访问，但允许其中的 202.38.160.0 小网段上的主机访问

D. 检查目的 IP 地址,禁止 202.38.0.0 大网段上的主机访问,但允许其中的 202.38.160.0 小网段上的主机访问

6. 以下情况可以使用访问控制列表准确描述的是（　　　）。

   A. 禁止有 CIH 病毒的文件到主机

   B. 只允许系统管理员可以访问主机

   C. 禁止所有使用 Telnet 的用户访问主机

   D. 禁止使用 UNIX 系统的用户访问主机

7. 某公司维护它自己的公共 Web 服务器,并打算实现 NAT。应该为该 Web 服务器使用哪一种类型的 NAT?（　　　）

   A. 动态　　　　B. 静态　　　　　C. PAT　　　　D. 不用使用 NAT

8. NAT 不支持的流量类型是（　　　）。

   A. ICMP　　　　B. DNS 区域传输　　C. BOOTP　　　D. FTP

9. 下列关于 NAT 缺点描述正确的是（　　　）。

   A. NAT 增加了延迟

   B. 失去了端对端 IP 的 Traceability

   C. NAT 通过内部网的私有化来节约合法的注册寻址方案

   D. NAT 技术使得 NAT 设备维护一个地址转换表,用来把私有的 IP 地址映射到合法的 IP 地址上去

二、简答题

1. 在交换机上如何设置 MAC 地址和 IP 地址绑定来实现端口安全?

2. 标准访问控制列表依据什么标准来过滤数据流量?

3. 扩展访问控制列表依据什么标准来过滤数据流量?

4. 在 NAT 中有哪四种地址?

5. 最常用的网络地址转换模式有哪几种?

6. NAPT 与 NAT 的主要区别是什么?

第6章

➡️ 网络设备 DHCP 服务配置

能力目标

能针对不同的网络环境使用相应的方法或手段开启网络设备的 DHCP 功能，实现 PC 可以从网络设备自动获取相关 IP 地址信息。

知识目标

- 了解 DHCP 服务器的工作原理，掌握在网络设备上开启 DHCP 的方法。
- 了解 DHCP 服务器中继的工作原理，掌握在网络设备上开启 DHCP 中继的方法。

章节案例及分析

DHCP（Dynamic Host Configuration Protocol，动态主机配置协议）通常被应用在大型的局域网络环境中，主要作用是集中管理、分配 IP 地址，使网络环境中的主机动态地获得 IP 地址、Gateway 地址、DNS 服务器地址等信息，并能够提升地址的使用率。

本章分为两个案例：一是介绍如何启用网络设备的 DHCP 服务，主要介绍 DHCP 概述、DHCP 工作原理和 DHCP 配置方法等；二是介绍如何开启设备的 DHCP 中继功能，主要介绍 DHCP 中继概述、DHCP 中继工作原理和 DHCP 中继的配置方法等。

6.1 【案例1】启用网络设备的 DHCP 服务

🖥️ **学习目标**

（1）了解 DHCP 工作原理。
（2）掌握 DHCP 配置方法。

📖 **案例描述**

DHCP 服务器就是提供 DHCP 服务的服务器，它必须是网络操作系统（如 Windows Server 2012 等），而不能是个人操作系统（如 Windows 7 等）。有些网络设备也可以提供 DHCP 服务，如交换机、路由器、防火墙等。而且有时候使用网络设备提供的 DHCP 服务在给用户提供方便的同时，还能节省网络建设成本。

本案例主要介绍如何在交换机上启用 DHCP 服务功能。要求在 Cisco 3560-24 上配置 DHCP 服务，能给 VLAN 10 内的用户分配 192.168.10.0 网段的 IP 地址，给 VLAN 20 内的用户分配 192.168.20.0 网段的 IP 地址，拓扑结构如图 6-1 所示。

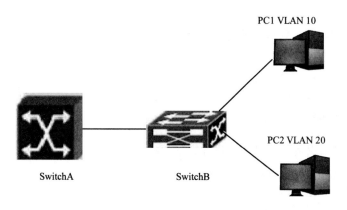

图 6-1　DHCP 服务拓扑图

相关知识

1. DHCP 简介

DHCP 在 RFC 2131 中有详细的描述。DHCP 为互联网上的主机提供配置参数。DHCP 基于 Client/Server 工作模式,DHCP 服务器为需要动态配置的主机分配 IP 地址和提供主机配置参数。

2. DHCP 的工作过程

一次典型的 DHCP 获取 IP 的过程如图 6-2 所示。

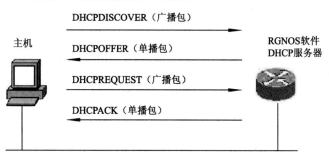

图 6-2　DHCP 获取 IP 过程

（1）DHCP Client 发出 DHCP DISCOVER 广播报文给 DHCP Server,若 Client 在一定时间内没有收到服务器的响应,则重发 DHCP DISCOVER 报文。

（2）DHCP Server 收到 DHCP DISCOVER 报文后,根据一定的策略来给 Client 分配资源 (如 IP 地址),然后发出 DHCP OFFER 报文。

（3）DHCP Client 收到 DHCP OFFER 报文后,发出 DHCP REQUEST 请求,请求获取服务器租约。

（4）服务器收到 DHCP REQUEST 报文,验证资源是否可以分配,如果可以分配,则发送 DHCP ACK 报文;如果不可分配,则发送 DHCP NAK 报文。DHCP Client 收到 DHCP ACK 报文,开始使用服务器分配的资源。如果收到 DHCP NAK,则重新发送 DHCP DISCOVER 报文。

3. 配置命令

（1）启用 DHCP 服务器与中继代理。

全局配置模式中执行以下命令：

```
Router(config)# service dhcp
```
启用 DHCP 服务器和 DHCP 中继代理功能

```
Router(config)# no service dhcp
```
关闭 DHCP 服务器和中继代理功能

（2）配置地址池名并进入其配置模式。

```
Router(config)# ip dhcp pool dhcp-pool
```

（3）配置 DHCP 地址池的网络号和掩码。

```
Router(dhcp-config)# network network-number mask
```

（4）配置客户端默认网关。

```
Router(dhcp-config)# default-router address
```

（5）配置地址租期。DHCP 服务器给客户端分配的地址，默认情况下租期为 1 天。当租期快到时客户端需要请求续租，否则过期后就不能使用该地址。

```
Router(dhcp-config)# lease {days [hours] [ minutes] | infinite}
```

（6）配置域名服务器。

```
Router(dhcp-config)# dns-server address
```

案例实施

1. 三层交换机 SwitchA 的配置

```
SwitchA # sh run
Building configuration...
Current configuration : 1618 bytes
version 12.2
no service timestamps log datetime msec
no service timestamps debug datetime msec
no service password-encryption
hostname SwitchA
ip dhcp excluded-address 192.168.10.1 192.168.10.10
ip dhcp excluded-address 192.168.20.1 192.168.20.20
ip dhcp pool vlan10
network 192.168.10.0 255.255.255.0
default-router 192.168.10.254
dns-server 61.147.37.1
ip dhcp pool vlan20
network 192.168.20.0 255.255.255.0
default-router 192.168.20.254
dns-server 61.147.37.1
interface FastEthernet0/1
switchport access vlan 10
```

```
interface FastEthernet0/2
switchport access vlan 20
interface FastEthernet0/3
…
interface FastEthernet0/24
switchport trunk encapsulation dot1q
switchport mode trunk
interface Vlan1
ip address 192.168.1.1 255.255.255.0
interface Vlan10
ip address 192.168.10.254 255.255.255.0
interface Vlan20
ip address 192.168.20.254 255.255.255.0
ip classless
line con 0
line vty 0 4
login
end
```

2. 二层交换机 SwitchB 的配置

```
SwitchB # sh run
Building configuration...
Current configuration : 1268 bytes
version 12.1
no service timestamps log datetime msec
no service timestamps debug datetime msec
no service password-encryption
hostname SwitchB
interface FastEthernet0/1
switchport access vlan 10
interface FastEthernet0/2
switchport access vlan 10
interface FastEthernet0/3
switchport access vlan 10
interface FastEthernet0/4
switchport access vlan 10
interface FastEthernet0/5
switchport access vlan 10
interface FastEthernet0/6
interface FastEthernet0/7
interface FastEthernet0/8
interface FastEthernet0/9
interface FastEthernet0/10
switchport access vlan 20
```

第 6 章　网络设备 DHCP 服务配置

```
interface FastEthernet0/11
switchport access vlan 20
interface FastEthernet0/12
switchport access vlan 20
interface FastEthernet0/13
switchport access vlan 20
interface FastEthernet0/14
switchport access vlan 20
interface FastEthernet0/15
switchport access vlan 20
interface FastEthernet0/16
interface FastEthernet0/23
interface FastEthernet0/24
switchport mode trunk
interface Vlan1
no ip address
shutdown
line con 0
line vty 0 4
login
line vty 5 15
login
end
```

进入 fastethernet 0/1 的接口配置模式

`Switch(config-if)# switchport mode trunk`

将 fastethernet 0/1 设为 Tag VLAN 模式

3. 测试

（1）PC1 接入 VLAN 10 的一个端口，动态获得 IP 地址，得到 192.168.10.0 网段的 IP 地址。

（2）PC2 接入 VLAN 20 的一个端口，动态获得 IP 地址，得到 192.168.20.0 网段的 IP 地址。

6.2 【案例 2】DHCP 中继服务

学习目标

（1）了解 DHCP 中继工作原理。

（2）掌握 DHCP 中继配置方法。

案例描述

在大型的网络中，可能会存在多个子网。DHCP 客户机通过网络广播消息获得 DHCP 服务器的响应后得到 IP 地址。但广播消息是不能跨越子网的。因此，如果 DHCP 客户机和服务器在不同的子网内，客户机还能不能向服务器申请 IP 地址呢？这就要用到 DHCP 中继代理。DHCP 中继代理实际上是一种软件技术，安装了 DHCP 中继代理的设备称为 DHCP 中继代理服务器，它承担不同子网间的 DHCP 客户机和服务器的通信任务。

本案例在路由器上配置 DHCP 服务。由于涉及跨网段获取 IP 地址，所以要在三层交换机上配置 DHCP 中继代理，才能给 VLAN 10 内的用户分配 192.168.10.0 网段的 IP 地址，给 VLAN 20 内的用户分配 192.168.20.0 网段的 IP 地址，拓扑结构如图 6-3 所示。

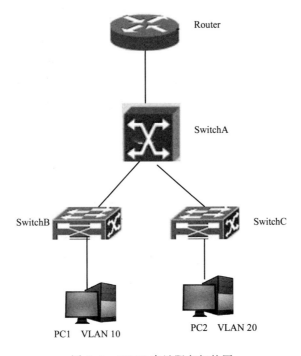

图 6-3　DHCP 中继服务拓扑图

相关知识

1. DHCP 中继代理简介

DHCP 请求报文的目的 IP 地址为 255.255.255.255，这种类型报文的转发局限于子网内，不会被设备转发。为了实现跨网段的动态 IP 分配，DHCP Relay Agent 就产生了。它把收到的 DHCP 请求报文封装成 IP 单播报文转发给 DHCP Server，同时，把收到的 DHCP 响应报文转发给 DHCP Client。DHCP Relay Agent 相当于一个转发站，负责沟通位于不同网段的 DHCP Client 和 DHCP Server。这样就实现了只要安装一个 DHCP Server 就可对所有网段的动态 IP 管理，即 Client—Relay Agent—Server 模式的 DHCP 动态 IP 管理。

2. DHCP 中继代理的原理

（1）当 DHCP Client 启动并进行 DHCP 初始化时，它会在本地网络广播配置请求报文。

（2）如果本地网络存在 DHCP Server，则可以直接进行 DHCP 配置，不需要 DHCP Relay。

（3）如果本地网络没有 DHCP Server，则与本地网络相连的具有 DHCP Relay 功能的网络设备收到该广播报文后，将进行适当处理并转发给指定的其他网络上的 DHCP Server。

（4）DHCP Server 根据 DHCP Client 提供的信息进行相应的配置，并通过 DHCP Relay 将配置信息发送给 DHCP client，完成对 DHCP Client 的动态配置。

3. 配置命令

（1）启用 DHCP 服务器与中继代理。全局配置模式中执行以下命令：

```
Router(config)# service dhcp
```
启用 DHCP 服务器和 DHCP 中继代理功能
```
Router(config)# no service dhcp
```
关闭 DHCP 服务器和中继代理功能

（2）配置 DHCP Server 的 IP 地址。在配置 DHCP Server 的 IP 地址后，设备所收到的 DHCP 请求报文将转发给它，同时，收到的来自 Server 的 DHCP 响应报文也会转发给 Client。DHCP Server 地址可以全局配置，也可以在三层接口上配置。如果某接口收到 DHCP 请求，则首先使用接口 DHCP 服务器；如果接口上面没有配置服务器地址，则使用全局配置的 DHCP 服务器。

```
Router(config)# IP helper-address A.B.C.D
```
添加一个全局的 DHCP 服务器地址。
```
Router(config-if)# IP helper-address A.B.C.D
```
添加一个接口的 DHCP 服务器地址。此命令必须在三层接口下设置。
```
Router(config)# no IP helper-address A.B.C.D
```
删除一个全局的 DHCP 服务器地址。
```
Router(config-if)# no IP helper-address A.B.C.D
```
删除一个接口的 DHCP 服务器地址。

📖 案例实施

（1）路由器 Router 的配置。

```
Router # sh run
Building configuration...
Current configuration : 980 bytes
version 12.2
no service timestamps log datetime msec
no service timestamps debug datetime msec
no service password-encryption
hostname Router
ip dhcp excluded-address 192.168.10.250 192.168.10.254
ip dhcp excluded-address 192.168.20.250 192.168.20.254
ip dhcp pool vlan10
network 192.168.10.0 255.255.255.0
default-router 192.168.10.254
dns-server 61.147.37.1
ip dhcp pool vlan20
network 192.168.20.0 255.255.255.0
```

```
default-router 192.168.20.254
dns-server 61.147.37.1
interface FastEthernet0/0
ip address 192.168.1.2 255.255.255.0
duplex auto
speed auto
interface FastEthernet1/0
no ip address
duplex auto
speed auto
interface Serial2/0
no ip address
shutdown
interface Serial3/0
no ip address
shutdown
interface FastEthernet4/0
no ip address
shutdown
interface FastEthernet5/0
no ip address
shutdown
ip classless
ip route 0.0.0.0 0.0.0.0 192.168.1.1
line con 0
line vty 0 4
login
end
```

注意：路由器上要加回指路由。

（2）三层交换机 SwitchA 的配置。

```
SwitchA # sh run
Building configuration...
Current configuration : 1474 bytes
version 12.2
no service timestamps log datetime msec
no service timestamps debug datetime msec
no service password-encryption
hostname SwitchA
interface FastEthernet0/1
no switchport
ip address 192.168.1.1 255.255.255.0
duplex auto
```

```
speed auto
interface FastEthernet0/2
no switchport
ip address 192.168.10.254 255.255.255.0
ip helper-address 192.168.1.2
duplex auto
speed auto
interface FastEthernet0/3
no switchport
ip address 192.168.20.254 255.255.255.0
ip helper-address 192.168.1.2
duplex auto
speed auto
interface FastEthernet0/4
…
interface FastEthernet0/24
interface Vlan1
no ip address
shutdown
interface Vlan10
no ip address
interface Vlan20
no ip address
ip classless
line con 0
line vty 0 4
login
end
```

（3）二层交换机 SwitchB 和 SwitchC 基本不需作配置。

（4）测试。

① PC1 动态获取到 192.168.10.0 网段的 IP 地址。

② PC2 动态获取到 192.168.20.0 网段的 IP 地址。

习　题　6

选择题

1. DHCP 创建作用域默认时间是（　　　）天。

　A. 10　　　　　　B. 15　　　　　　C. 8　　　　　　D. 30

2. DHCP 创建多播作用域默认时间是（　　　）天。

　A. 10　　　　　　B. 15　　　　　　C. 8　　　　　　D. 30

3. 命令 ipconfig/release 用于（　　　）。

A. 获取地址　　　B. 释放地址　　　C. 查看所有 IP 配置

4. 命令 ipconfig/all 用于（　　　）。

　　A. 获取地址　　　B. 释放地址　　　C. 查看所有 IP 配置

5. 如果要创建一个作用域，网段为 192.168.11.1～254，那么默认路由一般是（　　　）。

　　A. 192.168.11.1　　　　　　　　B. 192.168.0.254

　　C. 192.168.11.254　　　　　　　D. 192.168.11.252

6. 创建保留 IP 地址，主要是绑定它的（　　）地址

　　A. MAC　　　B. IP　　　C. 名称

7. 为移动用户提供较短的址租约期限为 4 小时，在租约数据输入应该是（　　　）秒。

　　A. 3600　　　B. 10800　　　C. 14400

8. BOOTP 和 DHCP 都使用（　　　）端口来监听和接收客户请求消息。

　　A. UDP67　　　B. TCP/IP　　　C. UDP21　　　D. UDP

9. BOOTP 和 DHCP 都使用（　　　）端口进行客户机与服务器通信。

　　A. UDP67　　　B. TCP/IP　　　C. UDP21　　　D. UDP

10. BOOTP 主要用在（　　　）协议。

　　A. UDP　　　B. TCP/IP　　　C. FTP　　　D. DNS

11. BOOTP 用来配置（　　　）工作站的协议。

　　A. 有盘　　　B. 无盘　　　C. 网络

12. 大型网络中部署 DHCP，每个子网至少有一个（　　　）服务器。

　　A. DNS　　　B. DHCP　　　C. 网络主机

13. 大型网络中部署 DHCP，每个子网设置一台计算机作为 DHCP（　　　）。

　　A. 代理服务器　　　B. 中继代理　　　C. 路由器

14. DHCP 数据库备份目录文件夹是（　　　）。

　　A. back　　　B. backup　　　C. backupnew

15. DHCP 服务器向客户机出租地址（　　　）后，服务器会收回出租地址。

　　A. 期满　　　B. 限制　　　C. 一半

16. DHCP 简称（　　　）。

　　A. 静态主机配置协议　　　　　　B. 动态主机配置协议

　　C. 主机配置协议

17. DHCP 要（　　　）提供 IP 地址分配服务。

　　A. 授权　　　B. 启动　　　C. 权限

18. DHCP 作用是管理网络中多个（　　　）。

　　A. 地址　　　B. 网段　　　C. 子网

19. BOOTP 称为（　　　）协议。

　　A. 执行程序　　　B. 引导程序　　　C. 引导驱动

第7章

➡ 交换技术高级应用

能力目标

能针对不同的网络环境使用相应的方法或手段对园区网中的网络设备进行交换技术的高级应用，使网络更加安全可控和高效。

知识目标

- 了解交换机多生成树的原理，掌握配置交换机多生成树的方法。
- 了解交换机端口限速的原理，掌握配置交换机端口限速的方法。
- 了解交换机端口镜像的原理，掌握配置交换机端口镜像的方法。

章节案例及分析

交换机在企业网络中占据及其重要的作用，对交换机的合理配置、综合运用最新的高级交换技术，可以让交换网络更有效率、更稳定、更安全。

本章分为三个案例：一是介绍如何利用交换机的 MSTP 功能实现网络冗余和负载均衡功能，主要介绍交换机 MSTP 的背景、概念、原理和配置方法等；二是介绍如何利用交换机的端口限速功能来实现交换机端口的接入限速，主要介绍 QOS 概念、原理、端口限速的配置方法等；三是介绍如何利用交换机端口镜像功能实现一个端口的流量复制到另一个端口，主要介绍交换机端口镜像的概念、原理、配置方法等。

7.1 【案例1】应用 MSTP 实现网络冗余和负载均衡

学习目标

（1）了解交换机 MSTP 的概念、原理。
（2）掌握交换机 MSTP 的配置方法。

案例描述

某企业网络管理员认识到，传统的生成树协议是基于整个交换网络产生一个树形拓扑结构，所有的 VLAN 都共享一个生成树，这种结构不能进行网络流量的负载均衡，使得有些交换设备比较繁忙，而另一些交换设备又很空闲，为了克服这个问题，他决定采用基于 VLAN 的多生成树协议 MSTP，现要在交换机上做适当配置来完成这一任务。

本案例采用 4 台交换机设备，PC1 和 PC3 在 VLAN 10 中，IP 地址分别为 172.16.1.10/24 和 172.16.1.30/24，PC2 在 VLAN 20 中，PC4 在 VLAN 40 中，实现网络冗余和可靠性的同时

实现负载均衡（分担），拓扑结构如图 7-1 所示。

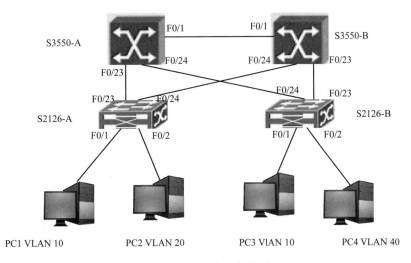

图 7-1　MSTP 应用拓扑图

🖧 相关知识

1．MSTP 产生的背景

（1）STP、RSTP 存在的不足。STP 不能快速迁移，即使是在点对点链路或边缘端口（边缘端口指的是该端口直接与用户终端相连，而没有连接到其他设备或共享网段上），也必须等待 2 倍的 Forward Delay 的时间延迟，端口才能迁移到转发状态。

RSTP（Rapid Spanning Tree Protocol，快速生成树协议）是 STP 协议的优化版。其"快速"体现在：当一个端口被选为根端口和指定端口后，其进入转发状态的延时在某种条件下大大缩短，从而缩短了网络最终达到拓扑稳定所需要的时间。

RSTP 可以快速收敛，但是和 STP 一样存在以下缺陷：局域网内所有网桥共享一棵生成树，不能按 VLAN 阻塞冗余链路，所有 VLAN 的报文都沿着一棵生成树进行转发。

（2）MSTP 的特点。MSTP（Multiple Spanning Tree Protocol，多生成树协议）可以弥补 STP 和 RSTP 的缺陷，它既可以快速收敛，也能使不同 VLAN 的流量沿各自的路径转发，从而为冗余链路提供更好的负载分担机制。

MSTP 设置 VLAN 映射表（即 VLAN 和生成树的对应关系表），把 VLAN 和生成树联系起来。通过增加"实例"（将多个 VLAN 整合到一个集合中）这个概念，将多个 VLAN 捆绑到一个实例中，以节省通信开销和资源占用率。

MSTP 把一个交换网络划分成多个域，每个域内形成多棵生成树，生成树之间彼此独立。

MSTP 将环路网络修剪成为一个无环的树形网络，避免报文在环路网络中的增生和无限循环，同时还提供了数据转发的多个冗余路径，在数据转发过程中实现 VLAN 数据的负载分担。

MSTP 兼容 STP 和 RSTP。

2．MSTP 的基本概念

在图 7-1 中的每台设备都运行 MSTP。下面结合图形解释 MSTP 的一些基本概念。

（1）MST 域。MST 域（Multiple Spanning Tree Regions，多生成树域）由交换网络中的多台设备以及它们之间的网段所构成。这些设备具有下列特点：

① 都启动了 MSTP。

② 具有相同的域名。

③ 具有相同的 VLAN 到生成树实例映射配置。

④ 具有相同的 MSTP 修订级别配置。

⑤ 这些设备之间在物理上有链路连通。

例如，图 7-2 中的区域 A0，域内所有设备都有相同的 MST 域配置。域名相同。VLAN 与生成树实例的映射关系相同（VLAN 1 映射到生成树实例 1，VLAN 2 映射到生成树实例 2，其余 VLAN 映射到 CIST。其中，CIST 即指生成树实例 0）。相同的 MSTP 修订级别（此配置在图中没有体现）。

一个交换网络可以存在多个 MST 域。用户可以通过 MSTP 配置命令把多台设备划分在同一个 MST 域内。

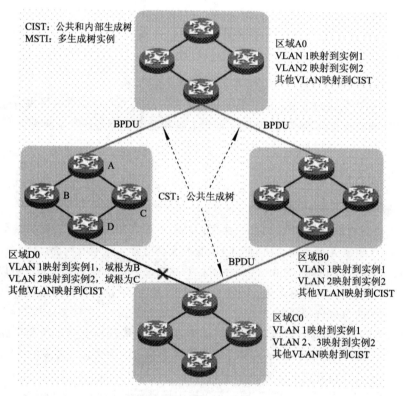

图 7-2　MSTP 的基本概念示意图

（2）VLAN 映射表。VLAN 映射表是 MST 域的一个属性，用来描述 VLAN 和生成树实例的映射关系。

例如，图 7-2 中，区域 A0 的 VLAN 映射表是：VLAN 1 映射到生成树实例 1，VLAN 2 映射到生成树实例 2，其余 VLAN 映射到 CIST。MSTP 就是根据 VLAN 映射表来实现负载分担的。

（3）IST。IST（Internal Spanning Tree，内部生成树）是 MST 域内的一棵生成树。

IST 和 CST（Common Spanning Tree，公共生成树）共同构成整个交换网络的生成树 CIST（Common and Internal Spanning Tree，公共和内部生成树）。IST 是 CIST 在 MST 域内的片段。

例如，图 7-2 中，CIST 在每个 MST 域内都有一个片段，这个片段就是各个域内的 IST。

（4）CST。CST 是连接交换网络内所有 MST 域的单生成树。如果把每个 MST 域看作一个"设备"，CST 就是这些"设备"通过 STP 协议、RSTP 协议计算生成的一棵生成树。

例如，图 7-2 中，虚线线条描绘的就是 CST。

（5）CIST。CIST 是连接一个交换网络内所有设备的单生成树，由 IST 和 CST 共同构成。

例如，图 7-2 中，每个 MST 域内的 IST 加上 MST 域间的 CST 构成整个网络的 CIST。

（6）MSTI。一个 MST 域内可以通过 MSTP 生成多棵生成树，各棵生成树之间彼此独立。每棵生成树都称为一个 MSTI（Multiple Spanning Tree Instance，多生成树实例）。

例如，图 7-2 中，每个域内可以存在多棵生成树，每棵生成树和相应的 VLAN 对应。这些生成树就被称为 MSTI。

（7）域根。MST 域内 IST 和 MSTI 的根桥就是域根。MST 域内各棵生成树的拓扑不同，域根也可能不同。

例如，图 7-2 中，区域 D0 中，生成树实例 1 的域根为设备 B，生成树实例 2 的域根为设备 C。

（8）总根。总根（Common Root Bridge）是指 CIST 的根桥。

例如，图 7-2 中，总根为区域 A0 内的某台设备。

（9）域边界端口。域边界端口是指位于 MST 域的边缘，用于连接不同 MST 域、MST 域和运行 STP 的区域、MST 域和运行 RSTP 的区域的端口。

在进行 MSTP 计算的时候，域边界端口在 MST 实例上的角色和 CIST 的角色保持一致，即如果域边界端口在 CIST 上的角色是 Master 端口，则它在域内所有 MST 实例上的角色也是 Master 端口。

例如，图 7-2 中，如果区域 A0 的一台设备和区域 D0 的一台设备的第一个端口相连，整个交换网络的总根位于 A0 内，则区域 D0 中这台设备上的第一个端口就是区域 D0 的域边界端口。

（10）端口角色。在 MSTP 的计算过程中，端口角色主要有根端口、指定端口、Master 端口、Alternate 端口、Backup 端口等。

① 根端口：负责向根桥方向转发数据的端口。

② 指定端口：负责向下游网段或设备转发数据的端口。

③ Master 端口：连接 MST 域到总根的端口，位于整个域到总根的最短路径上。从 CST 上看，Master 端口就是域的"根端口"（把域看作一个结点）。Master 端口在 IST/CIST 上的角色是根端口，在其他各个实例上的角色都是 Master 端口。

④ Alternate 端口：根端口和 Master 端口的备份端口。当根端口或 Master 端口被阻塞后，Alternate 端口将成为新的根端口或 Master 端口。

⑤ Backup 端口：指定端口的备份端口。当指定端口被阻塞后，Backup 端口就会快速转换为新的指定端口，并无时延地转发数据。当开启了 MSTP 的同一台设备的两个端口互相连接时就存在一个环路，此时设备会将其中一个端口阻塞，Backup 端口是被阻塞的那个端口。

第 7 章　交换技术高级应用

端口在不同的生成树实例中可以担任不同的角色。

（11）端口状态。MSTP 中，根据端口是否学习 MAC 地址和是否转发用户流量，可将端口状态划分为以下三种：

① Forwarding 状态：学习 MAC 地址，转发用户流量。

② Learning 状态：学习 MAC 地址，不转发用户流量。

③ Discarding 状态：不学习 MAC 地址，不转发用户流量。

3. MSTP 的基本原理

MSTP 将整个二层网络划分为多个 MST 域，各个域之间通过计算生成 CST；域内则通过计算生成多棵生成树，每棵生成树都称为一个多生成树实例。其中，实例 0 被称为 IST，其他的多生成树实例为 MSTI。MSTP 同 STP 一样，使用配置消息进行生成树的计算，只是配置消息中携带的是设备上 MSTP 的配置信息。

（1）CIST 生成树的计算。通过比较配置消息后，在整个网络中选择一个优先级最高的设备作为 CIST 的根桥。在每个 MST 域内 MSTP 通过计算生成 IST；同时 MSTP 将每个 MST 域作为单台设备对待，通过计算在域间生成 CST。CST 和 IST 构成整个网络的 CIST。

（2）MSTI 的计算。在 MST 域内，MSTP 根据 VLAN 和生成树实例的映射关系，针对不同的 VLAN 生成不同的生成树实例。每棵生成树独立进行计算，计算过程与 STP 计算生成树的过程类似。

MSTP 中，一个 VLAN 报文将沿着如下路径进行转发：

① 在 MST 域内，沿着其对应的 MSTI 转发。

② 在 MST 域间，沿着 CST 转发。

📖 案例实施

1. 配置接入层交换机 S2126-A

```
S2126-A(config)# spanning-tree                     开启生成树
S2126-A(config)# spanning-tree mode mstp           配置生成树模式为 MSTP
S2126-A(config)# vlan 10                           创建 VLAN 10
S2126-A(config)# vlan 20        !创建 Vlan 20
S2126-A(config)# vlan 40        !创建 Vlan 40
S2126-A(config)# interface fastethernet 0/1
S2126-A(config-if)# switchport access vlan 10      分配端口 F0/1 给 VLAN 10
S2126-A(config)# interface fastethernet 0/2
S2126-A(config-if)# switchport access vlan 20      分配端口 F0/2 给 VLAN 20
S2126-A(config)# interface fastethernet 0/23
S2126-A(config-if)# switchport mode trunk          定义 F0/23 为 Trunk 端口
S2126-A(config)# interface fastethernet 0/24
S2126-A(config-if)# switchport mode trunk          定义 F0/24 为 Trunk 端口
S2126-A(config)# spanning-tree mst configuration   进入 MSTP 配置模式
S2126-A(config-mst)# instance 1 vlan 1,10          配置 instance 1（实例 1）
                                                   并关联 Vlan 1 和 10
S2126-A(config-mst)# instance 2 vlan 20,40         配置实例 2 并关联 VLAN 20 和 40
```

```
S2126-A(config-mst)# name region1                    配置域名称
S2126-A(config-mst)# revision 1                      配置版本（修订号）
```
验证测试：验证 MSTP 配置
```
S2126-A # show spanning-tree mst configuration       显示 MSTP 全局配置
Multi spanning tree protocol : Enabled
Name      : region1
Revision : 1
Instance Vlans Mapped
-------- ------------------------------------------------------------
0         2-9,11-19,21- 39,41- 4094
1         1,10
2         20,40
```
2. 配置接入层交换机 S2126-B
```
S2126-B (config)# spanning-tree                      开启生成树
S2126-B (config)# spanning-tree mode mstp            采用 MSTP 生成树模式
S2126-B(config)# vlan 10       !创建 VLAN 10
S2126-B(config)# vlan 20       !创建 VLAN 20
S2126-B(config)# vlan 40       !创建 VLAN 40
S2126-B(config)# interface fastethernet 0/1
S2126-B(config-if)# switchport access vlan 10        分配端口 F0/1 给 VLAN 10
S2126-B(config)# interface fastethernet 0/2
S2126-B(config-if)# switchport access vlan 40        分配端口 F0/2 给 VLAN 40
S2126-B(config)# interface fastethernet 0/23
S2126-B(config-if)# switchport mode trunk            定义 F0/23 为 Trunk 端口
S2126-B(config)# interface fastethernet 0/24
S2126-B(config-if)# switchport mode trunk            定义 F0/24 为 Trunk 端口
S2126-B(config)# spanning-tree mst configuration     进入 MSTP 配置模式
S2126-B(config-mst)# instance 1 vlan 1,10            配置 instance 1（实例 1）
                                                     并关联 VLAN 1 和 10
S2126-B(config-mst)# instance 2 vlan 20,40   配置实例 2 并关联 VLAN 20 和 40
S2126-B(config-mst)# name region1                    配置域名称
S2126-B(config-mst)# revision 1                      配置版本（修订号）
```
验证测试：验证 MSTP 配置
```
S2126-B # show spanning-tree mst configuration
Multi spanning tree protocol : Enabled
Name      : region1
Revision : 1
Instance Vlans Mapped
-------- ------------------------------------------------------------
0         2-9,11-19,21-39,41-4094
1         1,10
2         20,40
```

3. 配置分布层交换机 S3550-A

S3550-A(config)# spanning-tree　　　　　　　　开启生成树

S3550-A(config)# spanning-tree mode mstp　　　采用 MSTP 生成树模式

S3550-A(config)# vlan 10

S3550-A(config)# vlan 20

S3550-A(config)# vlan 40

S3550-A(config)# interface fastethernet 0/1

S3550-A(config-if)# switchport mode trunk　　　定义 F0/1 为 Trunk 端口

S3550-A(config)# interface fastethernet 0/23

S3550-A(config-if)# switchport mode trunk　　　定义 F0/23 为 Trunk 端口

S3550-A(config)#interface fastethernet 0/24

S3550-A(config-if)# switchport mode trunk　　　定义 F0/24 为 Trunk 端口

S3550-A (config)# spanning-tree mst 1 priority 4096

　　　　　　　　　配置交换机 S3550-A 在 instance 1 中的优先级为 4096 ，默认是
　　　　　　　　　32768，值越小越优先成为该 instance 中的 root switch

S3550-A(config)# spanning-tree mst configuration　　进入 MSTP 配置模式

S3550-A(config-mst)# instance 1 vlan 1,10　　　配置实例 1 并关联 VLAN 1 和 10

S3550-A(config-mst)# instance 2 vlan 20,40　　　配置实例 2 并关联 VLAN 20 和 40

S3550-A(config-mst)# name region1　　　　　　配置域名为 region1

S3550-A(config-mst)# revision 1　　　　　　　配置版本（修订号）

验证测试：验证 MSTP 配置

S3550-A # show spanning-tree mst configuration

Multi spanning tree protocol : Enabled

Name　　　 : region1

Revision : 1

Instance Vlans Mapped

-------- ---

0　　　　　 2-9,11-19,21-39,41-4094

1　　　　　 1,10

2　　　　　 20,40

4. 配置分布层交换机 S3550-B

S3550-B(config)# spanning-tree　　　　　　　　开启生成树

S3550-B(config)# spanning-tree mode mstp　　　采用 MSTP 生成树模式

S3550-B(config)# vlan 10

S3550-B(config)# vlan 20

S3550-B(config)# vlan 40

S3550-B(config)# interface fastethernet 0/1

S3550-B(config-if)# switchport mode trunk　　　定义 F0/1 为 Trunk 端口

S3550-B(config)# interface fastethernet 0/23

S3550-B(config-if)# switchport mode trunk　　　定义 F0/23 为 Trunk 端口

S3550-B(config)# interface fastethernet 0/24

S3550-B(config-if)# switchport mode trunk　　　定义 F0/24 为 Trunk 端口

```
S3550-B (config)# spanning-tree mst 2 priority 4096
        配置交换机 S3550-B 在 instance 2（实例 2）中的优先级为 4096，默认是 32768，
        值越小越优先成为该 region（域）中的 root switch
S3550-B(config)# spanning-tree mst configuration    进入 MSTP 配置模式
S3550-B(config-mst)# instance 1 vlan 1,10    配置实例 1 并关联 VLAN 1 和 10
S3550-B(config-mst)# instance 2 vlan 20,40    配置实例 2 并关联 VLAN 20 和 40
S3550-B(config-mst)# name region1           配置域名为 region1
S3550-B(config-mst)# revision 1             配置版本（修订号）
```

验证测试：验证 MSTP 配置

```
S3550-B # show spanning-tree mst configuration
Multi spanning tree protocol : Enabled
Name      : region1
Revision : 1
Instance Vlans Mapped
-------- ------------------------------------------------------------
0        2-9,11-19,21-39,41-4094
1        1,10
2        20,40
```

5. 验证交换机配置

```
S3550-A # show spanning-tree mst 1          显示交换机 S3550-A 上实例 1 的特性
###### MST 1 vlans mapped : 1,10
BridgeAddr : 00d0.f8ff.4e3f                 交换机 S3550-A 的 MAC 地址
Priority : 4096                             优先级
TimeSinceTopologyChange : 0d:7h:21m:17s
TopologyChanges : 0
DesignatedRoot : 100100D0F8FF4E3F           后 12 位是 MAC 地址，此处显示是 S3550-A
                                            自身的 MAC，这说明 S3550-A 是实例 1
                                            (instance 1) 的生成树的根交换机

RootCost : 0
RootPort : 0


S3550-B # show spanning-tree mst 2          显示交换机 S3550-B 上实例 2 的特性
###### MST 2 vlans mapped : 20,40
BridgeAddr : 00d0.f8ff.4662
Priority : 4096
TimeSinceTopologyChange : 0d:7h:31m:0s
TopologyChanges : 0
DesignatedRoot : 100200D0F8FF4662           S3550-B 是实例 2 (instance 2) 的生成
                                            树的根交换机

RootCost : 0
RootPort : 0


S2126-A # show spanning-tree mst 1          显示交换机 S2126-A 上实例 1 的特性
```

```
###### MST 1 vlans mapped : 1,10
BridgeAddr : 00d0.f8fe.1e49
Priority : 32768
TimeSinceTopologyChange : 7d:3h:19m:31s
TopologyChanges : 0
DesignatedRoot : 100100D0F8FF4E3F          实例1的生成树的根交换机是S3550-A
RootCost : 200000
RootPort : Fa0/23                          对实例1而言,S2126-A的根端口是Fa0/23


S2126-A#show spanning-tree mst 2           显示交换机S2126-A上实例2的特性
###### MST 2 vlans mapped : 20,40
BridgeAddr : 00d0.f8fe.1e49
Priority : 32768
TimeSinceTopologyChange : 7d:3h:19m:31s
TopologyChanges : 0
DesignatedRoot : 100200D0F8FF4662          实例2的生成树的根交换机是S3550-B
RootCost : 200000
RootPort : Fa0/24                          对实例2而言,S2126-A的根端口是Fa0/24
```
类似可以验证其他交换机上的配置。

注意:

（1）对规模很大的交换网络可以划分多个域（region），在每个域里可以创建多个 instance（实例）。

（2）划分在同一个域里的各台交换机须配置相同的域名（name）、相同的修订号（revision number）、相同的 instance—vlan 对应表。

（3）交换机可以支持 65 个 MSTP instance，其中实例 0 是默认实例，是强制存在的，其他实例可以创建和删除。

（4）将整个 spanning-tree 恢复为默认状态用命令 spanning-tree reset。

7.2　【案例2】交换机端口限速

学习目标

（1）了解交换机端口限速的概念、原理。

（2）掌握交换机端口限速的配置方法。

案例描述

某企业网络管理员最近收到很多员工的投诉，他们抱怨网络变得很慢，不论是收发邮件还是上网查资料都很慢，影响了工作效率。对此，网络管理员进行了调查，发现有一台交换机的某些端口的数据流量很大，严重影响了网络性能，于是决定对这几个交换机端口进行速率限制，从而改进网络性能。

本案例以一台 S2126G 交换机为例，交换机命名为 SwitchA。假设 PC1 通过网线连接到交换机的 0/5 端口，IP 地址和网络掩码分别为 192.168.0.5，255.255.255.0；PC2 通过网线连接到交换机的 0/15 端口，IP 地址和网络掩码分别为 192.168.0.15，255.255.255.0。拓扑结构如图 7-3 所示。

图 7-3　交换机端口限速应用拓扑图

相关知识

1. QoS 概述

随着 Internet 的飞速发展，人们对于在 Internet 上传输多媒体流的需求越来越大，一般说来，用户对不同的多媒体应用有着不同的服务质量要求，这就要求网络应能根据用户的要求分配和调度资源，因此，传统所采用的"尽力而为"转发机制，已经不能满足用户的要求。QoS 应运而生。

QoS（Quality of Service，服务质量）是用来评估服务方满足客户需求的能力。在因特网中，为了提高网络服务质量，引入 QoS 机制，用 QoS 评估网络投递分组的能力。人们通常所说的 QoS，是对分组投递过程中为延迟、抖动、丢包等核心需求提供支持的服务能力的评估。针对某种类别的数据流，可以为它赋予某个级别的传输优先级，来标识它的相对重要性，并使用设备所提供的各种优先级转发策略、拥塞避免等机制为这些数据流提供特殊的传输服务。

2. QoS 处理流程

（1）分类（Classifying）。分类是根据信任策略或者根据分析每个报文的内容来确定将这些报文归类到以 CoS 值来表示的各个数据流中，因此分类动作的核心任务是确定输入报文的 CoS 值。分类发生在端口接收输入报文阶段，当某个端口关联了一个表示 QoS 策略的 Policy-map 后，分类就在该端口上生效，它对所有从该端口输入的报文起作用。

（2）策略（Policing）。Policing 发生在数据流分类完成后，用于约束被分类的数据流所占用的传输带宽。Policing 动作检查被归类的数据流中的每一个报文，如果该报文超出了作用于该数据流的 Police 所允许的限制带宽，那么该报文将会被做特殊处理，它或者要被丢弃，或者要被赋予另外的 DSCP 值。在 QoS 处理流程中，Policing 动作是可选的。如果没有 Policing 动作，那么被分类的数据流中的报文的 DSCP值将不会作任何修改，报文也不会在送往 Marking 动作之前被丢弃。

（3）标识（Marking）。经过 Classifying 和 Policing 动作处理之后，为了确保被分类报文对应 DSCP 的值能够传递给网络上的下一跳设备，需要通过 Marking 动作将为 QoS 配置报文写入 QoS 信息。

（4）队列（Queueing）。负责将数据流中报文送往端口的某个输出队列中，送往端口的不同输出队列的报文将获得不同等级和性质的传输服务策略。

（5）调度（Scheduling）。Scheduling 为 QoS 流程的最后一个环节。当报文被送到端口的不同输出队列上之后，设备将采用 WRR 或者其他算法发送 8 个队列中的报文。

第 7 章　交换技术高级应用

171

案例实施

1. 在没有配置端口限速时测量传输速率

在没有配置端口限速时，从 PC1 向 PC2 传输一个较大的文件（比如 60.5 MB），将计算结果记录如表 7-1 所示。

表 7-1　计算结果（未配置端口限速）

项　　目	传输数据大小（MB）	传输数据时间（s）	平均传输速率（Mbit/s）
无限制情况	60.5	28	17.286

2. 配置端口限速

（1）采用访问控制列表（ACL）定义需要限速的数据流，输入如下代码：

```
SwitchA(config)# ip access-list standard qoslimit1
            定义访问控制列表名称为 qoslimit1
SwitchA(config-std-ipacl)# permit host 192.168.0.5
            定义需要限速的数据流
SwitchA(config-std-ipacl)# end
```

（2）设置带宽限制和猝发数据量。

```
SwitchA(config)# class-map classmap1      设置分类映射图 classmap1
SwitchA(config-cmap)# match access-group qoslimit1
```

定义匹配条件为：匹配访问控制列表 "qoslimit1"

```
SwitchA(config-cmap)# exit
SwitchA(config)# policy-map policymap1    设置策略映射图
SwitchA(config-pmap)# class classmap1     匹配分类映射图
SwitchA(config-pmap)# police 1000000 65536 exceed-action drop
```

设置带宽限制为 1 Mbit/s，猝发数据量为 64 kbit/s，超过限制则丢弃数据包
其中 1000000 bit/s=1 Mbit/s, 65536 bit=64 kbit

（3）将带宽限制策略应用到相应的端口上，输入如下代码：

```
SwitchA(config)# interface fastethernet 0/5
SwitchA(config-if)# mls qos trust cos   启用 QoS,设置接口的 QoS 信任模式为 cos
SwitchA(config-if)# service-policy input policymap1
                        应用带宽限制策略 policymap1
```

（4）验证带宽限制策略的效果。

在配置了带宽限制策略的情况下，从 PC1 向 PC2 传一个较大的文件（比如 60.5 MB），计算传输时间和平均传输速率，如表 7-2 所示。将上述结果与没有配置带宽限制策略的计算结果进行比较。

表 7-2　计算结果（配置带宽限制）

项　　目	传输数据大小（MB）	传输数据时间（s）	平均传输速率（Mbit/s）
无限制情况	60.5	28	17.286
限制带宽为 1 Mbit/s	60.5	608	0.796

以上结果显示说明：

① 当没有配置限速时，实际速度为 17.286 Mbit/s（网卡和交换机端口是 10/100 Mbit/s）。

② 当配置限速 1 Mbit/s 时，实际速度为 0.796 Mbit/s，限速效果很明显。

注意：

① 限速配置的第一步是定义需要限速的流，这项是通过 QoS 的 ACL 列表来完成的。对于不在 QoS ACL 列表中的流，交换机依旧转发，只是限速功能无效。

② 所有的限速只对端口的 input 有效，即进入交换机端口的流有效。目前无法做到对单一端口的 input/output 双向控制。若需对 output 方向控制，可以在另一端的交换机端口对 input 方向控制。

③ 限速配置可以基于 IP、MAC、TCP 及 7 层应用流，配置方法与前相同。

3. 参考配置

```
SwitchA # show running-config
Building configuration...
Current configuration : 476 bytes
version 1.0
hostname S2126G
enable secret level 1 5 $2tj9=G13/7R:>H.41u_;C,tQ8U0<D+S
enable secret level 15 5 $2$Paein32F}bfjo43Q8cgkEQ4m`dhl&
ip access-list standard qoslimit1
  permit host 192.168.0.5
class-map classmap1
 match access-group qoslimit1
policy-map policymap1
 class classmap1
  police 1000000 65536
interface fastEthernet 0/5
 mls qos trust cos
 service-policy input policymap1
interface vlan 1
 no shutdown
end
```

7.3 【案例3】交换机端口镜像

学习目标

（1）了解交换机端口镜像概念、原理。

（2）掌握交换机端口镜像的配置方法。

案例描述

假设此交换机是宽带小区城域网中的一台楼道交换机，PC1（协议分析器）连接在交换机的 F0/5 口；住户 PC2 连接在交换机的 F0/15 口。现发现某些用户上网速度很慢，经过调查，PC2 所连接端口的数据流量很大，现决定对 PC2 所连接端口进行流量分析。

本案例以一台 S2126G 交换机为例，交换机命名为 SwitchA。通过交换机端口镜像技术把 F0/15 口的流量复制到 F0/5 口，实现对交换机端口流量进行分析。拓扑结构如图 7-4 所示。

图 7-4　交换机端口镜像应用拓扑图

相关知识

1. **理解** SPAN

可以通过使用 SPAN 将一个端口上的帧复制到交换机上的另一个连接有网络分析设备或 RMON 分析仪的端口上来分析该端口上的通信。SPAN 将某个端口上所有接收和发送的帧 MIRROR 到某个物理端口上来进行分析。例如，在图 7-5 中，端口 5 上的所有帧都被映射到了端口 10，接在端口 10 上的网络分析仪虽然没有和端口 5 直接相连，可接收通过端口 5 上的所有帧。

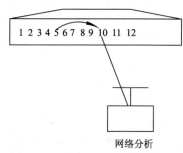

图 7-5　交换机端口镜像示意图

通过 SPAN 可以监控所有进入和从源端口输出的帧，包括路由输入帧。SPAN 并不影响源端口和目的端口的交换，只是所有进入和从源端口输出的帧原样复制了一份到目的端口。然而一个流量过度的目的端口，例如一个 100 Mbit/s 目的端口监控一个 1000 Mbit/s 可能导致帧被丢弃。

2. **SPAN 概念和术语**

（1）SPAN 会话。一个 SPAN 会话是一个目的端口和源端口的组合。可以监控单个或多个接口的输入，输出和双向帧。Switched Port、Routed Port 和 AP 都可以配置为源端口和目的端口。SPAN 会话并不影响交换机的正常操作。

可以将 SPAN 会话配置在一个 Disabled Port 上，然而，SPAN 并不马上发生作用直到使能目的和源端口。show monitor session session number 命令显示了 SPAN 会话的操作状态。一个 SPAN 会话在上电后并不马上生效直到目的端口处于可操作状态。

（2）帧类型。SPAN 会话包含以下帧类型：

① 接收帧：所有源端口上接收到的帧都将被复制一份到目的端口。在一个 SPAN 会话中，可监控一个或几个源端口的输入帧。若由于某些原因，从源端口输入的帧可能被丢弃，如端口安全，但这不影响 SPAN 的功能，该帧仍然会发送到目的端口。

② 发送帧：所有从源端口发送的帧都将复制一份到目的端口。在一个 SPAN 会话中，可监控一个或几个源端口的输出帧。若由于某些原因，从别的端口发送到源端口的帧可能被丢弃，同样，该帧也不会发送到目的端口。由于某些原因发送到源端口的帧的格式可能改变。例如，源端口输出经过路由之后的帧，帧的源 MAC、目的 MAC、VLAN ID 以及 TTL 发生

变化。同样，复制到目的端口的帧的格式也会变化。

③ 双向帧：包括上面所说的两种帧。在一个 SPAN 会话中，可监控一个或几个源端口的输入和输出帧。

（3）源端口。源端口（也叫被监控口）是一个 Switched Port、Routed Port 或 AP，该端口被监控用做网络分析。在单个的 SPAN 会话中，可以监控输入，输出和双向帧，对于源端口的最大个数不做限制。

一个源端口有以下特性：

① 它可以是 Switched Port、Routed Port 或 AP。

② 它不可以同时为目的端口。

③ 它可以指定被监控帧的输入或输出方向。

④ 源端口和目的端口可以处于一个 VLAN 或不处于一个 VLAN 中。

（4）目的端口。SPAN 会话有一个目的端口（也叫监控口），用于接收源端口的帧副本。目的端口有以下特性：它可以是 Switched Port、Routed Port 和 AP。

3. 配置 SPAN

（1）创建一个 SPAN 会话并指定监控口和被监控口。

```
Switch(config)# monitor session session_number source interface
interface-id [,| -] {both | rx | tx}
```
指定源端口。对于 interface-id，应指定相应的接口号。

```
Switch(config)# monitor session session_number destination interface
interface-id [switch]
```
指定目的端口。对于 interface-id，应指定相应的接口号。添加 switch 参数将支持镜像目的口交换功能。

（2）从 SPAN 会话中删除一个端口。Router(config)# no monitor session   session_number source interface interface-id   [,| -] [both | rx | tx]

指定需删除的源端口。对于 interface-id，应指定相应的接口号。

（3）显示 SPAN 状态。

使用 show monitor 特权命令可显示当前 SPAN 配置的状态。

（4）清空交换机原有的端口镜像配置，代码如下：

```
Switch(config)# no monitor session session_number
```

案例实施

（1）指定 PC2 连接的端口 0/15 为源端口，输入如下代码：

```
Switch# configure terminal            进入交换机全局配置模式。
Switch(config)# monitor session 1 source interface fastEthernet 0/15 both
                    同时监控端口发送和接收的流量
```

验证测试：

```
Switch # show monitor session 1
```

显示结果：

```
Session: 1
Source Ports:
```

```
        Rx Only   : None
        Tx Only   : None
        Both      : Fa0/15
Destination Ports: None
```

（2）指定 PC1（协议分析器）连接在交换机的 0/5 口为目的端口，输入如下代码：

```
Switch(config)# monitor session 1 destination interface fastEthernet 0/5
```

验证测试：

```
Switch # show monitor session 1
```

显示结果：

```
Session: 1
Source Ports:
        Rx Only   : None
        Tx Only   : None
        Both      : Fa0/15
Destination Ports: Fa0/5
```

（3）利用协议分析器对端口 F0/15 的数据流量进行分析。

（4）参考配置：

```
Switch # show running-config
Building configuration...
Current configuration : 160 bytes
version 1.0
hostname Switch
monitor session 1 destination interface fastEthernet 0/5
monitor session 1 source interface fastEthernet 0/15 both
end
```

习 题 7

一、选择题

1. 以太网是（　　）标准的具体实现。

    A．802.3　　　　　B．802.4　　　　　C．802.5　　　　　D．802.z

2. 在以太网中（　　）可以将网络分成多个冲突域，但不能将网络分成多个广播域。

    A．中继器　　　　B．二层交换机　　C．路由器　　　　D．集线器

3. 下面（　　）设备可以看作一种多端口的网桥设备。

    A．中继器　　　　B．交换机　　　　C．路由器　　　　D．集线器

4. 交换机如何知道将帧转发到哪个端口？（　　）

    A．MAC 地址表　　B．ARP 地址表　　C．读取源 ARP 地址

5. 在以太网中，根据（　　）来区分不同的设备。

    A．IP 地址　　　　B．IPX 地址　　　C．LLC 地址　　　D．MAC 地址

6. 以下关于以太网交换机的说法正确的是（　　）。

A. 使用以太网交换机可以隔离冲突域

B. 以太网交换机是一种工作在网络层的设备

C. 以太网交换机可以隔离广播域

7. 以太网交换机的每一个端口可以看作一个（　　　　）

A. 冲突域　　　　　　B. 广播域　　　　　　C. 管理域

8. 在以太网中，工作站在发送数据之前，要检查网络是否空闲，只有在网络不阻塞时，工作站才能发送数据，是采用了（　　　　）机制。

A. IP

B. TCP

C. ICMP

D. 载波侦听与冲突检测 CSMA/CD

9. 以下关于 MAC 地址的说法中不正确的是（　　　　）。

A. MAC 地址的前 3 个字节是各个厂家从 IEEE 得来的

B. MAC 地址一共有 6 字节，它们从出厂时就被固化在网卡中

C. MAC 地址也称物理地址，或通常所说的计算机的硬件地址

D. MAC 地址的后 3 个字节是厂家名称的代号

10. 以下关于以太网交换机的说法正确的是（　　　　）。

A. 以太网交换机是一种工作在网络层的设备

B. 生成树协议解决了以太网交换机组建虚拟局域网的需求

C. 使用以太网交换机可以隔离冲突域

11. 以太网交换机一个端口在接收到数据帧时，如果没有在 MAC 地址表中查找到目的 MAC 地址，通常如何处理？（　　　　）

A. 把以太网帧复制到所有端口

B. 把以太网帧单点传送到特定端口

C. 把以太网帧发送到除本端口以外的所有端口

D. 丢弃该帧

12. 采用 CSMA/CD 技术的以太网上的两台主机同时发送数据，产生碰撞时，主机应该做何处理？（　　　　）

A. 产生冲突的两台主机停止传输，在一个随机时间后再重新发送

B. 产生冲突的两台主机发送重定向信息，各自寻找一条空闲路径传输帧报文

C. 产生冲突的两台主机停止传输，同时启动计时器，15 s 后重传数据

D. 主机发送错误信息，继续传输数据

13. 以太网交换机的数据转发方式可以被设置为（　　　　）。

A. 自动协商方式　　　　B. 存储转发方式　　　　C. 迂回方式

二、填空题

1. 交换机有三种主要功能，它们是＿＿＿＿＿＿＿、数据转发/过滤、回环避免。

2. 以太网交换机使用＿＿＿＿＿＿＿、直接转发、碎片隔离等三种交换方式来转发数据帧。

3. 按网络构成方式划分，以太网交换机分为＿＿＿＿＿＿＿、分布层交换机和核心层交换机。

第8章

➡ 路由技术高级应用

能力目标

能针对不同的网络环境使用相应的方法或手段对园区网中的三层设备进行高级路由技术的配置和管理，使网络更加安全可控。

知识目标

- 了解 OSPF 多区域互联的概念、原理，掌握 OSPF 多区域的配置方法。
- 了解 OSPF 邻居明文认证的概念、原理，掌握 OSPF 邻居明文认证的配置方法。
- 了解 OSPF 邻居密文认证的概念、原理，掌握 OSPF 邻居密文认证的配置方法。
- 了解路由重分配的概念、原理，掌握路由重分配的配置方法。
- 了解 VRRP 的概念、原理，掌握 VRRP 的配置方法。

章节案例及分析

路由器在企业网络中占据及其重要的作用，对路由器的合理配置、综合运用最新的高级路由技术，可以让企业网络更有效率、更稳定、更安全。

本章分为五个案例：一是介绍如何实现 OSPF 路由的多区域互联，主要介绍多区域互联的概念、原理、配置方法等；二是介绍如何实现 OSPF 邻居的明文认证，主要介绍邻居明文认证的概念、原理、配置方法等；三是介绍如何实现 OSPF 邻居的密文认证，主要介绍邻居密文认证的概念、原理、配置方法等；四是介绍如何实现不同路由算法的协同工作及路由重分配，主要介绍路由重分配的概念、原理、配置方法等；五是介绍如何利用 VRRP 技术实现路由的冗余备份，主要介绍 VRRP 的概念、原理、配置方法等。

8.1 【案例1】OSPF 多区域互联

🖥 学习目标

（1）了解 OSPF 多区域互联的概念、原理。

（2）掌握 OSPF 多区域的配置方法。

📋 案例描述

小赵是某集成商的高级技术支持工程师，现在为某企业设计一个网络，小赵选择了使用 OSPF 路由协议来构建。但是该企业网络规模较大，有主干区域，还有其他子域。

本案例以四台 Cisco 路由器为例，路由器 RA 与 RB 通过以太网口相连，作为区域1；路由器 RB 与 RC 通过串口相连，作为主干区域 0；路由器 RC 与 RD 通过以太网口相连，作为区域 2。要实现它们互相通信，拓扑结构如图 8-1 所示。

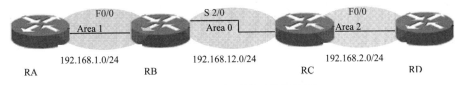

图 8-1　OSPF 多区域互联拓扑图

相关知识

1. OSPF 简介

OSPF（Open Shortest Path First）为 IETF OSPF 工作组开发的一种基于链路状态的内部网关路由协议。OSPF 是专为 IP 开发的路由协议，直接运行在 IP 层上面，协议号为 89，采用组播方式进行 OSPF 包交换，组播地址为 224.0.0.5（全部 OSPF 设备）和 224.0.0.6（指定设备）。

链路状态算法是一种与哈夫曼向量算法（距离向量算法）完全不同的算法，应用哈夫曼向量算法的传统路由协议为 RIP，而 OSPF 路由协议是链路状态算法的典型实现。与 RIP 路由协议对比，OSPF 除了算法上的不同，还引入了路由更新认证、VLSMs（可变长子网掩码）、路由汇聚等新概念。即使 RIPv2 做了很大的改善，可以支持路由更新认证、可变长子网掩码等特性，但是 RIP 协议还是存在两个致命弱点：收敛速度慢；网络规模受限制，最大跳数不超过 16 跳。OSPF 的出现克服了 RIP 的弱点，使得 IGP 协议也可以胜任中大型、较复杂的网络环境。

2. OSPF 的区域

当 OSPF 路由域规模较大时，一般采用分层结构，即将 OSPF 路由域分割成几个区域（Area），区域之间通过一个主干区域互联，每个非主干区域都需要直接与主干区域连接。

在 OSPF 路由域中，根据设备的部署位置，有三种设备角色：

（1）区域内部设备，该设备的所有接口网络都属于一个区域。

（2）区域边界设备，也称为 ABR（Area Border Routers），该设备的接口网络至少属于两个区域，其中一个必须为骨干区域。

（3）自治域边界设备，也称为 ASBR（Autonomous System Boundary Routers），是 OSPF 路由域与外部路由域进行路由交换的必经之路。

3. OSPF 的进程号

OSPF 启用时必须加进程号，一般路由器支持 64 个 OSPF 路由进程。OSPF 进程号只有本地意义，在同一台路由器上配置多进程可以达到进程之间相互隔离的效果（即两个不同的进程之间的信息不会互相传递）。

案例实施

1. 路由器的基本配置

```
RA(config)# int F 0/0
RA(config-if)# ip add 192.168.1.1 255.255.255.0        为接口配置地址
```

```
RA(config-if)# no sh

RB(config)# int F 0/0
RB(config-if)# ip add 192.168.1.2 255.255.255.0      为接口配置地址
RB(config-if)# no sh
RB(config)# int S 2/0
RB(config-if)# Clock rate 64000
RB(config-if)# ip add 192.168.12.1 255.255.255.0     为接口配置地址
RB(config-if)# no sh

RC(config)# int F 0/0
RC(config-if)# ip add 192.168.2.2 255.255.255.0      为接口配置地址
RC(config-if)# no sh
RC(config)# int S 2/0
RC(config-if)# ip add 192.168.12.2 255.255.255.0     为接口配置地址
RC(config-if)# no sh
```

```
RD(config)# int F 0/0
RD(config-if)# ip add 192.168.2.1 255.255.255.0      为接口配置地址
RD(config-if)# no sh
```

2. 启动 OSPF 路由协议

```
RA(config)# router ospf 1
RA(config-router)# net 192.168.1.0 0 0.0.0.255 area 1
配置分支区域 1

RB(config)# router ospf 1
RB(config-router)# net 192.168.1.0 0 0.0.0.255 area 1
配置分支区域 1
RB(config-router)# net 192.168.12.0 0 0.0.0.255 area 0
配置主干区域 0

RC(config)# router ospf 1
RC(config-router)# net 192.168.2.0 0 0.0.0.255 area 2
配置分支区域 2
RC(config-router)# net 192.168.12.0 0 0.0.0.255 area 0
配置主干区域 0

RD(config)# router ospf 1
RD(config-router)# net 192.168.2.0 0 0.0.0.255 area 2
配置分支区域 2
```

3. 验证测试

```
RA # sh ip ro
Codes: C - connected, s - static, I - IGRP, P - RIP, M - mobile, B - BGP
       D - EIGRP, EX - EIGRP external, 0 - OSPF, IA - OSPF inter area
       N1 - OSPF NSSA external type 1, N2 - OSPF NSSA external type 2
       E1 - OSPF external type 1, E2 - OSPF external type 2, E - EGP
       i - IS-IS, L1 - IS-IS level-1, L2 -IS-IS level-2, ia - IS-IS inter area
       * - candidate default, U - per-user static route, o - ODR
       p - periodic downloaded static route

Cateway of last resort is not set

C    192.168.1.0/24 is directly connected, FastEthernet0/0
0 IA 192.168.2.0/24 [110/783] via 192.168.1.2, 00:04:14, FastEthernet0/0
0 IA 192.168.12.0/24 [110/782] via 192.168.1.2, 00:06:04, FastEthernet0/0

RA # sh ip ro
Codes: C - connected, s - static, I - IGRP, R - RIP, M - mobile, B - BGP
       D - EIGRP, EX - EIGRP external, 0 - OSPF, IA - OSPF inter area
       N1 - OSPF NSSA external type 1, E2 - OSPF NSSA external type 2
       E1 - OSPF external type 1, E2 - OSPF external type 2, E - EGP
       i - IS-IS, L1 - IS-IS level-1, L2 -IS-IS level-2, ia - IS-IS inter area
       * - candidate default, U - per-user static route, o - ODR
       p - periodic downloaded static route

Cateway of last resort is not set

C    192.168.1.0/24 is directly connected, FastEthernet0/0
0 IA 192.168.2.0/24 [110/782] via 192.168.1.2, 00:05:22, Seria12/0
0    192.168.12.0/24 is directly connected, Seria12/0

RA # ping 192.168.2.1

Type escape sequence to abort.
Sending S, 100-byte ICMP Echos to 192.168.2.1, timeout is 2 seconds:
!!!!!
Success rate is 100 percent (5/5), round-trip min/avg/max=93/93/94 ms
```

8.2 【案例 2】对 OSPF 邻居进行明文认证

学习目标

（1）了解 OSPF 邻居明文认证的概念、原理。

（2）掌握 OSPF 邻居明文认证的配置方法。

案例描述

小王是一名高级技术支持工程师，某企业的网络整个的网络环境是 OSPF。为了安全起见，新加入的路由器要通过认证，请小王给予支持。

本案例以两台 Cisco 路由器为例，路由器 RA 与 RB 通过以太网口相连，作为主干区域 0。要实现它们通过明文认证才能互相通信，拓扑结构如图 8-2 所示。

相关知识

1. OSPF 认证技术

OSPF 协议数据包形式是：在 OSPF 数据外先封装一层 OSPF 报头，然后在 OSPF 报头外封装 IP 报头，并在 IP 报头的协议号字段中标明为 89。OSPF 报头中的 AuType 字段可以有三种选择：为 0 将不检查这个认证字段；为 1 是普通认证，这个字段将包含一个最长为 64 位的口令；为 2 是 MD5 认证，这个认证字段将包含 Key ID，认证数据长度以及加密序列号。

2. OSPF 认证的类型

（1）无认证（null）：默认情况下，OSPF 的身份验证方法，即不对网络交换的路由信息进行身份验证。

（2）简单密码身份验证：也叫明文身份验证。

（3）MD5 身份验证：MD5 密文身份验证。

3. OSPF 认证的配置

OSPF 的认证配置有两个地方：

（1）路由配置模式中，指定区域的认证方式。

（2）在接口中配置认证的方式和密钥。

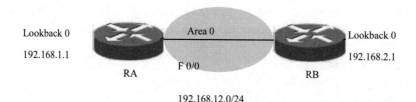

Lookback 0 192.168.1.1　　Area 0　　Lookback 0 192.168.2.1

RA　　F 0/0　　RB

192.168.12.0/24

图 8-2　　OSPF 邻居明文认证拓扑图

4. 明文认证

```
Router(config)# router os 1
Router(config-router)# area 0 authentication
Router(config-if)# ip os authentication-key cisco
cisco 为设置的密码
```

5. 密文认证

```
Router(config)# router os 1
Router(config-router)# area 0 authentication message-digest
```

```
RA(config-if)# ip ospf message-digest-key 1 md5 cisco
```
cisco 为设置的密码

🖳 案例实施

1. 路由器的基本配置

```
RA(config)# int F 0/0
RA(config-if)# ip address 192.168.12.1 255.255.255.0
RA(config)# int lookback 0
RA(config-if)# ip address 192.168.1.1 255.255.255.0

RB(config)# int F 0/0
RB(config-if)# ip address 192.168.12.2 255.255.255.0
RB(config)# int lookback 0
RB(config-if)# ip address 192.168.2.1 255.255.255.0
```

2. 启动 OSPF 路由协议

```
RA(config)# router ospf 1
RA(config-router)# network 192.168.1.0 0.0.0.255 area 0
RA(config-router)# network 192.168.12.0 0.0.0.255 area 0

RB(config)# router ospf 1
RB(config-router)# network 192.168.2.0 0.0.0.255 area 0
RB(config-router)# network 192.168.12.0 0.0.0.255 area 0
```

3. 验证测试

```
RA # sh ip ospt neighbor

neighbor ID   Pri   State      Dead Time   Address        Interface
192.168.2.1    1    FULL/DR    00:00:39    192.168.12.2   FastEthernet0/0
```

4. 配置 OSPF 明文认证

```
RA(config)# router ospf 1
RA(config-router)# area 0 authentication          配置区域间明文验证
RA(config)# int F 0/0
RA(config-if)# ip os authentication-key cisco      配置验证密码

RB(config)# router ospf 1
RB(config-router)# area 0 authentication
RB(config)# int F 0/0
RB(config-if)# ip os authentication-key cisco
```

5. 验证测试

```
RA # debug ip ospf adj
OSPF: end of Wait on interface FastEthernet0/0
OSPF: DR/BDR election on FastEthernet0/0
```

```
OSPF: Elect BDR 192.168.2.1
OSPF: Elect DR 192.168.2.1
        DR: 192.168.2.1 (Id)    BDR: 192.168.2.1 (Id)
OSPF: Send DBD to 192.168.2.1 on FastEthernet0/0 seq 0x39d2 opt 0x00 flag
0x7 len 32
OSPF: Build router LSA for area 0, router ID 192.168.1.1, seq 0x8000000b
OSPF: DR/BDR election on FastEthernet0/0
OSPF: Elect BDR 192.168.1.1
OSPF: Elect DR 192.168.2.1
OSPF: Elect BDR 192.168.1.1
OSPF: Elect DR 192.168.2.1
        DR: 192.168.2.1 (Id)    BDR: 192.168.1.1 (Id)
OSPF: Build router LSA for area 0, router ID 192.168.1.1, seq 0x8000000b
OSPF: Send DBD to 192.168.2.1 on FastEthernet0/0 seq 0x39d2 opt 0x00 flag
0x7 len 32
OSPF: Rcv DBD from 192.168.2.1 on FastEthernet0/0 seq 0x1c41 opt 0x00 flag
0x7 len 32  mtu 1500 state EXSTART
OSPF: NBR Negotiation Done. We are the SLAVE
OSPF: Send DBD to 192.168.2.1 on FastEthernet0/0 seq 0x1c41 opt 0x00 flag
0x2 len 92
OSPF: Rcv DBD from 192.168.2.1 on FastEthernet0/0 seq 0x1c42 opt 0x00 flag
0x3 len 72  mtu 1500 state EXCHANGE
OSPF: Send DBD to 192.168.2.1 on FastEthernet0/0 seq 0x1c42 opt 0x00 flag
0x0 len 32
OSPF: Rcv DBD from 192.168.2.1 on FastEthernet0/0 seq 0x1c43 opt 0x00 flag
0x1 len 32  mtu 1500 state EXCHANGE
OSPF: Send DBD to 192.168.2.1 on FastEthernet0/0 seq 0x1c43 opt 0x00 flag
0x0 len 32
Exchange Done with 192.168.2.1 on FastEthernet0/0
%OSPF-5-ADJCHG: Process 1, Nbr 192.168.2.1 on FastEthernet0/0 from EXCHANGE
to FULL, Exchange Done
OSPF: Build router LSA for area 0, router ID 192.168.1.1, seq 0x8000000b
OSPF: Send DBD to 192.168.2.1 on FastEthernet0/0 seq 0x1c43 opt 0x00 flag
0x0 len 32
```

8.3　【案例 3】对 OSPF 邻居进行密文认证

学习目标

（1）了解 OSPF 邻居密文认证的概念、原理。

（2）掌握 OSPF 邻居密文认证的配置方法。

小刘是一名高级技术支持工程师，某企业的网络整个的网络环境是 OSPF。为了安全起见，新加入的路由器要通过认证，请小刘给予支持。

本案例以两台 Cisco 路由器为例，路由器 RA 与 RB 通过以太网口相连，作为主干区域 0。要实现它们通过密文认证才能互相通信，拓扑结构如图 8-3 所示。

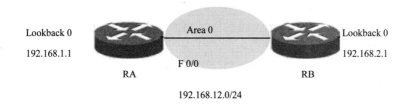

图 8-3   OSPF 邻居密文认证拓扑图

同【案例 2】（对 OSPF 邻居进行明文认证）。

1. 路由器的基本配置

```
RA(config)# int F 0/0
RA(config-if)# ip address 192.168.12.1 255.255.255.0
RA(config)# int lookback 0
RA(config-if)# ip address 192.168.1.1 255.255.255.0

RB(config)# int F 0/0
RB(config-if)# ip address 192.168.12.2 255.255.255.0
RB(config)# int lookback 0
RB(config-if)# ip address 192.168.2.1 255.255.255.0
```

2. 启动 OSPF 路由协议

```
RA(config)# router ospf 1
RA(config-router)# network 192.168.1.0 0.0.0.255 area 0
RA(config-router)# network 192.168.12.0 0.0.0.255 area 0

RB(config)# router ospf 1
RB(config-router)# network 192.168.2.0 0.0.0.255 area 0
RB(config-router)# network 192.168.12.0 0.0.0.255 area 0
```

3. 验证测试

```
RA # sh ip ospt neighbor

Neighbor ID   Pri      State     Dead Time    Address         Interface
```

```
192.168.2.1    1      FULL/DR  00:00:39   192.168.12.2  FastEthernet/00
```

4. 配置 OSPF 验证

```
RA(config)# router ospf 1
RA(config-router)# area 0 authentication message-digest
RA(config)# int F 0/0
RA(config-if)# ip ospf message-digest-key 1 md5 cisco

RB(config)#router ospf 1
RB(config-router)# area 0 authentication message-digest
RB(config)#int F 0/0
RB(config-if)# ip ospf message-digest-key 1 md5 cisco
```

5. 验证测试

```
RA # debug ip ospf adj
OSPF: end of Wait on interface FastEthernet0/0
OSPF: DR/BDR election on FastEthernet0/0
OSPF: Elect BDR 192.168.2.1
OSPF: Elect DR 192.168.2.1
      DR: 192.168.2.1 (Id)   BDR: 192.168.2.1 (Id)
OSPF: Send DBD to 192.168.2.1 on FastEthernet0/0 seq 0x2b59 opt 0x00 flag
0x7 len 32
OSPF: Build router LSA for area 0, router ID 192.168.1.1, seq 0x8000000e
OSPF: DR/BDR election on FastEthernet0/0
OSPF: Elect BDR 192.168.1.1
OSPF: Elect DR 192.168.2.1
OSPF: Elect BDR 192.168.1.1
OSPF: Elect DR 192.168.2.1
      DR: 192.168.2.1 (Id)   BDR: 192.168.1.1 (Id)
OSPF: Build router LSA for area 0, router ID 192.168.1.1, seq 0x8000000e
OSPF: Send DBD to 192.168.2.1 on FastEthernet0/0 seq 0x2b59 opt 0x00 flag
0x7 len 32
OSPF: Rcv DBD from 192.168.2.1 on FastEthernet0/0 seq 0x1ca0 opt 0x00 flag
0x7 len 32  mtu 1500 state EXSTART
OSPF: NBR Negotiation Done. We are the SLAVE
OSPF: Send DBD to 192.168.2.1 on FastEthernet0/0 seq 0x1ca0 opt 0x00 flag
0x2 len 92
OSPF: Rcv DBD from 192.168.2.1 on FastEthernet0/0 seq 0x1ca1 opt 0x00 flag
0x3 len 72  mtu 1500 state EXCHANGE
OSPF: Send DBD to 192.168.2.1 on FastEthernet0/0 seq 0x1ca1 opt 0x00 flag
0x0 len 32
OSPF: Rcv DBD from 192.168.2.1 on FastEthernet0/0 seq 0x1ca2 opt 0x00 flag
0x1 len 32  mtu 1500 state EXCHANGE
```

```
OSPF: Send DBD to 192.168.2.1 on FastEthernet0/0 seq 0x1ca2 opt 0x00 flag
0x0 len 32
Exchange Done with 192.168.2.1 on FastEthernet0/0
%OSPF-5-ADJCHG: Process 1, Nbr 192.168.2.1 on FastEthernet0/0 from EXCHANGE
to FULL, Exchange Done
OSPF: Build router LSA for area 0, router ID 192.168.1.1, seq 0x8000000e
OSPF: Send DBD to 192.168.2.1 on FastEthernet0/0 seq 0x1ca2 opt 0x00 flag
0x0 len 32
```

8.4 【案例4】实现动态路由重分配

📖 学习目标

（1）了解路由重分配的概念、原理。
（2）掌握路由重分配的配置方法。

📋 案例描述

如果一个公司同时运行了多个路由协议，或者一个公司和另外一个公司合并的时候两个公司用的路由协议并不一样，这个时候就必须采取一种方式来将一个路由协议的信息分布到另外的一个路由协议中去，这就是路由重分布。

本案例以三台 Cisco 路由器为例，路由器 RA、RB 和 RC 都通过以太网口相连，RA 和 RB 之间使用 OSPF 协议，RB 与 RC 之间使用 RIP V2 协议。要实现它们能互相通信，拓扑结构如图 8-4 所示。

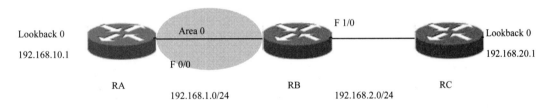

图 8-4　路由重分配拓扑图

🏛 相关知识

1. 路由重分布的概念

将一种路由选择协议获悉的网络告知另一种路由选择协议，以便网络中每台工作站能到达其他的任何一台工作站，这一过程称为重分布。

2. 路由重分布的配置

```
Router(config-router)# redistribute protocol [process-id] [metric metric]
[metric-type    metric-type]    [match    internal  |  external    type   |
```

nssa-external type] [tag tag] [route-map route-map-name] [subnets]

protocol（协议类型）：bgp、connected、isis、rip、static。

Router(config-router)# default-metric metric

给所有重分布路由设置默认量度值 metric。

案例实施

1. 路由器的基本配置

RA(config)# int F 0/0

RA(config-if)# ip address 192.168.1.1 255.255.255.0

RA(config)# int lookback 0

RA(config-if)# ip address 192.168.10.1 255.255.255.0

RB(config)# int F 0/0

RB(config-if)# ip address 192.168.1.2 255.255.255.0

RB(config)# int F 1/0

RB(config-if)# ip address 192.168.2.1 255.255.255.0

RC(config)# int F 0/0

RC(config-if)# ip address 192.168.2.2 255.255.255.0

RC(config)# int lookback 0

RC(config-if)# ip address 192.168.20.1 255.255.255.0

2. 路由器 RA 上启动 OSPF 路由协议

RA(config)# router ospf 10

RA(config-router)# network 192.168.1.0 0.0.0.255 area 0

RA(config-router)# network 192.168.10.0 0.0.0.255 area 0

3. 路由器 RC 上启动 RIPv2 路由协议

RC(config)# router rip

RC(config-router)# version 2

RC(config-router)# network 192.168.2.0

RA(config-router)# network 192.168.20.0

4. 路由器 RB 上启动 OSPF 和 RIPv2 路由协议，并设置重分配

RB(config)# router rip

RB(config-router)# version 2

RB(config-router)# redistribute ospf 10 metric 2

RB(config-router)# network 192.168.2.0

RB(config-router)#no auto-summary

RB(config)# router ospf 10

RB(config-router)# redistribute rip metric 100 metric-type 1 subnets

RB(config-router)# network 192.168.1.0 0.0.0.255 area 0

5. 验证测试

```
RA # sh ip ro
Codes: C - connected, s - static, I - IGRP, P - RIP, M - mobile, B - BGP
       D - EIGRP, EX - EIGRP external, O - OSPF, IA - OSPF inter area
       N1 - OSPF NSSA external type 1, N2 - OSPF NSSA external type 2
       E1 - OSPF external type 1, E2 - OSPF external type 2, E - EGP
       i - IS-IS, L1 - IS-IS level-1, L2 -IS-IS level-2, ia - IS-IS inter area
       * - candidate default, U - per-user static route, o - ODR
       p - periodic downloaded static route

Cateway of last resort is not set

C    192.168.1.0/24 is directly connected, FastEthernet0/0
0 E1 192.168.2.0/24 [110/101] via 192.168.1.2, 01:19:09, FastEthernet0/0
C    192.168.10.0/24 is directly connected, Loopback0
0 E1 192.168.20.0/24 [110/101] via 192.168.1.2, 01:19:09, FastEthernet0/0


RB # sh ip ro
Codes: C - connected, s - static, I - IGRP, R - RIP, M - mobile, B - BGP
       D - EIGRP, EX - EIGRP external, O - OSPF, IA - OSPF inter area
       N1 - OSPF NSSA external type 1, E2 - OSPF NSSA external type 2
       E1 - OSPF external type 1, E2 - OSPF external type 2, E - EGP
       i - IS-IS, L1 - IS-IS level-1, L2 -IS-IS level-2, ia - IS-IS inter area
       * - candidate default, U - per-user static route, o - ODR
       p - periodic downloaded static route

Cateway of last resort is not set

C    192.168.1.0/24 is directly connected, FastEthernet0/0
c    192.168.2.0/24 is directly connected, FastEthernet0/0
     192.168.10.0/32 is subnetted, 1 subnets
0        192.168.10.1 [110/2] via 192.168.1.1, 01:24:40, FastEthernet0/0
R    192.168.20.0/24 [120/1] via 192.168.2.2, 00:00:20, FastEthernet0/0
```

8.5 【案例 5】使用 VRRP 实现路由备份

学习目标

（1）了解 VRRP 的概念、原理。

（2）掌握 VRRP 的配置方法。

第 8 章 路由技术高级应用

案例描述

为了保证公司网络的稳定性和可靠性，要求接两台路由器做双机热备份路由，当主路由器 R1 功能出现故障时，由另外一个路由器 R2 来接管相应的工作。此时可以用 VRRP（虚拟路由器冗余协议，RFC2338）技术来实现。

本案例以三台路由器为例，内网路由器 R1、R2 是双机热备份路由器，R3 模拟外网路由器，拓扑结构如图 8-5 所示。

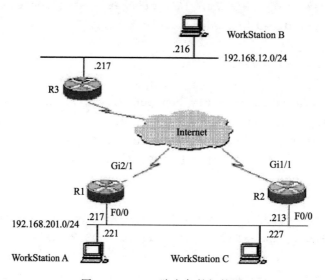

图 8-5   VRRP 路由备份拓扑图

相关知识

1．VRRP 概念介绍

VRRP 全称是虚拟路由器冗余协议（Virtual Router Redundancy Protocol）。为了理解 VRRP，首先需要确定下列术语：

（1）VRRP 路由器：运行 VRRP 协议的路由器。该路由器可以是一个或多个虚拟路由器。

（2）虚拟路由器：一个由 VRRP 协议管理的抽象对象，作为一个共享 LAN 内主机的默认路由器。它由一个虚拟路由器标识符（VRID）和同一 LAN 中一组关联 IP 地址组成。一个 VRRP路由器可以备份一个或多个虚拟路由器。

（3）IP 地址所有者：将局域网的接口地址作为虚拟路由器的 IP 地址的路由器。当运行时，该路由器将响应寻址到该 IP 地址的数据包。

（4）主虚拟路由器：该 VRRP 路由器将转发那些寻址到与虚拟路由器关联的 IP 地址的数据包，并应答对该 IP 地址的 ARP 请求。注意，如果存在 IP 地址所有者，那么该所有者总是主虚拟路由器。

（5）备份虚拟路由器：一组可用的 VRRP 路由器，当主虚拟路由器失效后将承担主虚拟路由器的转发功能。

2. VRRP 的工作机制

VRRP 把在同一个广播域中的多个路由器接口编为一组,形成一个虚拟路由器,并为其分配一个 IP 地址,作为虚拟路由器的接口地址。虚拟路由器的接口地址既可以是其中一个路由器接口的地址,也可以是第三方地址。

如果使用路由器的接口地址作为 VRRP 虚拟地址,则拥有这个 IP 地址的路由器作为主用路由器,其他路由器作为备份。如果采用第三方地址,则优先级高的路由器成为主用路由器;如果两路由器优先级相同,则谁先发 VRRP 报文,谁就成为主用路由器。

3. VRRP 的配置

(1)启动 VRRP 备份功能。通过设置备份组号和虚拟 IP 地址可以在指定的局域网段上添加一个备份组,从而启动对应的以太网接口的 VRRP 备份功能。

```
Router(config-if)# vrrp group ip ipaddress [secondary]  !启用 VRRP
Router(config-if)# no vrrp group ip ipaddress [secondary]  !关闭 VRRP
```

备份组号 Group 取值范围为 1~255。如果不指定虚拟 IP 地址,路由设备就不会参与 VRRP 备份组。如果不使用 Secondary 参数,那么设置的 IP 地址将成为虚拟路由设备的主 IP 地址。

(2)设置 VRRP 备份组的验证字符串。VRRP 支持明文密码验证模式以及无验证模式。设置 VRRP 备份组的验证字符串的同时也设定该 VRRP 组处于明文密码验证模式。VRRP 备份组成员必须处于相同的验证模式下才可能正常通信。明文密码验证模式下,在同一个 VRRP 组中的路由设备必须设置相同的验证口令。明文验证口令不能保证安全性,它只是用来防止/提示错误的 VRRP 配置。

```
Router(config-if)# vrrp group authentication string
设置 VRRP 的验证字符串
Router(config-if)# no vrrp group authentication
设置 VRRP 处于无验证模式
```

默认状态下,VRRP 处于无验证模式。在明文密码验证模式下,明文密码长度不能超过 8 字节。

(3)设置 VRRP 备份组的通告发送间隔。

```
Router(config-if)# vrrp group timers advertise interval
设置主路由设备 VRRP 通告间隔
Router(config-if)# no vrrp group timers advertise
恢复主路由设备 VRRP 通告间隔的系统默认设置
```

如果当前路由设备 VRRP 组中的主路由设备,它将以设定的间隔发送 VRRP 通告来通告自己的 VRRP 状态、优先级以及其他信息。默认状态下,系统默认主路由设备的 VRRP 通告发送间隔为 1 s。

(4)设置路由设备在 VRRP 备份组中的抢占模式。如果 VRRP 组工作在抢占模式下,一旦它发现自己的优先级高于当前 Master 的优先级,它将抢占成为该 VRRP 组的主路由设备。如果 VRRP 组工作在非抢占模式下,即便它发现自己的优先级高于当前 Master 的优先级,它也不会抢占成为该 VRRP 组的主路由设备。VRRP 组使用以太网接口 IP 地址情况下,抢占模式是否设置意义不大,因为此时该 VRRP 组具有最大优先级,它自动成为该 VRRP 组中的主路由设备。

第 8 章 路由技术高级应用

Router(config-if)# vrrp group preempt [delay seconds]

设置 VRRP 备份组处于抢占模式

Router(config-if)# no vrrp group preempt [delay]

设置 VRRP 备份组处于非抢占模式

可选参数 Delay Seconds 定义了处于备份状态的 VRRP 路由设备准备宣告自己拥有 Master 身份之前的延迟，默认值为 0 s。一旦启用 VRRP 功能，VRRP 组默认工作在抢占模式下。

（5）设置路由设备在 VRRP 备份组中的优先级。VRRP 协议规定根据路由设备的优先级参数来确定在备份组中每台路由设备的地位。工作在抢占模式下具有最高优先级并且已获得虚拟 IP 地址的路由设备将成为该备份组的活动的（或主）路由设备，同一个备份组中低于该路由设备优先级的其他路由设备将成为备份的（或监听的）路由设备。一旦启用 VRRP 功能，VRRP 组默认的优先级为 100。

Router(config-if)# vrrp group priority level

设置 VRRP 备份组的优先级

Router(config-if)# no vrrp group priority

恢复 VRRP 优先级的默认值

优先级 Level 的取值范围为 1~254。如果 VRRP 虚拟 IP 地址与所在以太网接口上真实 IP 地址一致，对应的 VRRP 组的优先级就为 255，此时无论 VRRP 组是否处于抢占模式，对应的 VRRP 组都会自动处于 Master 状态（只要对应的以太网接口可用）。

（6）VRRP 的监控与维护。Router# show vrrp [brief | group]　查看当前的 VRRP 状态

Router# show vrrp interface type number[brief]

显示指定网络接口上 VRRP 状态

📗 案例实施

1. 路由器 R3 的基本配置

```
hostname "R3"
interface FastEthernet 0/0
no switchport
ip address 192.168.12.217 255.255.255.0
interface GigabitEthernet 1/1
no switchport
ip address 60.154.101.5 255.255.255.0
interface GigabitEthernet 2/1
no switchport
ip address 202.101.90.61 255.255.255.0
router ospf
network 202.101.90.0 0.0.0.255 area 10
network 192.168.12.0 0.0.0.255 area 10
network 60.154.101.0 0.0.0.255 area 10
end
```

2. 路由器 R1 的基本配置

```
hostname "R1"
interface FastEthernet 0/0
no switchport
ip address 192.168.201.217 255.255.255.0
vrrp 1 priority 120
vrrp 1 timers advertise 3
vrrp 1 ip 192.168.201.1
interface GigabitEthernet 2/1
no switchport
ip address 202.101.90.63 255.255.255.0
router ospf
network 202.101.90.0 0.0.0.255 area 10
network 192.168.201.0 0.0.0.255 area 10
```

3. 路由器 R2 的基本配置

```
hostname "R2"
!
interface FastEthernet 0/0
no switchport
ip address 192.168.201.213 255.255.255.0
vrrp 1 ip 192.168.201.1
vrrp 1 timers advertise 3
interface GigabitEthernet 1/1
no switchport
ip address 60.154.101.3 255.255.255.0
router ospf
network 60.154.101.0 0.0.0.255 area 10
network 192.168.201.0 0.0.0.255 area 10
end
```

路由设备 R1 与 R2 同处于 VRRP 备份组 1 中,指向相同的虚拟路由设备的 IP 地址(192.168.201.1)并且均处于 VRRP 的抢占模式下。由于路由设备 R1 的 VRRP 备份组优先级为 120, 而路由设备 R2 的 VRRP 备份组优先级取默认值 100,所以路由设备 R1 在正常情况下充当 VRRP 的 Master 路由设备。

习　题　8

选择题

1. 在 Quidway 路由器上命令行最多保存的历史命令数为（　　　）。
   A. 10　　　　　　　B. 15　　　　　　　C. 20　　　　　　　D. 25

2. 路由器是一种用于网络互连的计算机设备，但作为路由器，并不具备的是（　　　）

　　A. 路由功能　　　　　　　　　　　B. 多层交换

　　C. 支持两种以上的子网协议　　　　D. 具有存储、转发、寻径功能

3. 路由器的主要功能不包括（　　　）。

　　A. 速率适配　　　　　　　　　　　B. 子网协议转换

　　C. 七层协议转换　　　　　　　　　D. 报文分片与重组

4. 路由器中时刻维持着一张路由表，这张路由表可以是静态配置的，也可以是（　　　）产生的。

　　A. 生成树协议　　　　　　　　　　B. 链路控制协议

　　C. 动态路由协议　　　　　　　　　D. 被承载网络层协议

5. 无类路由协议路由表表目为三维组，其中不包括（　　　）。

　　A. 子网掩码　　　　　　　　　　　B. 源网络地址

　　C. 目的网络地址　　　　　　　　　D. 下一跳地址

6. 路由算法使用了许多不同的权决定最佳路由，通常采用的权不包括（　　　）。

　　A. 带宽　　　　　B. 可靠性　　　　C. 物理距离　　　　D. 开销

7. 路由器的主要性能指标不包括（　　　）。

　　A. 延迟　　　　　　　　　　　　　B. 流通量

　　C. 帧丢失率　　　　　　　　　　　D. 语音数据压缩比

8. 路由器作为网络互连设备，必须具备以下哪些特点？（　　　）

　　A. 支持路由协议　　　　　　　　　B. 至少具备一个备份口

　　C. 至少支持两个网络接口　　　　　D. 协议至少要实现到网络层

　　E. 具有存储、转发和寻径功能　　　F. 至少支持两种以上的子网协议

9. 路由器网络层的基本功能是（　　　）。

　　A. 配置 IP 地址　　　　　　　　　B. 寻找路由和转发报文

　　C. 将 MAC 地址解释成 IP 地址

10. 能配置 IP 地址的提示符是（　　　）。

　　A. Router>　　　　　　　　　　　B. Router#

　　C. Router(config)#　　　　　　　　D. Router(config-if-Ethernet0)#

11. 一台在北京的路由器显示如下信息：traceroute to Shengzhen(18.26.0.115),30 hops max 1 Beijing.cn 0 ms 0ms 0ms 2 rout1.cn 39 ms 39ms 39ms，用户在该路由器上输入了命令（　　　）。

　　A. Quidway#ping Shengzhen　　　　B. Quidway#host Shengzhen

　　C. Quidway#Telnet Shengzhen　　　 D. Quidway#tracert Shengzhen

12. PING 某台主机成功,路由器应出现（　　　）提示。

　　A. Timeout　　　　　　　　　　　B. Unreachable

　　C. Non-existent address　　　　　　D. Reply from 202.38.160.2

13. 当路由器接收的 IP 报文的 MTU 大于该路由器的最大 MTU 时,采取的策略是（　　　）

　　A. 丢掉该分组　　　　　　　　　　B. 将该分组分片

　　C. 直接转发该分组　　　　　　　　D. 向源路由器发出请求，减小其分组大小

14. 当路由器接收的 IP 报文的 TTL 值等于 1 时，采取的策略是（　　　）。

    A. 丢掉该分组　　　　　　　　　　　　B. 转发该分组

    C. 将该分组分片　　　　　　　　　　　D. 以上答案均不对

15. 在对 Quidway 路由器进行配置时，应选择超级终端的参数是（　　　）。

    A. 数据位为 8 位，奇偶检验无，停止位为无

    B. 数据位为 8 位，奇偶检验无，停止位为 1 位

    C. 数据位为 8 位，奇偶检验有，停止位为 1 位

    D. 数据位为 8 位，奇偶检验有，停止位为 2 位

16. （　　　）是华为公司具有完全自主知识产权的网络操作系统。

    A. IOS　　　　　B. VOS　　　　　C. VRP　　　　　D. NOS

17. 在路由器中，能用以下命令（　　　）查看路由器的路由表。

    A. ARP –A　　　B. TRACEROUTE　C. ROUTE PRINT　D. SHOW IP ROUTE

18. Quidway 路由器在转发数据包到非直连网段的过程中，依靠下列哪一个选项来寻找下一跳地址？（　　　）

    A. 帧头　　　　　　　　　　　　　　　B. IP 报文头部

    C. SSAP 字段　　　　　　　　　　　　D. DSAP 字段

19. 在一个以太网段中，30 台 PC 通过 Quidway 路由器 S0 口连接 Internet，Quidway 路由器做了如下配置：

```
Quidway(config)#interface e0
Quidway(config-if-e0)#ip address 192.168.1.1 255.255.255.0
Quidway(config-if-e0)exit
Quidway(config)#interface s0
Quidway(config-if-s0)#ip address 211.136.3.6 255.255.255.252
Quidway(config-if-s0)#encapsulation ppp
```

一台 PC 的默认网关设置为 192.168.2.1,路由器会怎样处理发自这一台 PC 的数据包？（　　　）

    A. 路由器会认为发自这一台 PC 的数据包来自不同网段，转发数据包

    B. 路由器会自动修正这一台 PC 机的 IP 地址，转发数据包

    C. 路由器丢弃数据包，这时候需要重启路由器，路由器自动修正误配

    D. 路由器丢弃数据包，不做任何处理，需要重配 PC 网关为 192.168.1.1

20. 对于网络 172.168.16.0　MASK 255.255.252.0，与它相邻的子网是（　　　）。

    A. 172.168.20.0　B. 172.168.24.0　　C. 172.168.32.0　　D. 172.168.48.0

21. Quidway 路由器可以通过下列哪些方式进行配置？（　　　）

    A. 通过 FTP 方式传送配置文件　　　　B. 通过远程登录配置

    C. 通过拨号方式配置　　　　　　　　　D. 通过控制口配置

22. 查看路由器上的所有保存在 flash 中的配置数据应在特权模式下输入命令（　　　）。

    A. show running-config　　　　　　　B. show interface

    C. show startup-config　　　　　　　D. show memory

    E. show ip config　　　　　　　　　　F. show buffers

23. 下面对路由器的描述正确的是（交换机指二层交换机）(　　　).

　　A. 相对于交换机和网桥来说，路由器具有更加复杂的功能

　　B. 相对于交换机和网桥来说，路由器具有更低的延迟

　　C. 相对于交换机和网桥来说，路由器可以提供更大的带宽和数据转发速度

　　D. 路由器可以实现不同子网之间的通信，交换机和网桥不能

　　E. 路由器可以实现虚拟局域网之间的通信，交换机和网桥不能

　　F. 路由器具有路径选择和数据转发功能

24. 以下关于 IP 地址借用说法正确的是 (　　　).

　　A. 借用方不能为以太网接口

　　B. 如果被借用接口没有 IP 地址，则借用接口的 IP 地址为 0.0.0.0

　　C. 被借用方接口的地址本身不能为借用地址

　　D. 被借用方的地址可以借给多个接口

　　E. 如果被借用接口有多个 IP 地址，则只能借用主 IP 地址

25. 应该在下列哪个模式使用 debug 命令？(　　　)

　　A. 用户　　　　　　B. 特权　　　　　　C. 全局配置　　　　D. 接口配置

26. 路由器逻辑上由 (　　　) 构成.

　　A. 输入输出接口　　　　　　　　　B. 数据转发部分

　　C. 路由管理部分　　　　　　　　　D. 用户配置接口

27. 路由器的作用表现在 (　　　).

　　A. 数据转发　　　　　　　　　　　B. 路由（寻径）

　　C. 备份、流量控制　　　　　　　　D. 速率适配

　　E. 隔离网络　　　　　　　　　　　F. 异种网络互连

28. 可以用以下哪几种方式配置路由器？(　　　)

　　A. 通过 CONSOLE 口配置　　　　　B. 通过拨号远程配置

　　C. 通过 TELNET 方式配置　　　　　D. 通过哑终端配置

　　E. 通过 FTP 方式传送配置文件

29. 第一次对路由器进行配置时，采用哪种配置方式？(　　　)

　　A. 通过 CONSOLE 口配置　　　　　B. 通过拨号远程配置

　　C. 通过 TELNET 方式配置　　　　　D. 通过哑终端配置

　　E. 通过 FTP 方式传送配置文件

30. 与路由器相连的计算机串口属性的设置，正确的有 (　　　).

　　A. 速率: 9600 bit/s　　　　　　　B. 数据位: 8 位

　　C. 奇偶检验位: 无　　　　　　　　D. 停止位: 1 位

　　E. 流控: 软件

31. 在路由器上启动 FTP 服务，要执行哪条命令？(　　　)

　　A. ftp-server open　　　　　　　B. ftp-server enable

　　C. ftp server open　　　　　　　D. ftp server running

32. 路由器的配置模式有 (　　　).

　　A. 普通用户模式　　　　　　　　　B. 特权用户模式

C. 全局配置模式　　　　　　　　　　　D. 接口配置模式

E. 路由协议配置模式

33. 下面哪个命令不在普通用户模式中？（　　　）

A. exit　　　　　B. enable　　　　C. disable　　　　D. configure

34. 可以采用以下那种方式升级路由器？（　　　）

A. 通过 CONSOLE 口升级　　　　　　B. 通过 FTP 升级

C. 通过 TFTP 升级　　　　　　　　　D. 通过 MODEM 升级

35. 下列哪一项可以执行网络层路径选择功能？（　　　）

A. 可路由协议（routed protocol）　　　B. 路由协议（routing protocol）

C. 生成树协议　　　　　　　　　　　D. 帧中继协议

第 9 章

→ 访问列表高级应用

能力目标

能针对不同的网络环境使用相应的方法或手段在园区网中的三层设备上进行访问控制，使网络更加安全可控。

知识目标

● 了解基于时间的访问控制列表的概念、原理，掌握基于时间的访问控制列表的配置方法。

● 了解专家级访问控制列表的概念、原理，掌握专家级访问控制列表的配置方法。

章节案例及分析

访问控制列表（Access Control Lists，ACL）是应用在路由器接口的指令列表。这些指令列表用来告诉路由器哪些数据包可以接收、哪些数据包需要拒绝。至于数据包是被接收还是拒绝，可以由类似于源地址、目的地址、端口号等的特定指示条件来决定。访问控制列表不但可以起到控制网络流量、流向的作用，而且在很大程度上起到保护网络设备、服务器的关键作用。作为外网进入企业内网的第一道关卡，路由器上的访问控制列表成为保护内网安全的有效手段。

本章分为两个案例：一是介绍如何利用基于时间的访问控制列表实现不同时段的访问控制，主要介绍基于时间访问控制列表的概念、原理、配置方法等；二是介绍如何利用专家级的访问控制列表实现复杂条件下的访问控制，主要介绍专家级访问控制列表的概念、原理、配置方法等。

9.1 【案例 1】基于时间的访问控制列表应用

学习目标

（1）了解基于时间的访问控制列表的概念、原理。

（2）掌握基于时间的访问控制列表的配置方法。

案例描述

某公司经理最近发现，有些员工在上班时间经常上网浏览与工作无关的网站，影响了工作，因此他通知网络管理员，在网络上进行设置，在上班时间只允许浏览与工作相关的几个网站，禁止访问其他网站。

本案例以 1 台 S2126G 交换机和 1 台 R2624 路由器为例。PC 机的 IP 地址和默认网关分别为 172.16.1.1/24 和 172.16.1.2/24，服务器(Server)的 IP 地址和默认网关分别为 160.16.1.1/24 和 160.16.1.2/24，路由器的接口 F0 和 F1 的 IP 地址分别为 172.16.1.2/24 和 160.16.1.2/24。拓扑结构如图 9-1 所示。

图 9-1　时间访问列表应用拓扑图

📠 相关知识

1. 基于时间的访问控制列表概述

访问控制表（ACL）实际上是在路由器或三层交换机上实现的根据数据报文的内容进行的过滤行为。路由器或者三层交换机根据报文的特征以及 ACL 中所定义的策略，决定将该报文进行转发或者丢弃。常用的访问控制表通常根据 IP 数据包的源地址、目标地址、协议类型等来进行配置。

基于时间的访问控制表可以根据一天中的不同时间或一星期中的不同日期、或二者相结合来控制网络数据包的转发。这种基于时间的访问控制表，就是在原来的标准访问控制表和扩展访问控制表中，加入有效的时间范围来更合理有效地控制网络。首先定义一个时间范围，然后在原来的各种访问列表的基础上应用它，其命令和功能如表 9-1 所示。

表 9-1　基于时间访问列表的命令和功能

命　　　令	功　　　能
Ruijie# **configure terminal**	进入全局配置模式
Ruijie(config)# **time-range** *time-range-name*	通过一个意义的显式字符串作为名字
Ruijie(config-time-range)# **absolute** [**start time** *date*] **end time** *date*	设置绝对时间区间（可选）
Ruijie(config-time-rang)# **periodic** *day-of-the-week* time **to** [*day-of-the week*] time	设置周期时间（可选）
Ruijie# **show time-range**	验证配置
Ruijie# **copy running-config startup-config**	保存配置
Ruijie(config)# **ip access-list extended** *101*	进入 ACL 配置模式
Ruijie(config-ext-nacl)# **permit ip any any time-range** *time-range-name*	配置时间区的 ACE

2. 基于时间的访问控制列表配置

基于时间的访问控制列表由两部分组成，第一部分是定义时间段，第二部分是定义规则。

从特权模式开始，可以通过以下命令来设置一个 Time-Range：

（1）absolute：该命令用来指定绝对时间范围。它后面紧跟着 start 和 end 两个关键字。在这两个关键字后面的时间要以 24 小时制 hh:mm 表示，日期要按照日/月/年来表示。如果省略 start 及其后面的时间，则表示与之相联系的 permit 或 deny 语句立即生效，并一直作用到 end 处的时间为止。如果省略 end 及其后面的时间，则表示与之相联系的 permit 或 deny 语句在 start 处表示的时间开始生效，并且一直进行下去。

（2）Periodic：主要是以星期为参数来定义时间范围的一个命令。它的参数主要有 Monday、Tuesday、Wednesday、Thursday、Friday、Saturday、Sunday 中的一个或者几个的组合，也可以是 daily（每天）、weekday（周一至周五）或者 weekend（周末）。

下面的例子以时间区 ACL 应用为例， 说明如何在每周工作时间段内禁止 HTTP 的数据流：

```
Ruijie(config)# time-range no-http
Ruijie(config-time-range)# periodic weekdays 8:00 to 18:00
Ruijie(config)# end
Ruijie(config)# ip access-list extended limit-tcp
Ruijie(config-ext-nacl)# deny tcp any any eq www time-range no-http
Ruijie(config-ext-nacl)# exit
Ruijie(config)# interface gigabitEthernet 0/1
Ruijie(config-if)# ip access-group limit-tcp in
Ruijie(config)# end
```

案例实施

（1）在路由器上定义基于时间的访问控制列表，输入如下代码：

```
Router(config)#access-list 100 permit ip any host 160.16.1.1
```
定义扩展访问列表，允许访问主机 160.16.1.1
```
Router(config)#access-list 100 permit ip any any time-range t1
```
关联 time-range 接口 t1，允许在规定时间段访问任何网络
```
Router(config)#time-range t1
```
定义 time-range 接口 t1 ，即定义时间段
```
Router(config- time-range)#absolute start 8:00 1 oct 2004 end 18:00 30 dec 2020
```
定义绝对时间
```
Router(config- time-range)#periodic daily 0:00 to 8:00
```
定义周期性时间段（非上班时间）
```
Router(config- time-range)#periodic daily 17:00 to 23:59
```
（2）在接口上应用访问列表，输入如下代码：
```
Router(config)# interface fastethernet 1
```
进入接口 F1 配置模式
```
Router(config-if)# ip access-group 100 out
```
在接口 F1 的出方向上应用访问列表 100
（3）测试访问列表的效果，输入如下代码：
```
C:\>ping 160.16.1.1
```
验证在工作时间可以访问服务器 160.16.1.1

运行结果如图 9-2 所示。

```
C:\WINDOWS\System32\cmd.exe

C:\>ping 160.16.1.1

Pinging 160.16.1.1 with 32 bytes of data:

Reply from 160.16.1.1: bytes=32 time=1ms TTL=127
Reply from 160.16.1.1: bytes=32 time<1ms TTL=127
Reply from 160.16.1.1: bytes=32 time<1ms TTL=127
Reply from 160.16.1.1: bytes=32 time<1ms TTL=127

Ping statistics for 160.16.1.1:
    Packets: Sent = 4, Received = 4, Lost = 0 (0% loss),
Approximate round trip times in milli-seconds:
    Minimum = 0ms, Maximum = 1ms, Average = 0ms
```

图 9-2　访问服务器 160.16.1.1

现在改变服务器的 IP 地址为 160.16.1.5（或用另一台服务器），再输入如下代码：

C:\>ping 160.16.1.5
验证在工作时间不能访问服务器 160.16.1.5
运行结果如图 9-3 所示，显示目的不可访问。

```
C:\WINDOWS\System32\cmd.exe

C:\>ping 160.16.1.5

Pinging 160.16.1.5 with 32 bytes of data:

Reply from 172.16.1.2: Destination net unreachable.
Reply from 172.16.1.2: Destination net unreachable.
Reply from 172.16.1.2: Destination net unreachable.
Reply from 172.16.1.2: Destination net unreachable.

Ping statistics for 160.16.1.5:
    Packets: Sent = 4, Received = 4, Lost = 0 (0% loss),
Approximate round trip times in milli-seconds:
    Minimum = 0ms, Maximum = 0ms, Average = 0ms
```

图 9-3　工作时间访问服务器 160.16.1.5

现在改变路由器的时钟到非工作时间 22:00，再输入如下代码：

C:\>ping 160.16.1.5
验证在非工作时间可以访问服务器 160.16.1.5
运行结果如图 9-4 所示。

```
C:\WINDOWS\System32\cmd.exe

C:\>ping 160.16.1.5

Pinging 160.16.1.5 with 32 bytes of data:

Reply from 160.16.1.5: bytes=32 time=2ms TTL=127
Reply from 160.16.1.5: bytes=32 time<1ms TTL=127
Reply from 160.16.1.5: bytes=32 time<1ms TTL=127
Reply from 160.16.1.5: bytes=32 time<1ms TTL=127

Ping statistics for 160.16.1.5:
    Packets: Sent = 4, Received = 4, Lost = 0 (0% loss),
Approximate round trip times in milli-seconds:
    Minimum = 0ms, Maximum = 2ms, Average = 0ms
```

图 9-4　非工作时间访问服务器 160.16.1.5

（4）参考配置

```
Switch # show  running-config    显示交换机的全部配置
Building configuration...
Current configuration : 241 bytes
version 1.0
```

```
hostname SwitchA
enable secret level 1 5 $2/,|7zy3W&-/-ae4v'~1'dfQ7+.t{bc
enable secret level 15 5 $2$Paein32F}bfjo43Q8cgkEQ4m`dhl&
interface vlan 1
no shutdown
ip address 172.16.1.10 255.255.255.0
end

Router # show  running-config      显示路由器的全部配置
Current configuration:
! Last configuration change at 14:41:32 UTC Wed Nov 3 2004
! NVRAM config last updated at 14:37:32 UTC Wed Nov 3 2004
version 6.14(2)
hostname "Router"
enable secret 5 $1$EN5L$wwHurnJ/4ZePTv7sUoAVP1
ip subnet-zero
time-range t1
absolute start 08:00 1 October 2004 end 18:00 30 December 2020
periodic daily 00:00 to 08:00
periodic daily 17:00 to 23:59
interface FastEthernet0
ip address 172.16.1.2 255.255.255.0
interface FastEthernet1
ip address 160.16.1.2 255.255.255.0
ip access-group 100 out
interface FastEthernet2
no ip address
shutdown
interface FastEthernet3
no ip address
shutdown
interface Serial0
no ip address
interface Serial1
no ip address
voice-port 0
voice-port 1
voice-port 2
voice-port 3
ip classless
access-list 100 permit ip any host 160.16.1.1
access-list 100 permit ip any any time-range t1
line con 0
line 1 8
```

```
line aux 0
line vty 0 4
password star
login
end
```

9.2 【案例2】专家级的访问控制列表应用

💻 **学习目标**

（1）了解专家级访问控制列表的概念、原理。

（2）掌握专家级访问控制列表的配置方法。

📋 **案例描述**

出于安全考虑，某企业网络管理员需要按物理地址及网络地址禁止某些主机访问某服务器，但允许其他主机访问，现在需要在交换机上做相应配置。

本案例以一台 S2126G 交换机和一台 R2624 路由器为例。PC1 和 PC2 的 IP 地址分别为 172.16.1.1/24 和 172.16.1.3/24，默认网关为 172.16.1.2/24，服务器（Server）的 IP 地址和默认网关分别为 160.16.1.1/24 和 160.16.1.2/24，路由器的接口 F0 和 F1 的 IP 地址分别为 172.16.1.2/24 和 160.16.1.2/24。拓扑结构如图 9-5 所示。

图 9-5 专家级访问列表应用拓扑图

🖥 **相关知识**

1. 专家级的访问控制列表概述

专家级访问控制列表可以利用 MAC 地址、IP 地址、VLAN 号、传输端口号、协议类型、时间 ACL 等元素进行灵活组合，定义规则，从而更加灵活地控制网络的流量，保证网络的安全运行。

Expert 扩展访问列表（编号 2700～2899）为基本访问列表和 MAC 扩展访问列表的综合体，并且能对 VLAN ID 进行过滤。

2. 专家级的访问控制列表的配置

Expert 访问列表的配置包括以下两步：

（1）定义 Expert 访问列表。

（2）应用列表于特定接口（应用特例）。

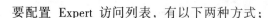

要配置 Expert 访问列表，有以下两种方式：

（1）在全局配置模式下执行命令，如表 9-2 所示。

表 9-2　全局配置下的命令及其功能

命　令	功　能
Ruijie(config)# **access-list** *id* {**deny**|**permit**} [*prot*|{[*ethernet-type*] [**cos** *cos*]) [**VID** *vid*]{src *src-wildcard* | **host** *src*} {**host** *src-mac-addr* | **any**}{dse *dst-wildcard* | **host** *dst* | **any**}{**host** *dst-mac-addr* | **any**}] [**precedence** *precedence*] [**tos** *tos*] [**dscp** *dscp*] [**fragment**] [**time-range** *tm-rng-name*]	定义访问列表
Ruijie(config)# **interface** *interface*	选择要应用访问列表的接口
Ruijie(confing-if)# **expert access-group** *id* in	将访问列表应用于特定接口

（2）在 ACL 配置模式下执行命令，如表 9-3 所示。

表 9-3　ACL 配置模式下的命令及其功能

命　令	功　能
Ruijie(config)# **expert access-list extended** {*id*|*name*}	进入配置访问列表模式
Ruijie(config-exp-nacl)# [*sn*]{**permit** | **deny**} [*prot*|{[*ethernet-type*] [**cos** *cos*]) [**VID** *vid*]{src *src-wildcard* | **host** *src* } {**host** *src-mac-addr* | **any**}{dst *dst-wildcard* | **host** *dst* | **any**}{**host** *dst-mac-addr* | **any**}][**precedence** *precedence*] [**tos** *tos*] [**dscp** *dscp*] [**fragment**] [**time-range** *tm-rng-name*]	为 ACL 添加表项
Ruijie(config-exp-nacl)# **exit** Ruijie(confing)# **interface** *interface*	退出访问控制列表模式，选择要应用访问列表的接口
Ruijie(config-if)# **expert access-group** {*id*|*name*}**in**	将访问列表应用于特定接口

案例实施

（1）在交换机上定义专家级访问列表，输入如下代码：

```
Switch(config)# expert access-list extended e1    定义专家级访问列表e1
Switch(config-ext-nacl)# deny ip host 172.16.1.1 host 00e0.9823.9526 host 160.16.1.1 any
```
禁止 IP 地址和 MAC 地址为 172.16.1.1 和 00e0.9823.9526 的主机访问 IP 地址为 160.16.1.1 的主机
```
Switch(config-ext-nacl)# permit any any any any
```
（2）在接口上应用专家级访问列表，输入如下代码：
```
Switch (config)# interface fastethernet 0/1
```

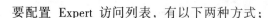

204

进入接口 F0/1 配置模式

```
Switch (config-if)# expert access-group e1 in
```

在接口 F0/1 的入方向上应用专家级访问列表 e1

（3）测试访问列表的效果，输入如下代码：

```
C:\>ping 160.16.1.1          验证 PC1 不能访问服务器 160.16.1.1
```

运行结果如图 9-6 所示。

图 9-6　PC1 访问服务器 160.16.1.1

然后再输入如下代码：

```
C:\>ping 172.16.1.3          验证 PC1 能访问 PC2 (172.16.1.3 )
```

运行结果如图 9-7 所示。

图 9-7　PC1 访问 PC2

最后输入如下代码：

```
C:\>ping 160.16.1.1          验证 PC2 能访问服务器 160.16.1.1
```

运行结果如图 9-8 所示。

图 9-8　PC2 访问服务器 160.16.1.1

（4）参考配置：

```
Switch # show  running-config    显示交换机的全部配置
Building configuration...
Current configuration : 437 bytes
version 1.0
hostname SwitchA
enable secret level 1 5 $28cgkE,3m`dhl&-4Paein'.Q}bfjo+/
enable secret level 15 5 $2tZ[V/,3+S(\W&-41X)sv'~Q.Y*T7+.
expert access-list extended e1
deny ip host 172.16.1.1 host 00e0.9823.9526 host 160.16.1.1 any
permit ip any any any any
interface fastEthernet 0/1
expert access-group e1 in
interface vlan 1
no shutdown
ip address 172.16.1.10 255.255.255.0
end
```

```
Router # show  running-config    显示路由器的全部配置
Current configuration:
! Last configuration change at 16:04:56 UTC Wed Nov 3 2004
! NVRAM config last updated at 16:05:13 UTC Wed Nov 3 2004
version 6.14(2)
hostname "Router"
enable secret 5 $1$EN5L$wwHurnJ/4ZePTv7sUoAVP1
ip subnet-zero
interface FastEthernet0
ip address 172.16.1.2 255.255.255.0
interface FastEthernet1
ip address 160.16.1.2 255.255.255.0
interface FastEthernet2
no ip address
shutdown
interface FastEthernet3
no ip address
shutdown
interface Serial0
no ip address
interface Serial1
no ip address
voice-port 0
voice-port 1
voice-port 2
```

```
voice-port 3
ip classless
line con 0
line 1 8
line aux 0
line vty 0 4
password star
login
end
```

习　题　9

选择题

1. 访问控制列表配置中，操作符 gt portnumber 表示控制的是（　　）。

　　A. 端口号小于此数字的服务

　　B. 端口号大于此数字的服务

　　C. 端口号等于此数字的服务

　　D. 端口号不等于此数字的服务

2. 某台路由器上配置了如下一条访问列表：access-list 4 deny 202.38.0.0 0.0.255.255 access-list 4 permit 202.38.160.1 0.0.0.255，表示（　　）。

　　A. 只禁止源地址为 202.38.0.0 网段的所有访问

　　B. 只允许目的地址为 202.38.0.0 网段的所有访问

　　C. 检查源 IP 地址，禁止 202.38.0.0 大网段的主机，但允许其中的 202.38.160.0 小网段上的主机

　　D. 检查目的 IP 地址，禁止 202.38.0.0 大网段的主机，但允许其中的 202.38.160.0 小网段的主机

3. 对防火墙如下配置：

```
firwell enable
端口配置如下
interface Serial0
ip address 202.10.10.1 255.255.255.0
encapsulation ppp
nat enable
interface Ethernet0
ip address 10.110.10.1 255.255.255.0
```

公司的内部网络接在 Ethernet0，在 Serial0 通过地址转换访问 Internet。如果想禁止公司内部所有主机访问 202.38.160.1/16 的网段，但是可以访问其他站点。如下的配置可以达到要求的是（　　）。

　　A. access-list 1 deny 202.38.160.1 0.0.255.255 在 Serial0 口：access-group 1 in

B.　access-list 1 deny 202.38.160.1 0.0.255.255　在 Serial0 口：access-group 1 out

C.　access-list 101 deny ip any 202.38.160.1 0.0.255.255　在 Ethernet0：access-group 101 in

D.　access-list 101 deny ip any 202.38.160.1 0.0.255.255　在 Ethernet0：access-group 101 out

4.　在 Qudway 路由器上已经配置了一个访问控制列表 1，并且使能了防火墙。现在需要对所有通过 Serial0 接口进入的数据包使用规则 1 进行过滤。如下可以达到要求的是（　　　）。

A.　在全局模式配置：firewall 1 serial0 in

B.　在全局模式配置：access-group 1 serial0 out

C.　在 Serial0 的接口模式配置：access-group 1 in

D.　在 Serial0 的接口模式配置：access-group 1 out

E.　在 Serial0 的接口模式配置：ip access-group 1 in

F.　在 Serial0 的接口模式配置：ip access-group 1 out

5.　小于（　　　）的端口号已保留与现有服务一一对应，此数字以上的端口号可自由分配。

A.　100　　　　　　B.　199　　　　　　C.　1024　　　　　　D.　2048

6.　以下情况可以使用访问控制列表准确描述的是（　　　）。

A.　禁止有 CIH 病毒的文件到我的主机

B.　只允许系统管理员可以访问我的主机

C.　禁止所有使用 Telnet 的用户访问我的主机

D.　禁止使用 UNIX 系统的用户访问我的主机

7.　配置如下两条访问控制列表：

```
access-list 1 permit 10.110.10.1 0.0.255.255
access-list 2 permit 10.110.100.100 0.0.255.255
```

访问控制列表 1 和 2，所控制的地址范围关系是（　　　）。

A.　1 和 2 的范围相同　　　　　　　　B.　1 的范围在 2 的范围内

C.　2 的范围在 1 的范围内　　　　　　D.　1 和 2 的范围没有包含关系

8.　如下访问控制列表的含义是（　　　）。

```
access-list 100 deny icmp 10.1.10.10 0.0.255.255 any host-unreachable
```

A.　规则序列号是 100，禁止到 10.1.10.10 主机的所有主机不可达报文

B.　规则序列号是 100，禁止到 10.1.0.0/16 网段的所有主机不可达报文

C.　规则序列号是 100，禁止从 10.1.0.0/16 网段来的所有主机不可达报文

D.　规则序列号是 100，禁止从 10.1.10.10 主机来的所有主机不可达报文

9.　如下访问控制列表的含义是（　　　）。

```
access-list 102 deny udp 129.9.8.10 0.0.0.255 202.38.160.10 0.0.0.255 gt 128
```

A.　规则序列号是 102，禁止从 202.38.160.0/24 网段的主机到 129.9.8.0/24 网段的主机使用端口大于 128 的 UDP 协议进行连接

B.　规则序列号是 102，禁止从 202.38.160.0/24 网段的主机到 129.9.8.0/24 网段的主机使用端口小于 128 的 UDP 协议进行连接

C.　规则序列号是 102，禁止从 129.9.8.0/24 网段的主机到 202.38.160.0/24 网段的主机使用端口小于 128 的 UDP 协议进行连接

D.　规则序列号是 102，禁止从 129.9.8.0/24 网段的主机到 202.38.160.0/24 网段的主

机使用端口大于 128 的 UDP 协议进行连接

10. 如果在一个接口上使用了 access group 命令，但没有创建相应的 access list，在此接口上下面描述正确的是（　　）。

    A. 发生错误　　　　　　　　　　　B. 拒绝所有的数据包 in

    C. 拒绝所有的数据包 out　　　　　　D. 拒绝所有的数据包 in、out

    E. 允许所有的数据包 in、out

11. 在访问控制列表中地址和掩码为 168.18.64.0　0.0.3.255 表示的 IP 地址范围是（　　）。

    A. 168.18.67.0~168.18.70.255　　　　B. 168.18.64.0~168.18.67.255

    C. 168.18.63.0~168.18.64.255　　　　D. 168.18.64.255~168.18.67.255

12. 标准访问控制列表的数字标识范围是（　　）。

    A. 1~50　　　　　B. 1~99　　　　　C. 1~100

    D. 1~199　　　　　　　　　　　　E. 由网管人员规定

13. 标准访问控制列表以（　　）作为判别条件。

    A. 数据包的大小　　　　　　　　　B. 数据包的源地址

    C. 数据包的端口号　　　　　　　　D. 数据包的目的地址

14. 配置访问控制列表必须做的配置是（　　）。

    A. 设定时间段　　　　　　　　　　B. 指定日志主机

    C. 定义访问控制列表　　　　　　　D. 在接口上应用访问控制列表

15. Quidway 路由器访问控制列表默认的过滤模式是（　　）。

    A. 拒绝　　　　　B. 允许　　　　　C. 必须配置

16. 访问控制列表 access-list 100 deny ip 10.1.10.10 0.0.255.255 any eq 80 的含义是（　　）。

    A. 规则序列号是100，禁止到 10.1.10.10 主机的 Telnet 访问

    B. 规则序列号是100，禁止到 10.1.0.0/16 网段的 WWW 访问

    C. 规则序列号是100，禁止从 10.1.0.0/16 网段来的 WWW 访问

    D. 规则序列号是100，禁止从 10.1.10.10 主机来的 Rlogin 访问

17. 访问列表如下：

```
access-list 4 deny 202.38.0.0 0.0.255.255
access-list 4 permit 202.38.160.1 0.0.0.255
```

应用于该路由器端口的配置如下：

```
Quidway(config)# firewall default permit
Quidway(config-if-Serial0)# ip access-group 4 in
```

该路由器 E0 口接本地局域网 192.168.1.0，S0 口接到 INTERNET，以下说法正确的有（　　）。

    A. 内部主机不可以访问 202.38.0.0/16 网段的主机

    B. 内部主机可以任意访问外部任何地址的主机

    C. 连在该路由器其他端口的主机可任意访问内部网资源

    D. 所有外部数据包都可以通过 S0 口，自由出入本地局域网

18. 单位路由器防火墙作了如下配置：

第 9 章　访问列表高级应用

```
firewall enable
access-list normal 101 permit ip 202.38.0.0 0.0.0.255 10.10.10.10 0.0.0.255
access-list normal 101 deny tcp 202.38.0.0 0.0.0.255 10.10.10.10 0.0.0.255
gt 1024
access-list normal 101 deny ip any any
```

端口配置如下：

```
interface Serial 0
Ip address 202.38.111.25 255.255.255.0
encapsulation ppp ip
access-group 101 in
interface Ethernet0
ip address 10.10.10.1 255.255.255.0
```

内部局域网主机均为 10.10.10.0 255.255.255.0 网段。以下说法正确的是（本题假设其他网络均没有使用 access list）（   ）。

    A. 外部主机 202.38.0.50 可以 ping 通任何内部主机

    B. 内部主机 10.10.10.5，可以任意访问外部网络资源

    C. 内部任意主机都可以与外部任意主机建立 TCP 连接

    D. 外部 202.38.5.0/24 网段主机可以与此内部网主机建立 TCP 连接

    E. 外部 202.38.0.0/24 网段主机不可以与此内部网主机建立端口号大于 1024 的 TCP 连接

19. 对于这样一条访问列表配置

```
Quidway(config)#access-list 1 permit 153.19.0.128  0.0.0.127
```

下列说法正确的是（   ）。

    A. 允许源地址小于 153.19.0.128 的数据包通过

    B. 允许目的地址小于 153.19.0.128 的数据包通过

    C. 允许源地址大于 153.19.0.128，小于 153.19.0.255 的数据包通过

    D. 允许目的地址大于 153.19.0.128 的数据包通过

    E. 配置命令是非法的

20. 下列所述的配置中，哪一个是允许来自网段 172.16.0.0 的数据包进入 Quidway 路由器的串口 0？（   ）

    A.
```
Quidway(config)#access-list 10 permit 172.16.0.0 0.0.255.255
   Quidway(config)#interface s0
   Quidway(config-int-s0)#ip access-group 10 out
```

    B.
```
Quidway(config)#access-group 10 permit 172.16.0.0 255.255.0.0
   Quidway(config)#interface s0
   Quidway(config-int-s0)#ip access-list 10 out
```

    C.
```
Quidway(config)#access-list 10 permit 172.16.0.0 0.0.255.255
   Quidway(config)#interface s0
   Quidway(config-int-s0)#ip access-group 10 in
```

    D.
```
Quidway(config)#access-list 10 permit 172.16.0.0 .255.255.0.0'
   Quidway(config)#interface s0
```

```
                Quidway(config-int-s0)#ip access-group 10 in
```

21. IP 扩展访问列表的数字标示范围是（   ）。

    A. 0 ~ 99   B. 1 ~ 99   C. 100 ~ 199   D. 101 ~ 200

22. 下列关于访问列表以及访问列表配置命令的说法中，正确的是（   ）。

    A. 访问列表有两类：IP 标准列表，IP 扩展列表

    B. 标准访问列表根据数据包的源地址来判断是允许或者拒绝数据包

    C. normal/special 字段表示该规则是在普通时间段中有效还是在特殊时间段有效，默认是在普通时间段内有效

    D. 扩展访问列表使用包含源地址以外的更多的信息描述数据包匹配规则

23. 在 Quidway 路由器上配置命令：

```
Access-list 100 deny icmp 10.1.0.0 0.0.255.255 any host-redirect
Access-list 100 deny tcp any 10.2.1.2. 0.0.0.0 eq 23
Access-list 100 permit ip any any
```

并将此规则应用在接口上，下列说法正确的是（   ）。

    A. 禁止从 10.1.0.0 网段发来的 ICMP 的主机重定向报文通过

    B. 禁止所有用户远程登录到 10.2.1.2 主机

    C. 允许所有的数据包通过

    D. 以上说法均不正确

24. 以下对华为 Quidway 系列路由器的访问列表设置规则描述不正确的是（   ）。

    A. 一条访问列表可以有多条规则组成

    B. 一个接口只可以应用一条访问列表

    C. 对冲突规则判断的依据是深度优先

    D. 如果定义一个访问列表而没有应用到接口上，华为路由器默认允许所有数据包通过

25. 应使用哪一条命令来查看路由器上的防火墙状态信息？（   ）

    A. show firewall   B. show interface

    C. show access-list all   D. show running-config

26. 使配置的访问列表应用到接口上的命令是什么？（   ）

    A. access-group   B. access-list   C. ip access-list   D. ip access-group

27. 扩展访问列表可以使用哪些字段来定义数据包过滤规则？（   ）

    A. 源 IP 地址   B. 目的 IP 地址   C. 端口号

    D. 协议类型   E. 日志功能

28. 访问控制列表 access-list 100 permit ip 129.38.1.1 0.0.255.255 202.38.5.2 0 的含义是（   ）。

    A. 允许主机 129.38.1.1 访问主机 202.38.5.2

    B. 允许 129.38.0.0 的网络访问 202.38.0.0 的网络

    C. 允许主机 202.38.5.2 访问网络 129.38.0.0

    D. 允许 129.38.0.0 的网络访问主机 202.38.5.2

29. 下面哪个可以使访问控制列表真正生效？（   ）

    A. 将访问控制列表应用到接口上   B. 定义扩展访问控制列表

C. 定义多条访问控制列表的组合　　　D. 用 access-list 命令配置访问控制列表

30. 下面关于访问控制列表的配置命令，正确的是（　　　）。

A. access-list 100 deny 1.1.1.1

B. access-list 1 permit any

C. access-list 1 permit 1.1.1.1 0 2.2.2.2 0.0.0.255

D. access-list 99 deny tcp any 2.2.2.2 0.0.0.255

31. 访问控制列表适用于（　　　）。

A. IP 网络　　　　　　　　　　　　B. 仅 IPX 网络

C. 所有网络，如 IP、IPX　　　　　　D. 以上答案都不对

32. 下面哪些是 ACL 可以做到的？（　　　）

A. 允许 125.36.0.0/16 网段的主机使用 FTP 协议访问主机 129.1.1.1

B. 不让任何主机使用 Telnet 登录

C. 拒绝一切数据包通过

D. 以上说法都不正确

33. 下面能够表示"禁止从 129.9.0.0 网段中的主机建立与 202.38.16.0 网段内的主机的 WWW 端口的连接"的访问控制列表是（　　　）。

A. access-list 101 deny tcp 129.9.0.0 0.0.255.255 202.38.16.0 0.0.0.255 eq www

B. access-list 100 deny tcp 129.9.0.0 0.0.255.255 202.38.16.0 0.0.0.255 eq 80

C. access-list 100 deny ucp 129.9.0.0 0.0.255.255 202.38.16.0 0.0.0.255 eq www

D. access-list 99 deny ucp 129.9.0.0 0.0.255.255 202.38.16.0 0.0.0.255 eq 80

34. 使用访问控制列表可带来的好处是（　　　）。

A. 保证合法主机进行访问，拒绝某些不希望的访问

B. 通过配置访问控制列表，可限制网络流量，进行通信流量过滤

C. 实现企业私有网的用户都可访问 Internet

D. 管理员可根据网络时间情况实现有差别的服务

35. 访问控制列表可实现下列哪些要求？（　　　）

A. 允许 202.38.0.0/16 网段的主机可以使用协议 HTTP 访问 129.10.10.1

B. 不让任何机器使用 Telnet 登录

C. 使某个用户能从外部远程登录

D. 让某公司的每台机器都可经由 SMTP 发送邮件

E. 允许在晚上 8:00 到晚上 12:00 访问网络

F. 有选择地只发送某些邮件而不发送另一些文件

36. IP 标准访问控制列表是基于下列哪一项来允许和拒绝数据包的？（　　　）

A. TCP 端口号　　　　　　　　　　B. UDP 端口号

C. ICMP 报文　　　　　　　　　　　D. 源 IP 地址

37. 通配符掩码和子网掩码之间的关系是（　　　）。

A. 两者没有什么区别

B. 通配符掩码和子网掩码恰好相反

C. 一个是十进制的，另一个是十六进制的

D. 两者都是自动生成的

38. 下列哪一个通配符掩码与子网 172.16.64.0/27 的所有主机匹配？（　　　　）

A. 255.255.255.0　　　　　　　　B. 255.255.224.0

C. 0.0.0.255　　　　　　　　　　D. 0.0.31.255

39. 在配置访问控制列表的规则时，关键字 "any" 代表的通配符掩码是什么？（　　　　　）

A. 0.0.0.0　　　　　　　　　　B. 所使用的子网掩码的反码

C. 255.255.255.255　　　　　　D. 无此命令关键字

40. IP 扩展访问表默认的协议类型是（　　　　）。

A. IP　　　　　　B. TCP　　　　　C. ICMP

D. 无默认协议类型，管理员必须配置具体的协议类型

41. "ip access-group" 命令在接口上默认的应用方向是什么？（　　　　）

A. in

B. out

C. 具体取决于接口应用哪个访问控制列表

D. 无默认值

42. IP 标准访问控制列表应被放置的最佳位置是在（　　　　）。

A. 越靠近数据包的源越好　　　　B. 越靠近数据包的目的地越好

C. 无论放在什么位置都行　　　　D. 入接口方向的任何位置

43. 使访问控制列表生效，必须的步骤包括（　　　　）。

A. 允许防火墙过滤功能　　　　　B. 定义访问控制列表

C. 在接口上应用访问控制列表　　D. 设置特殊时间段

E. 指定日志主机

44. 检查一个访问控制列表在特定接口的应用情况，应使用下列哪条命令？（　　　　）

A. show access-list access-list-number

B. show access-list applied

C. show access-list all

D. show access-list interface interface-type interface-number

45. NAT（网络地址转换）的功能是什么？（　　　　）

A. 将 IP 协议改为其他网络协议

B. 实现 ISP（因特网服务提供商）之间的通信

C. 实现拨号用户的接入功能

D. 实现私有 IP 地址与公共 IP 地址的相互转换

46. 下列关于地址转换的描述，正确的是（　　　　）。

A. 地址转换有效地解决了因特网地址短缺所面临的问题

B. 地址转换实现了对用户透明的网络外部地址的分配

C. 使用地址转换后，对 IP 包加密、快速转发不会造成什么影响

D. 地址转换为内部主机提供了一定的 "隐私" 保护

E. 地址转换使得网络调试变得更加简单

47. 通常所指的 EASY IP 特性，指的是（　　　）。

　　A. 配置访问控制列表与地址池的关联

　　B. 配置访问控制列表与接口的关联

　　C. 配置访问控制列表与内部服务器的关联

　　D. 配置访问控制列表与团体列表的关联

48. 下列关于地址池的描述，正确的说法是（　　　）。

　　A. 只能定义一个地址池

　　B. 地址池中的地址必须是连续的

　　C. 当某个地址池已和某个访问控制列表关联时，不允许删除这个地址池

　　D. 以上说法都不正确

第10章

→ 应用 IPv6 技术

能力目标

能针对不同的网络环境使用相应的方法或手段对园区网中的网络设备进行 IPv6 协议的配置，使网络满足 IPv6 的需求。

知识目标

- 了解 IPv6 的特点、格式，掌握 IPv6 的配置方法。
- 了解手工 IPv6 隧道的概念、类型，掌握手工 IPv6 隧道的配置方法。
- 了解 6 to 4 隧道的概念、原理，掌握 6 to 4 隧道的配置方法。
- 了解 ISATAP 自动隧道的概念、原理，掌握 ISATAP 自动隧道的配置方法。

章节案例及分析

IPv4 技术的最大问题是网络地址资源有限，从理论上讲，能够编址 1600 万个网络、40 亿台主机。但采用 A、B、C 三类编址方式后，可用的网络地址和主机地址的数目大打折扣，以至 IP 地址已于 2011 年 2 月 3 日分配完毕。其中北美占有 3/4，约 30 亿个，而人口最多的亚洲只有不到 4 亿个，中国截至 2010 年 6 月 IPv4 地址数量达到 2.5 亿，落后于 4.2 亿网民的需求。地址不足严重地制约了中国及其他国家互联网的应用和发展。一方面是地址资源数量的限制，另一方面是随着电子技术及网络技术的发展，计算机网络将进入人们的日常生活，可能身边的每一样东西都需要连入全球因特网。在这样的环境下，IPv6 应运而生。单从数量级上来说，IPv6 所拥有的地址容量是 IPv4 的约 8×10^{28} 倍，达到 2^{128}（算上全零的）个。这不但解决了网络地址资源数量的问题，同时也为除计算机外的设备连入互联网在数量限制上扫清了障碍。

本章分为四个案例：一是介绍 IPv6 的基础知识，主要介绍 IPv6 的特点、格式、配置方法等；二是介绍通过手工配置 IPv6 隧道实现 IPv6 通信，主要介绍 IPv6 隧道概念、分类、配置方法等；三是介绍配置 IPv6 到 IPv4 隧道实现 IPv6 接入 IPv6 主干网；四是介绍如何建立 ISATAP 自动隧道。

10.1　【案例 1】学习 IPv6 基本知识

学习目标

（1）了解 IPv6 的特点、格式。
（2）掌握 IPv6 的配置方法。

IPv4 地址枯竭对全球互联网发展将产生深远的影响。对中国而言，它意味的是更加紧迫的压力——拥有全球 1/4 互联网用户的中国,仅拥有 9.85%的 IPv4 地址,而且近年来我国 IPv4 地址的年使用数量平均增速为 43.7%,远高于 19%的全球平均增速。

"十二五"期间要求主干网全面支持 IPv6,主要商业网站、教育科研网站和政府网站支持 IPv6。要求以移动互联网、物联网等为切入点开展 IPv6 应用示范,建设 IPv6 网络基础资源统计分析平台,建立网站和 IDC 系统 IPv6 评测认证机制。

本案例就是学习 IPv6 基本知识,为下一代互联网络应用打下坚实的基础。

随着 Internet 的迅速增长以及 IPv4 地址空间的逐渐耗尽,IPv4 的局限性越来越明显。对新一代互联网络协议（Internet Protocol Next Generation – IPng）的研究和实践已经成为热点,Internet 工程任务工作小组(IETF)的 IPng 工作组确定了 IPng 的协议规范,并称之为"IP 版本 6"（IPv6）,该协议的规范在 RFC2460 中有详细的描述。

1. IPv6 的主要特点

（1）更大的地址空间。地址长度由 IPv4 的 32 位扩展到 128 位,即 IPv6 有 $2^{128}-1$ 个地址。IPv6 采用分级地址模式,支持从 Internet 核心主干网到企业内部子网等多级子网地址分配方式。

（2）简化了报头格式。IPv6 报文头的设计原则是力图将报文头开销降到最低,因此将一些非关键性字段和可选字段从报文头中移出,放到扩展的报文头中,虽然 IPv6 地址长度是 IPv4 的四倍,但包头仅为 IPv4 的两倍。改进的 IPv6 报文头在设备转发时拥有更高的效率。例如,IPv6 报文头中没有检验和,IPv6 设备在转发中不需要去处理分片(分片由发起者完成)。

（3）高效的层次寻址及路由结构。IPv6 采用聚合机制,定义非常灵活的层次寻址及路由结构,同一层次上的多个网络在上层设备中表示为一个统一的网络前缀,这样可以显著减少设备必须维护的路由表项,这也大大降低了设备的选路和存储开销。

（4）简单的管理:即插即用。通过实现一系列的自动发现和自动配置功能,简化网络结点的管理和维护。比如邻接结点发现（Neighbor Discovery）、最大传输单元发现（MTU Discovery）、路由器通告（Router Advertisement）、路由器请求（Router Solicitation）、结点自动配置(Auto-configuration)等技术就为即插即用提供了相关的服务。特别要提到的是 IPv6 支持全状态和无状态两种地址配置方式,在 IPv4 中,动态主机配置协议 DHCP 实现了主机 IP 地址及其相关配置的自动设置,IPv6 承继 IPv4 的这种自动配置服务,并将其称为全状态自动配置（Stateful Autoconfiguration）。除了全状态自动配置,IPv6 还采用了一种称为无状态自动配置（Stateless Autoconfiguration）的自动配置服务。在无状态自动配置过程中,主机自动获得链路本地地址、本地设备的地址前缀以及其他一些相关的配置信息。

（5）安全性。IPSec 是 IPv4 的一个可选扩展协议,而是 IPv6 的一个组成部分,用于提供 IPv6 的安全性。目前,IPv6 实现了认证头（Authentication Header, AH）和封装安全载荷（Encapsulated Security Payload, ESP）两种机制。前者实现数据的完整性及对 IP 包来源的认证，保证分组确实来自源地址所标记的结点；后者提供数据加密功能，实现端到端的加密。

（6）更好的 QoS 支持。IPv6 包头的新字段定义了数据流如何识别和处理。IPv6 包头中的流标识（Flow Label）字段用于识别数据流身份，利用该字段，IPv6 允许用户对通信质量提出要求。设备可以根据该字段标识出同属于某一特定数据流的所有包，并按需对这些包提供特定的处理。

（7）用于邻居结点交互的新协议。IPv6 的邻居发现协议（Neighbor Discovery Protocol）使用一系列 IPv6 控制信息报文（ICMPv6）来实现相邻结点（同一链路上的结点）的交互管理。邻居发现协议以及高效的组播和单播邻居发现报文替代了以往基于广播的地址解析协议 ARP、ICMPv4 路由器发现等报文。

（8）可扩展性。IPv6 特性具有很强的可扩展性，新特性可以添加在 IPv6 包头之后的扩展包头中。IPv4 的包头最多只能支持 40 字节的可选项，IPv6 扩展包头的大小仅受到整个 IPv6 包最大字节数的限制。

2. IPv6 地址格式

IPv6 地址的基本表达方式是 X:X:X:X:X:X:X:X，其中 X 是一个 4 位十六进制整数（16 位）。每一个数字包含 4 bit，每个整数包含 4 个十六进制数字，每个地址包括 8 个整数，一共 128 位。下面是一些合法的 IPv6 地址：

```
2001:ABCD:1234:5678:AAAA:BBBB:1200:2100
800:0:0:0:0:0:0:1
1080:0:0:0:8:800:200C:417A
```

这些整数是十六进制整数，其中 A～F 表示的是 10～15。地址中的每个整数都必须表示出来，但起始的 0 可以不必表示。某些 IPv6 地址中可能包含一长串的 0（就像上面的第二和第三个例子一样）。当出现这种情况时，允许用"::"来表示这一长串的 0，即地址 800:0:0:0:0:0:0:1 可以被表示为"800 :: 1"。这两个冒号表示该地址可以扩展到一个完整的 128 位地址。在这种方法中，只有当 16 位组全部为 0 时才会被两个冒号取代，且两个冒号在地址中只能出现一次。

在 IPv4 和 IPv6 的混合环境中还有一种混合的表示方法。IPv6 地址中的最低 32 位可以用于表示 IPv4 地址，该地址可以按照一种混合方式表达，即 X:X:X:X:X:X:d.d.d.d，其中 X 表示一个 16 位整数，而 d 表示一个 8 位的十进制整数。

例如，地址 0:0:0:0:0:0:192.168.20.1 就是一个合法的 IPv6 地址。使用简写的表达方式后，该地址也可以表示为::192.168.20.1 。

由于 IPv6 地址被分成两个部分：子网前缀和接口标识符，因此可以按照类似 CIDR 地址的方式被表示为一个带额外数值的地址，其中该数值指出了地址中有多少位是代表网络部分（网络前缀），即 IPv6 结点地址中指出了前缀长度，该长度与 IPv6 地址间以斜杠区分，例如12AB::CD30:0:0:0:0/60，这个地址中用于选路的前缀长度为 60 位。

3. IPv6 地址类型

RFC2373 中定义了三种 IPv6 地址类型：

（1）单播（Unicast）：一个单接口的标识符。送往一个单播地址的包将被传送至该地址标识的接口上。

（2）泛播（Anycast）：一组接口的标识符。送往一个泛播地址的包将被传送至该地址标识的接口之一（根据选路协议选择"最近"的一个）。

（3）组播（Multicast）：一组接口（一般属于不同结点）的标识符。送往一个组播地址的包将被传送至加入该组播地址的所有接口上。

下面对这三种类型进行详细介绍。

（1）单播地址（Unicast Addresses）。IPv6 单播地址包括下面几种类型：可聚集全球地址、链路本地地址、站点本地地址、嵌有 IPv4 地址的 IPv6 地址。

① 可聚集全球地址。可聚集全球地址格式如图 10-1 所示。

图 10-1　可聚集全球地址格式

其中，字段（Format Prefix）：IPv6 地址中的格式前缀，占 3 bit，用来标识该地址在 IPv6 地址空间中属于哪类地址。该字段为'0 0 1'，表示这是可聚集全球单播地址。

TLA ID 字段（Top-Level Aggregation Identifier）：顶级聚集标识符，包含最高级地址选路信息。指的是网络互连中最大的选路信息。占 13 bit，可得到最大 8192 个不同的顶级路由。

RES 字段（Reserved for future use）：保留字段，占 8 bit，将来可能会用于扩展顶级或下一级聚集标识符字段。

NLA ID 字段（Next-Level Aggregation Identifier）：下一级聚集标识符，占 24 bit。该标识符被一些机构用于控制顶级聚集以安排地址空间。换句话说，这些机构（比如大型 ISP）能按照自己的寻址分级结构来将此 24 位字段分开用。比如，一个大型 ISP 可以用 2 位分隔成 4 个内部的顶级路由，其余的 22 位地址空间分给其他实体（如规模较小的本地 ISP）。这些实体如果得到足够的地址空间，可将分配给它们的空间用同样的方法再细分。

SLA ID 字段（Site-Level Aggregation Identifier）：站点级聚集标识符，被一些机构用来安排内部的网络结构。每个机构可以用与 IPv4 同样的方法来创建自己内部的分级网络结构。若 16 位字段全部用作平面地址空间，则最多可有 65535 个不同子网。如果用前 8 位作该组织内较高级的选路，那么允许 255 个大型的子网，每个大型子网可再分为多达 255 个小的子网。

接口标识符字段（Interface Identifier）：64 位长，包含 IEEE EUI-64 接口标识符的 64 位值。

② 链路本地地址。链路本地地址的格式如图 10-2 所示。

链路本地地址用于单个网络链路上给主机编号。前缀的前 10 位标识的地址即链路本地地址。设备永远不会转发源地址或者目的地址带有链路本地地址的报文。该地址的中间 54 位置成 0。后 64 位表示接口标识符，地址空间的这部分允许单个网络连接多达 $2^{64}-1$ 个主机。

图 10-2　链路本地地址格式

③ 站点本地地址。站点本地地址的格式如图 10-3 所示。

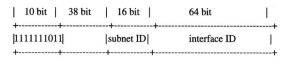

图 10-3　站点本地地址格式

站点本地地址可以用在站点内传送数据，设备不会将源地址或者目的地址带有站点本地地址的报文转发到 Internet 上，即这样的包路只能在站点内转发，而不能把包转发到站点外去。站点本地地址的 10 位前缀与链路本地地址的 10 位前缀略有区别，中间 38 位是 0，站点本地地址的子网标识符为 16 位，而后 64 位也是表示接口标识符，通常是 IEEE 的 EUI-64 地址。

④ 嵌有 IPv4 地址的 IPv6 地址。RFC2373 中还定义了两类嵌有 IPv4 地址的特殊 IPv6 地址。IPv4 兼容的 IPv6 地址格式（IPv4-compatible IPv6 address）如图 10-4 所示。

图 10-4　IPv4 兼容的 IPv6 地址格式

IPv4 映射的 IPv6 地址格式（IPv4-mapped IPv6 address）如图 10-5 所示。

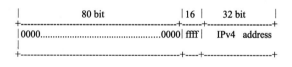

图 10-5　IPv4 映射的 IPv6 地址格式

IPv4 兼容的 IPv6 地址主要是用在自动隧道上，这类结点既支持 IPv4 也支持 IPv6，IPv4 兼容的 IPv6 地址通过 IPv4 设备以隧道方式传送 IPv6 报文。而 IPv4 映射的 IPv6 地址则被 IP6 结点用于访问只支持 IPv4 的结点，例如当一个 IPv4/IPv6 主机的 IPv6 应用程序请求解析一个主机名字（该主机只支持 IPv4）时，那么名字服务器内部将动态生成 IPv4 映射的 IPv6 地址返回给 IPv6 应用程序。

（2）组播地址（Multicast Addresses）。IPv6 组播的地址格式如图 10-6 所示。

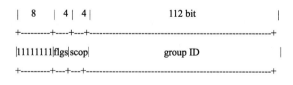

图 10-6　IPv6 组播地址格式

地址格式中的第 1 个字节为全"1"代表是一个组播地址。

标志字段：由 4 bit 组成。目前只指定了第 4 位，该位用来表示该地址是由 Internet 编号机构指定的知名的组播地址，还是特定场合使用的临时组播地址。如果该标志位为"0"，表示该地址为知名组播地址；如果该位为"1"，表示该地址为临时地址。其他 3 个标志位保留将来用。

范围字段：由 4 bit 组成，用来表示组播的范围。即组播组是包括本地结点、本地链路、本地站点、还是包括 IPv6 全球地址空间中任何位置的结点。

组标识符字段：长 112 bit，用于标识组播组。根据组播地址是临时的还是知名的以及地址的范围，同一个组播标识符可以表示不同的组。

IPv6 的组播地址是以 FF00::/8 为前缀的这类地址。一个 IPv6 的组播地址通常标识一系列不同结点的接口。当一个报文发送到一个组播地址上时，那么该报文将分发到标识有该组播地址的每个结点的接口上。一个结点（主机或者设备）必须加入下列的组播：

本地链路所有结点组播地址 FF02::1；被请求结点的组播地址，前缀为 FF02:0:0:0:0:1:FF00:0000/104；如果是设备那么还必须加入本地链路所有设备的组播地址 FF02::2。

被请求结点的组播地址是对应于 IPv6 单播（unicast）和泛播（anycast）地址的，IPv6 结点必须为配置的每个单播地址和泛播地址加入其相应的被请求结点的组播地址。被请求结点的组播地址的前缀为 FF02:0:0:0:0:1:FF00:0000/104，另外 24 位由单播地址或者泛播地址的低 24 bit 组成，例如对应于单播地址 FE80::2AA:FF:FE21:1234 的被请求结点的组播地址是 FF02::1:FF21:1234。

（3）泛播地址（Anycast Addresses）

泛播地址与组播地址类似，同样是多个结点共享一个泛播地址，不同的是只有一个结点期待接收给泛播地址的数据包而组播地址成员的所有结点均期待着接收发给该地址的所有包。泛播地址被分配在正常的 IPv6 单播地址空间，因此泛播地址在形式上与单播地址无法区分开，一个泛播地址的每个成员，必须显式地加以配置，以便识别是泛播地址。

案例实施

配置 IPv6 的地址（网络设备接口）

```
Ruijie(config-if)# ipv6 enable
```
打开接口的 IPv6 协议。如果没有执行这条命令，给接口配置 IPv6 地址时会自动打开 IPv6 协议
```
Ruijie(config-if)#ipv6 address ipv6-prefix/prefix-length [eui-64]
```
为该接口配置 IPv6 的单播地址，Eui-64 关键字表明生成的 IPv6 地址由配置的地址前缀和 64 比特的接口 ID 标识符组成。

注意：无论是否使用 eui-64 关键字，在删除地址时都必须输入完整的地址形式（前缀+接口 ID/前缀长度）。

如果在接口上配置 IPv6 地址，那么接口的 IPv6 协议就会自动打开，即使使用 no ipv6 enable 也不能关闭 IPv6 协议。
```
Ruijie # show ipv6 interface interface-id      查看 IPv6 接口的相关信息
```

10.2 【案例2】通过手工 IPv6 隧道实现 IPv6 网络通信

学习目标

（1）了解手工 IPv6 隧道的概念、类型。

（2）掌握手工 IPv6 隧道的配置方法。

案例描述

现在的 IPv6 网络还不是主流，它们之间的通信还需借助于 IPv4 网络。也就是就说现在的 IPv6 网络是一个个的孤岛，要穿越 IPv4 网络这个海洋，这就需要在 IPv4 网络海洋中建立隧道。

本案例就是要配置手工 IPv6 隧道，实现 IPv6 网络之间的通信。拓扑结构如图 10-7 所示。

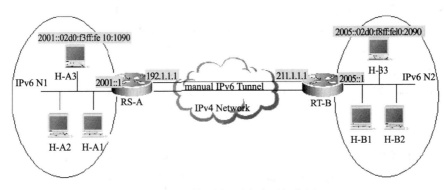

图 10-7 时间访问列表应用拓扑图

相关知识

1. IPv6 **隧道配置概述**

IPv6 的根本目的是继承和取代 IPv4，但从 IPv4 到 IPv6 的演进是一个逐渐的过程。因此在 IPv6 完全取代 IPv4 之前，不可避免地这两种协议要有一个共存时期。在这个过渡阶段的初期，IPv4 网络仍然是主要的网络，IPv6 网络类似孤立于 IPv4 网络中的小岛。过渡的问题可以分成两大类：

（1）被孤立的 IPv6 网络之间通过 IPv4 网络互相通信的问题。

（2）IPv6 网络与 IPv4 网络之间通信的问题。

本节讨论的隧道（Tunnel）技术，就是解决问题（1）的；解决问题（2）的方案是 NAT-PT（网络地址转换–协议转换），不在本节讨论范围内。IPv6 隧道是将 IPv6 报文封装在 IPv4 报文中，这样 IPv6 协议包就可以穿越 IPv4 网络进行通信。因此被孤立的 IPv6 网络之间可以通过 IPv6 的隧道技术利用现有的 IPv4 网络互相通信而无须对现有的 IPv4 网络做任何修改和升级。IPv6 隧道可以配置在边界路由器之间也可以配置在边界路由器和主机之间，但是隧道两端的结点都必须既支持 IPv4 协议栈又支持 IPv6 协议栈。使用隧道技术的模型如图 10-8 所示。

2. IPv6 **隧道类型**

（1）手工配置隧道（IPv6 Manually Configured Tunnel）。一个手工配置隧道类似于在两个 IPv6 域之间通过 IPv4 的主干网络建立了一条永久链路。适合用在两台边界路由器或者边界路由器和主机之间对安全性要求较高并且比较固定的连接上。

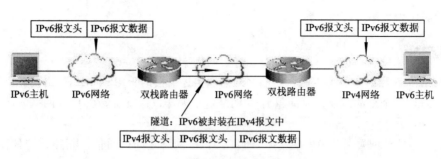

图 10-8　使用隧道技术的模型图

在隧道接口上，IPv6 地址需要手工配置，并且隧道的源 IPv4 地址（Tunnel Source）和目的 IPv4 地址（Tunnel Destination）必须手工配置。隧道两端的结点必须支持 IPv6 和 IPv4 协议栈。手工配置隧道在实际应用中总是成对配置的，即在两台边缘设备上同时配置，可以将其看作一种点对点的隧道。

（2）6 to 4 自动隧道（Automatic 6to4 Tunnel）。6 to 4 自动隧道技术允许将被孤立的 IPv6 网络通过 IPv4 网络互联。它和手工配置隧道的主要区别是手工配置隧道是点对点的隧道，而 6to4 隧道是点对多点的隧道。

6 to 4 隧道将 IPv4 网络视为 Nonbroadcast Multi-access（NBMA，非广播多路访问）链路，因此 6 to 4 的设备不需要成对的配置，嵌入在 IPv6 地址的 IPv4 地址将用来寻找自动隧道的另一端。6 to 4 隧道可以看作点到多点的隧道。6 to 4 自动隧道可以被配置在一个被孤立的 IPv6 网络的边界路由器上，对于每个报文它将自动建立隧道到达另一个 IPv6 网络的边界路由器。隧道的目的地址就是另一端的 IPv6 网络的边界路由器的 IPv4 地址，该 IPv4 地址将从该报文的目的 IPv6 地址中提取，其 IPv6 地址是以前缀 2002::/16 开头的，形式如图 10-9 所示。

10 bit	32 bit	16 bit	64 bit
2002	IPv4地址	站点内子网号	接口标识符

图 10-9　6 to 4 自动隧道

6 to 4 地址是用于 6 to 4 自动构造隧道技术的地址，其内嵌的 IPv4 地址通常是站点边界路由器出口的全局 IPv4 地址，在自动隧道建立时将使用该地址作为隧道报文封装的 IPv4 目的地址。6 to 4 隧道两端的设备同样必须都支持 IPv6 和 IPv4 协议栈。6 to 4 隧道通常是配置在边界路由器之间。

例如，6 to 4 站点边界路由器出口的全局 IPv4 地址是 211.1.1.1（用十六进制数表达为 D301:0101），站点内的某子网号为 1，接口标识符为 2e0:ddff:fee0:e0e1，那么其对应的 6 to 4 地址可以表示为：2002: D301:0101:1: 2e0:ddff:fee0:e0e1。

（3）ISATAP 自动隧道（ISATAP Tunnel）。站内自动隧道寻址协议（ISATAP）是一种站点内部的 IPv6 体系架构将 IPv4 网络视为一个非广播型多路访问（NBMA）链路层的 IPv6 隧道技术，即将 IPv4 网络当作 IPv6 的虚拟链路层。

ISATAP 主要是用在当一个站点内部的纯 IPv6 网络还不能用，但是又要在站点内部传输 IPv6 报文的情况，例如站点内部有少数测试用的 IPv6 主机要互相通信。使用 ISATAP 隧道允许站点内部同一虚拟链路上的 IPv4/IPv6 双栈主机互相通信。

在 ISATAP 站点上，ISATAP 设备提供标准的路由器公告报文，从而允许站点内部的

ISATAP 主机进行自动配置；同时，ISATAP 设备也执行站点内的 ISATAP 主机和站点外的 IPv6 主机转发报文的功能。

ISATAP 使用的 IPv6 地址前缀可以是任何合法的 IPv6 单点传播的 64 位前缀，包括全球地址前缀、链路本地前缀和站点本地前缀等，IPv4 地址被置于 IPv6 地址最后的 32 bit，从而允许自动建立隧道。

ISATAP 很容易与其他过渡技术结合起来使用，尤其是在和 6 to 4 隧道技术相结合使用时，可以使内部网的双栈主机非常容易地接入 IPv6 主干网。

① ISATAP 接口标识符。ISATAP 使用的单播地址的形式是 64 bit 的 IPv6 前缀加上 64 bit 的接口标识符。64 比特的接口标识符是由修正的 EUI-64 地址格式生成的，其中接口标识符的前 32 bit 的值为 0000:5EFE，这就意味着这是一个 ISATAP 的接口标识符。

② ISATAP 的地址结构。ISATAP 地址是指接口标识符中包含 ISATAP 接口标识符的单播地址，图 10-10 显示了 ISATAP 的地址结构。

图 10-10 ISATAP 地址结构

从上面可以看到接口标识符中包含了 IPv4 地址，该地址就是双栈主机的 IPv4 地址，在自动建立自动隧道时将被使用。

例如，IPv6 的前缀是 2001::/64，嵌入的 IPv4 的地址是 192.168.1.1，在 ISATAP 地址中，IPv4 地址用十六进制数表达为 C0A8:0101，因此其对应的 ISATAP 地址为 2001::0000:5EFE:C0A8:0101。

3. IPv6 隧道的配置

（1）手工 IPv6 隧道的配置。要配置手工隧道，在隧道接口上要配置一个 IPv6 地址并且要手工配置隧道的源端和目的端的 IPv4 地址。在配置隧道两端的主机或者设备必须支持双栈（IPv6 协议栈和 IPv4 协议栈）。

```
interface tunnel tunnel-num
！指定隧道接口号创建隧道接口，并进入接口配置模式
tunnel mode ipv6ip
！指定隧道的类型为手工配置隧道
ipv6 enable
！使能该接口的IPv6功能，也可以通过配置IPv6地址直接启动该接口的IPv6功能
tunnel source {ip-address | type num}
指定隧道的 IPv4 源地址或者引用的源接口号。注意如果指定了接口，那么接口上必须已经配置
了IPv4的地址
tunnel destination ip-address
指定隧道的目的地址
```

（2）配置 6 to 4 隧道。6 to 4 隧道的目的地址是由从 6 to 4 IPv6 地址中提取的 IPv4 地址决定的，6 to 4 隧道两端的设备必须支持双栈，即支持 IPv4 和 IPv6 协议栈。

在一台设备上只支持配置一个 6 to 4 隧道。6to4 隧道使用的封装源地址（IPv4 地址）

必须是全局可路由的地址，否则 6 to 4 隧道将不能正常工作。

```
interface tunnel tunnel-num
```
指定隧道接口号创建隧道接口，并进入接口配置模式
```
tunnel mode ipv6ip 6to4
```
指定隧道的类型为 6 to 4 隧道
```
ipv6 enable
```
使能该接口的 IPv6 功能，也可以通过配置 IPv6 地址直接启动该接口的 IPv6 功能
```
tunnel source{ip-address | type num}
```
指定隧道的封装源地址或者引用的源接口号。被引用的接口上必须已经配置了 IPv4 的地址。使用的 IPv4 地址必须是全局可路由的地址
```
ipv6 route 2002::/16 tunnel tunnel-number
```
为 IPv6 6 to 4 前缀 2002::/16 配置一条静态的路由并关联输出接口到该隧道接口上

（3）配置 ISATAP 隧道。在 ISATAP 隧道接口上，ISATAP IPv6 地址的配置以及前缀的公告配置和普通 IPv6 接口的配置是一样的，但是为 ISATAP 隧道接口配置的地址必须使用修正的 EUI-64 地址，因为 IPv6 地址中的接口标识符的最后 32 bit 是由隧道源地址（Tunnel Source）引用的接口的 IPv4 地址构成的。

设备上允许同时配置多个 ISATAP 隧道，但是每个 ISATAP 隧道的 tunnel source 必须是不同的，否则收到 ISATAP 隧道报文时无法区分是属于哪个 ISATAP 隧道。

```
interface tunnel tunnel-num
```
指定隧道接口号创建隧道接口，并进入接口配置模式
```
tunnel mode ipv6ip isatap
```
指定隧道的类型为 ISATAP 隧道
```
ipv6 address ipv6-prefix/prefix-length [eui-64]
```
配置 IPv6 ISATAP 地址,注意指定使用 eui-64 关键字,这样将自动生成 ISATAP 的地址,在 ISATAP 接口上配置的地址必须为 ISATAP 的地址
```
tunnel source type num
```
指定隧道引用的源接口号,被引用的接口上必须已经配置了 IPv4 的地址
```
no ipv6 nd suppress-ra
```
默认情况下是禁止在接口上发送路由器公告报文的,使用该命令打开该功能从而允许 ISATAP 主机进行自动配置

（4）验证 IPv6 隧道的配置和监控。

```
show interface tunnel tunnel-num
```
查看指定 tunnel 接口的信息
```
show ipv6 interface tunnel tunnel-num
```
查看 tunnel 接口的 IPv6 信息
```
ping protocol destination
```
检查网络的基本连通性
```
show ip route
```
查看 IPv4 路由器表
```
show ipv6 route
```
查看 IPv6 路由表

4．Windows XP 主机上手工配置 IPv6 地址

（1）安装 IPv6 协议。

（2）进入命令提示符，运行 IPv6 install。

（3）使用 IPv6 if 查看实际网卡的接口编号，如 interface 4。

（4）配置 IPv6 地址。使用"ipv6 adu 本地连接编号/Ipv6 地址"命令，如 ipv6 adu 4/3ffe:321f::1，4 为接口编号，3ffe:321f::1 为 IPv6 地址。

（5）配置网关。使用"ipv6 rtu ::/0 本地连接编号/Ipv6 地址"命令，例如 ipv6 rtu ::/0 4/2001:250:6c01:100::1，其中 4 为接口编号，2001:250:6c01:100::1 为网关 IPv6 地址。

案例实施

在图 10-7 中，IPv6 网络 N1 和 N2 被 IPv4 网络隔离开了，现在通过配置手工隧道将这两个网络互联起来，如可以使 N1 中的 H-A3 主机可以访问 N2 中的 H-B3 主机。

图中 RT-A 和 RT-B 是支持 IPv4 和 IPv6 协议栈的设备，隧道的配置在 N1 和 N2 的边界路由器上（RT-A 和 RT-B）进行，注意手工隧道必须对称配置，即在 RT-A 和 RT-B 上都要配置。

和隧道相关的具体配置分别如下：

前提：假设 IPv4 的路由是连通的，下面不再列出关于 IPv4 的路由配置情况。

1．RT-A 的配置

```
配置 IPv4 网络的接口
interface FastEthernet 2/1
no switchport
ip address 192.1.1.1 255.255.255.0
配置 IPv6 网络的接口
interface FastEthernet 2/2
no switchport
ipv6 address 2001::1/64
no ipv6 nd suppress-ra (可选)
配置手工隧道接口
interface Tunnel 1
tunnel mode ipv6ip
ipv6 enable
tunnel source FastEthernet 2/1
tunnel destination 211.1.1.1
配置进隧道的路由
ipv6 route 2005::/64 tunnel 1
```

2．RT-B 的配置

```
配置 IPv4 网络的接口
interface FastEthernet 2/1
no switchport
ip address 211.1.1.1 255.255.255.0
```

```
配置连接 IPv6 网络的接口
interface FastEthernet 2/2
no switchport
ipv6 address 2005::1/64
no ipv6 nd suppress-ra (可选)
配置手工隧道接口
interface Tunnel 1
tunnel mode ipv6ip
ipv6 enable
tunnel source FastEthernet 2/1
tunnel destination 192.1.1.1
配置进隧道的路由
ipv6 route 2001::/64 tunnel 1
```

10.3　【案例3】配置 6 to 4 隧道实现 IPv6 接入子网 IPv6 主干网

学习目标

（1）了解 6 to 4 隧道的概念、原理。
（2）掌握 6 to 4 隧道的配置方法。

案例描述

现在的 IPv6 网络还不是主流,它们之间的通信还需借助于 IPv4 网络。也就是就说现在的 IPv6 网络是一个个的孤岛, 要穿越 IPv4 网络这个海洋, 这就需要在 IPv4 网络海洋中建立隧道。

本案例就是要配置 6 to 4 隧道,实现 IPv6 子网接入 IPv6 主干网(6bone)。拓扑结构如图 10-11 所示。

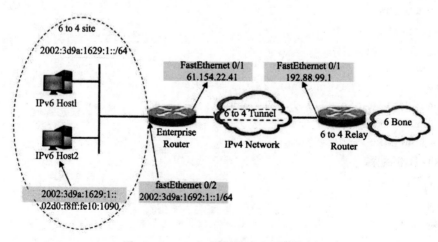

图 10-11　6 to 4 隧道技术应用拓扑图

同【案例2】（略）。

案例实施

6 to 4 隧道是自动隧道，嵌入在 IPv6 地址的 IPv4 地址将用来寻找自动隧道的另一端，因此 6 to 4 隧道无须配置隧道的目的端，同时 6 to 4 隧道的配置不像手工隧道要对称配置。

61.154.22.41 的十六进制格式为 3d9a:1629。

192.88.99.1 的十六进制格式为 c058:6301。

在边界路由器上配置 6 to 4 隧道时，必须使用全局可路由的 IPv4 地址。否则 6 to 4 隧道将不能正常工作。

下面是图中两个设备的配置（假设 IPv4 的路由是连通的，不考虑 IPv4 路由配置）。

Enterprise Router 的配置：

配置 IPv4 网络的接口

```
interface FastEthernet 0/1
no switchport
ip address 61.154.22.41 255.255.255.128
```

配置 IPv6 网络的接口

```
interface FastEthernet 0/2
no switchport
ipv6 address 2002:3d9a:1629:1::1/64
no ipv6 nd suppress-ra
```

配置 6 to 4 隧道接口

```
interface Tunnel 1
tunnel mode ipv6ip 6to4
ipv6 enable
tunnel source FastEthernet 0/1
```

配置进隧道的路由

```
ipv6 route 2002::/16 Tunnel 1
```

配置到 6 to 4 中继路由器的路由，以便可以访问 6bone

```
ipv6 route ::/0 2002:c058:6301::1
```

ISP 6 to 4 Relay Router 的配置

连接 IPv4 网络的接口

```
interface FastEthernet 0/1
no switchport
ip address 192.88.99.1 255.255.255.0
```

配置 6 to 4 隧道接口

```
interface Tunnel 1
tunnel mode ipv6ip 6to4
```

```
ipv6 enable
tunnel source FastEthernet 0/1
配置进隧道的路由
ipv6 route 2002::/16 Tunnel 1
```

10.4 【案例4】建立 ISATAP 自动隧道

学习目标

（1）了解 ISATAP 自动隧道的概念、原理。
（2）掌握 ISATAP 自动隧道的配置方法。

案例描述

现在的 IPv6 网络还不是主流，它们之间的通信还需借助于 IPv4 网络。也就是就说现在的 IPv6 网络是一个个的孤岛，要穿越 IPv4 网络这个海洋，这就需要在 IPv4 网络海洋中建立隧道。

本案例就是要配置 ISATAP 自动隧道，实现非纯 IPV6 网络站点内 IPv6 的通信。拓扑结构如图 10-12 所示。

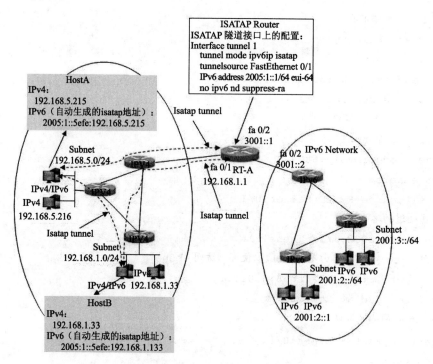

图 10-12　ISATAP 隧道技术应用拓扑图

相关知识

同【案例2】（略）。

ISATAP 隧道主要用于 IPv4 站点内部被隔离的 IPv4/IPv6 双栈主机之间进行通信，而 ISATAP 设备在 ISATAP 站点中的主要功能有两个：

（1）接收站内 ISATAP 主机发来的路由器请求报文后应答路由器公告报文用来提供给站点内的 ISATAP 主机进行自动配置。

（2）负责站点内的 ISATAP 主机和站点外的 IPv6 主机转发报文的功能。

图 10-12 中当 Host A 和 Host B 发送路由器请求给 ISATAP Router，ISATAP Router 将应答路由器公告报文，主机收到该报文后进行自动配置同时也会生成各自的 ISATAP 地址。之后 Host A 和 Host B 的 IPv6 通信将通过 ISATAP 隧道进行。当 Host A 或者 Host B 要与站点外的 IPv6 主机通信时，那么 Host A 先将该报文通过 ISATAP 隧道发送到 ISATAP 路由器 RT-A 上，然后由 RT-A 转发到 IPv6 网络上。

ISATAP Router（RT-A）的配置：

```
配置 IPv4 网络的接口
interface FastEthernet 0/1
no switchport
ip address 192.168.1.1 255.255.255.0
配置 ISATAP 隧道接口
interface Tunnel 1
tunnel mode ipv6ip isatap
tunnel source FastEthernet 0/1
ipv6 address 2005:1::/64 eui-64
no ipv6 nd suppress-ra
配置 IPv6 网络的接口
interface FastEthernet 0/2
no switchport
ipv6 address 3001::1/64
配置到 IPv6 网络的路由
ipv6 route 2001::/64 3001::2
```

习 题 10

一、选择题

1. 下列选项中（   ）是本地站点地址所用的地址前缀。

    A. 2001::/10   B. FE80::/10   C. FEC0::/10   D. 2002::/10

2. IPv6 包头信息中，含有以下哪些内容？（   ）

    A. Ver   B. Flow Label   C. Payload Length

    D. TOS   E. Hop Limit   F. TTL

3. 构架在 IPv4 网络上的两个 IPv6 孤岛互联，一般会使用（　　）技术解决。

    A. ISATAP 隧道　　　　　　　　　　B. 配置隧道

    C. 双栈　　　　　　　　　　　　　　D. GRE 隧道

4. IPv6 和 IPv4 中的 IPv6 主机互联通常使用（　　）技术解决。

    A. ISATAP 隧道　　　　　　　　　　B. 配置隧道

    C. GRE 隧道　　　　　　　　　　　　D. NATPT

5. 建立配置隧道会用到（　　）命令序列。

    A. interface tunnel　　　　　　　　　B. tunnel source

    C. tunnel destination　　　　　　　　D. tunnel mode ipv6ip

6. 关于链路本地地址，下面说法正确的是（　　）。

    A. 是一种单播受限地址，本地链路内使用

    B. 格式前缀为 1111 1110 10

    C. 链路本地地址可用于邻居发现，且总是自动配置的

    D. 包含链路本地地址的包永远也不会被 IPv6 路由器转发

7. 关于本地站点地址，下面说法正确的是（　　）。

    A. 单播受限地址，限于站点内使用

    B. 格式前缀为 1111 1110 11

    C. 本地站点地址总是自动配置的

    D. 相当于 172.16.0.0/12 和 192.168.0.0/16 等 IPv4 私用地址空间

8. 关于组播地址，下面说法正确的是（　　）。

    A. IPv6 多点传送地址格式前缀为 1111 1111

    B. 除前缀，多播地址还包括标志、范围域和组 ID 字段

    C. 标志位 4 位，高三位保留，初始化成 0，低一位 0 表示一个被 IANA 永久分配的组播地址，为 1 则表示一个临时的多点传送地址

    D. 范围域 4 位，是一个多点传送范围域，用来限制组播的范围

二、填空题

1. IPv6（Internet Protocol version 6）是网络层协议的第二代标准协议，也被称为 IPNG（IP Next Generation），它是 Internet 工程任务组（IETF）设计的一套规范，是 IPv4 的升级版本。IPv6 和 IPv4 之间最显著的区别就是 IP 地址的长度从 32 位升为_____位。

2. IPv6_____协议是确定邻居节点之间关系的一组消息和进程，是一组 ICMPv6（Internet Control Message Protocol for IPv6）消息，管理着邻居结点（即同一链路上的结点）的交互。

3. 邻居发现协议用高效的_____和单播消息代替了_____、ICMPv4 路由器发现（Router Discovery）和 ICMPv4 重定向（Redirect）消息，并提供了一系列其他功能。

4. IPv6 主要有三种地址：_____、_____和_____。

5. 单播只能进行一对一的传输，它只能识别一个接口，并将报文传输到此地址。但是，IPv6 单播地址的类型可有多种，包括_____、_____、_____。

6. IPv6 地址中的 64 位 IEEE EUI-64 格式接口标识符（InterfaceID）用来标识链路上的一个唯一的接口。这个地址是从接口的_____变化而来的。

7. IPv6 地址中的接口标识符是 64 位，而 MAC 地址是 48 位，因此需要在 MAC 地址的中间位置插入十六进制数_____。为了确保这个从 MAC 地址的得到的接口标识符是唯一的，还要将 U/L 位（从高位开始的第 7 位）设置为"1"。最后得到的这组数就作为 EUI-64 格式的接口 ID。

8. _____ IPv6 进行地址自动配置时的一个过程。

9. 网络设备所支持的常见隧道类型有_____、_____、_____。

10. PC 接入 ISATAP 隧道之前应使用_____命令来使能 PC 的 ISATAP 隧道功能。

参 考 文 献

[1] 高峡，陈智罡，袁宗福.网络设备互连学习指南[M].北京：科学出版社，2009.

[2] 高峡，钟啸剑，李永俊.网络设备互连实验指南[M].北京：科学出版社，2009.

[3] 孙建华，刘总路，李春强.网络互连技术教程[M]. 北京：人民邮电出版社，2005.

[4] 尹敬齐.局域网组建与管理[M].北京：机械工业出版社，2007.

[5] 锐捷网络网站.http://www.ruijie.com.cn/.